小林重敬
内海麻利
村木美貴
石川宏之
李　三洙

# エリアマネジメント
AREA MANAGEMENT

地区組織による計画と管理運営

学芸出版社

# はじめに

　現在のわが国の都市づくりの状況を全体として見ると大きく二分されている。一つは競争の時代に積極的に質を高める都市づくりであり、大都市の都心部における活性している地域がより優位に立つために展開している都市再生である。もう一つは衰退している地区を再生する都市づくりで、地方都市の中心市街地における衰退している地区の生き残りをかけた地域再生である。

　最近では大都市の都心部における活性している地区の都市再生も、また地方都市中心市街地における衰退している地区の地域再生にも、これまでのようにデベロップメントによる都市づくりだけではなく、マネジメントによる都市づくりの必要性が認識されるようになっている。そのような都市づくりにおけるマネジメントをエリアマネジメントとして捉え、大都市から地方都市までの多様な地区で、様々な主体や組織によって担われているエリアマネジメントの実態について事例を通して紹介することが本書の目的である。

　近年、大都市都心部の各地区で地区をマネジメントする試み（エリアマネジメント）が行われ、またそのための組織が作られている。また地方都市中心市街地でも活性化のためにTMO（タウンマネジメント・オーガナイゼーション）が組織化され活動している。このようなエリアマネジメント、あるいはタウンマネジメントの動きは欧米ではかなり以前から本格的に展開しており、都市づくりの中心的な活動となっており、その活動を支える様々な制度や手法が開発されている。

　わが国の大都市都心部の事例としては、現段階では大規模プロジェクトと連動しているものが多いが、必ずしも大規模プロジェクトとは関係なくエリアマネジメントを実践している地域もあり、近年はそのような事例も増えつつある。

　東京都心部では、大手町・丸の内・有楽町地区での「NPO法人 大丸有エリアマネジメント協会」、六本木ヒルズでのタウンマネジメント組織「六本木ヒルズ運営本部」、晴海地区の「晴海をよくする会」、汐留地区の「中間法人 汐留シオサイト・タウンマネジメント」などがそれぞれの地区でエリアマネジメントを実践している。また大阪中心部では長堀地区に「NPO法人 長堀21世紀計画の会」、御堂筋地区に「御堂筋ネットワーク」、さらに大阪ビジネスパーク地区

には「大阪ビジネスパーク開発協議会」が活動して、エリアマネジメントの比較的長い歴史がある。またそれ以外にも、横浜には関内地区に「横濱まちづくり倶楽部」、MM21地区に「㈱横浜みなとみらい21」があるし、神戸には「旧居留地連絡協議会」があり、エリアマネジメントを進めている。

いずれの地区でも様々なレベルの都市づくりを行いつつ、それと連動してエリアマネジメントを実践している。エリアマネジメントの内容も地区特性に応じて多様な内容となっているが、大別すれば、第一に公共施設空間や非公共施設空間の積極的な利用を通した施設や空間のメンテナンスやマネジメント、第二にイベントに代表される地域プロモーション、社会活動、シンクタンク活動などのソフトなマネジメントがある。

例えば、大丸有エリアマネジメント協会では、世界の主要都市で行われてきた「カウパレード」というイベントを、2003年にアジアの都市として初めて、大手町・丸の内・有楽町地区で実施することを支援している。このイベントは千住博、山本容子、日比野克彦らをはじめ多くの著名なアーティストがデザインした実物大のファイバーグラスの牛64匹を、当該地区の公開空地やアトリウムなどに1ヶ月間置いたものであり、大きな評判を呼んだイベントである（図1）。2004年度には「アート丸の内」のイベントを支援し、コトバメッセと東京コンペなどの新しいイベントに挑んでいる。それ以外にもオープンカ

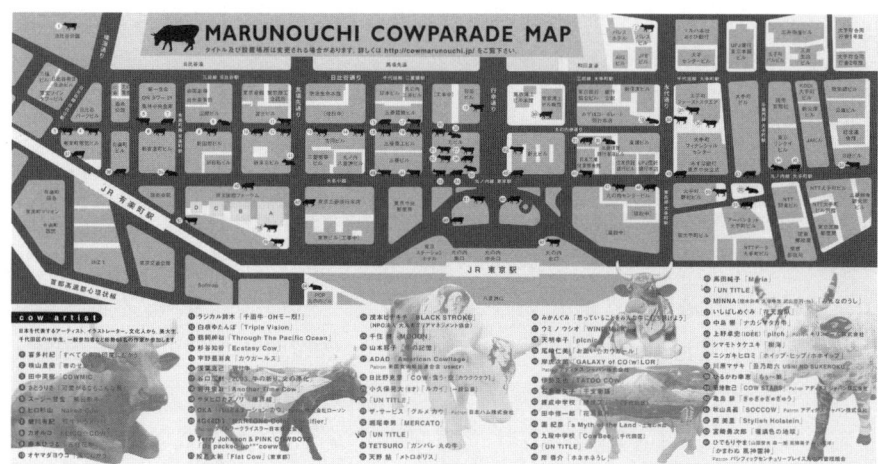

図1　カウパレードのイベント　（出典：「カウパレード東京in丸の内2003」パンフレット）

フェ、大道芸フェスティバルなど多彩なイベントを実施し、あるいは支援している。

また長堀21世紀計画の会では、ナガホリカーニバルや心斎橋ショーウインドーコンテストなどの各種イベントの実施を経て、現在は街づくり協議会「長堀・心斎橋ファッションコミュニティー」を結成し、「おしゃれな大人の散歩まち」をテーマに地域の発展に力を入れている。

一方、地方都市中心市街地での「タウンマネジメント」は中心市街地活性化法という制度により位置づけられているものであり、中心市街地の活性化のためにTMOが組織化され活動している。しかし実際に有効なエリアマネジメントを実施しているのは、制度発足以前から地道にエリアマネジメントを実践していた地域であり、組織である場合が多い。

そのような事例として、北は青森市の㈲PMO、福島市の㈱福島まちづくりセンター、さらに東京の近くでは三鷹市の㈱まちづくり三鷹、日本海側では七尾市の㈱御祓川、松江市のNPO法人まつえ・まちづくり塾、中部では飯田市の㈱飯田まちづくりカンパニー、西では高松市の高松丸亀町まちづくり㈱などをはじめとして多くの事例を挙げることができる。

それらの地域の組織は株式会社、有限会社、NPOなど様々な形態をとりながら、空き店舗対策、イベントの開催、個店支援などの個別の施策を展開しつつも、中心市街地再生の全体企画、管理・清掃、街並みの形成などの役割も担って、地域のマネジメントを実現しようとしている。

本書はいくつかの機会を通して内容が固められてきたものである。第一に、私が大手町・丸の内・有楽町地区の再開発に関するグランドデザインづくりの研究会に参加し、エリアマネジメントの重要性について主張し、それをこの地域の地権者の集まりである再開発協議会が取り上げたことである。第二に、文部科学省の科学研究費補助金を3年間継続して受け、多くの地区のエリアマネジメントの事例を調査研究できたことである。第三に、横濱まちづくり倶楽部や大丸有エリアマネジメント協会に参加しエリアマネジメントの実践に関わったことである。

その間、研究室の研究活動に関わってくれた内海麻利・駒澤大学助教授、村木美貴・千葉大学助教授をはじめ、横濱まちづくり倶楽部や大丸有エリアマネ

ジメント協会の関係者など多くの方に協力をいただいた。また李三洙君（後期博士課程2年）をはじめとする研究室の大学院生の協力も大きい。さらに、平成13年度の浅井孝彦君、森田佳綱君の修士論文、および平成14年度の北澤知洋君、渡辺裕之君の修士論文も本書の成立に大きく寄与している。それらの協力がなければ本書は実現しなかったと考え、ここに心から感謝する。また本書の刊行にあたっては、これまでのいくつかの図書と同様に学芸出版社の前田裕資氏、宮本裕美氏の全面的な助力を仰いでいる。ここに深く感謝する。

2005年3月

小林重敬

CONTENTS

はじめに 3

## CHAPTER 1
# エリアマネジメントとは ……………………13

1 大都市都心部における大規模プロジェクトなどを核とした
  エリアマネジメント 14
2 地方都市中心市街地の活性化とエリアマネジメント 17
3 エリアマネジメントに関する四つのまとめ 21

## CHAPTER 2
# 諸外国のエリアマネジメント ……………………23

1 人の集まる欧米の中心市街地 24
2 北米のエリアマネジメント 24
3 イギリスのエリアマネジメント 27
4 ドイツのエリアマネジメント 33
5 諸外国のエリアマネジメントの特徴 34

## CHAPTER 3
# 大都市都心部における大規模プロジェクトを
# 核としたエリアマネジメント ……………………37

1 大規模プロジェクトを核としたエリアマネジメントの特徴 38
2 地区特性別に見た推進組織 39
3 エリアマネジメントの活動内容 45
4 エリアマネジメントの活動財源 49
5 エリアマネジメントの課題と展望 50

CHAPTER 4
# 大都市都心部における大規模プロジェクトを核としたエリアマネジメントの実態 ……… 53

## 01 汐留地区 ……… 55
1 地区の概要　55
2 都市づくり　56
3 エリアマネジメント関連組織　59
4 現段階のエリアマネジメントの活動内容　62
5 各主体(組織)間の協力体系　67
6 エリアマネジメントの特徴と今後の課題　68

## 02 横浜みなとみらい21地区 ……… 72
1 みなとみらい21事業の概要　72
2 関連政策および開発計画　74
3 エリアマネジメントの活動内容と関連組織　76
4 エリアマネジメント関連組織の概要および活動の展開　80
5 エリアマネジメント関連組織の連携および活動財源　84
6 エリアマネジメントの特徴および課題　88

## 03 晴海地区 ……… 91
1 地区の概要　91
2 段階的な開発による都市づくり　97
3 行政や周辺地区等の関係主体について　103
4 段階的な都市づくりに関する課題　107

## 04 大手町・丸の内・有楽町地区 ……… 110
1 地区の成り立ち　110
2 関連政策　111
3 エリアマネジメント活動の展開　113
4 エリアマネジメントの活動内容の展開　117
5 関連主体と組織間の関係、役割分担　120
6 エリアマネジメントの特徴と課題　123

05 その他の事例 …………………………………………………………… 126

1 大阪ビジネスパーク(OBP)地区　128
2 天王洲アイル　131
3 六本木ヒルズ　134
4 東五反田地区　138
5 大街区地区　141

CHAPTER 5
# 都市中心部既成市街地におけるエリアマネジメント ………… 145

1 中心市街地は元気か？　146
2 地方中心市街地の状況　146
3 基本計画に見る中心市街地の活性化とTMO　148
4 エリアマネジメントの課題と問題点　151

CHAPTER 6
# 都市中心部既成市街地におけるエリアマネジメントの事例 155

01　㈲PMO（Passage Management Office）　公共空間の私的利用 …………… 159

1 組織設立に至る経緯・沿革　159
2 事業内容　161
3 運営体制　162
4 課題と可能性　163

02　㈱福島まちづくりセンター　生活サービス向上の取り組み ………………… 164

1 組織設立に至る経緯・沿革　164
2 事業内容　165
3 運営体制　167
4 課題と可能性　168

03　㈱まちづくり三鷹　SOHOおよび新規事業育成による活性化 ……………… 169

1 組織設立に至る経緯・沿革　169
2 事業内容　170
3 運営体制　173

  4　課題と可能性　174

## 04　横濱まちづくり倶楽部　「古き横濱＝インナーシティ横浜」の再生 ……………175

  1　組織設立に至る経緯・沿革　175
  2　事業内容　177
  3　運営体制　178
  4　課題と可能性　180
  コラム　横濱まちづくり倶楽部への参加　181

## 05　都心にぎわい市民会議　地域主導と実行力確保を目指した新たな組織へ …184

  1　組織設立に至る経緯・沿革　184
  2　事業内容　185
  3　運営体制　186
  4　課題と可能性　188

## 06　㈱御祓川　官と民、二つのまちづくり会社の分業によるまちづくり ……………190

  1　組織設立に至る経緯・沿革　190
  2　事業内容　192
  3　運営体制　194
  4　課題と可能性　195
  コラム　まちづくりのリーダーとは　196

## 07　㈱金沢商業活性化センター　2地区連携の中心市街地活性化 ………………199

  1　組織設立に至る経緯・沿革　199
  2　事業内容　199
  3　運営体制　203
  4　課題と可能性　204

## 08　㈱飯田まちづくりカンパニー　地元自らの手によるまちづくり会社設立 ………205

  1　組織設立に至る経緯・沿革　205
  2　事業内容　206
  3　運営体制　210
  4　課題と可能性　210

09　(NPO)長堀21世紀計画の会　地域活性化事業の地元からの提案とその実施　211
　　1　組織設立に至る経緯・沿革　211
　　2　事業内容　214
　　3　運営体制　216
　　4　課題と可能性　217

10　旧居留地連絡協議会　旧居留地の蓄積を生かす都市づくり　218
　　1　組織設立に至る経緯・沿革　218
　　2　事業内容　219
　　3　運営体制　222
　　4　課題と可能性　223

11　(NPO)まつえ・まちづくり塾　ネットワークによるまちづくり　224
　　1　組織設立に至る経緯・沿革　224
　　2　事業内容　226
　　3　運営体制　229
　　4　課題と可能性　230
　　コラム　まちづくりNPOと商店街の協働「縁わく白潟」　232

12　高松丸亀町まちづくり㈱　定期借地法による再開発事業　234
　　1　組織設立に至る経緯・沿革　234
　　2　事業内容　237
　　3　運営体制　239
　　4　課題と可能性　240
　　コラム　高松丸亀町商店街の活性化に携わって　241

CHAPTER 7
# エリアマネジメントの必要性とその意味　243

　　1　エリアマネジメントに注目する理由とエリアマネジメントの必要性　244
　　2　エリアを重視する必要性とその意味　245
　　3　マネジメントを重視する必要性とその意味　247

# CHAPTER 1
## エリアマネジメントとは

# 1 ── 大都市都心部における大規模プロジェクトなどを核とした
　　　エリアマネジメント

## (1) 大都市都心部の都市づくりにおいてエリアマネジメントに着目する理由

　大都市都心部の都市づくりについて、エリアマネジメントに着目する理由はどこにあるのか。少なくとも以下のいくつかの理由が考えられる。

　第一は、経済のグローバル化の中で、地域間競争あるいは都市間競争はグローバルな競争となっており、大都市圏中心部、中でも東京都心部を中心としてグローバルな地域間競争に勝つために地域の魅力、あるいは都市の魅力を高める必要性が大きくなっていることである。2001年11月に東京都がまとめた「新しい都市づくりビジョン」は、そのような方向性を強く打ち出している。

　第二に、地域間競争はグローバルな競争だけではなく、国内であるいは東京圏などの大都市圏内での競争も激化しており、その競争に勝つために地域の魅力を高める必要性が大きくなっていると同時に、エリアマネジメントが地域価値を高めることに民間企業が気づいたことである。

　第三に、地域間競争がグローバル化すればするほど、人々の手の届く範囲に自らが関われる公共空間の形成を求め、地域への帰属を希求する動きも高まることである。その結果、そのような期待される地域の特性を確保するためのマネジメント、すなわちエリアマネジメントがそこに就業する人々などからも期待されてくる。

　第一のグローバルな都市間競争や第二の国内での地域間競争は、基本的には「民間の活動」に一定の公共性を付与する方向性を示しながらも、基本的には市場メカニズムのなかで進められて行くものであると考えられる。地域の価値を高めるために都市づくりのビジョンを関係する民間企業が共有し、さらに具体的なルールづくりを行って都市づくりに一定の秩序を与えたり、ビジョンを実現するためのソフトな事業を実施することなどがそのような活動の中身である。

　一方、地域の価値は外部からの評価のみで決まるものではなく、地域で働く就業者などの内部の人々などの評価も重要であり、それは地域における一種のコミュニティ意識の醸成でもある。今日、大都市都心部、近隣地域で企業（企

業市民)、就業者、市民、住民などの参加による都市づくりが求められているのは第三の動きである。グローバル化の動きに対する、人間としての地域への帰属を求め、広い意味での生活の場を確保する動きでもあり、新しい形のコモン、コミュニティの世界を基礎としたエリアマネジメントを求める動きである。

したがって、東京のような大都市地域では、グローバル化に対応して市場メカニズムで動く地域づくりとその対局にある人間としての広い意味での生活の場であるコミュニティをベースとした地域づくりが2層をなして展開する必要性と可能性がある。

現在は第一や第二の動きが顕著に見られるが、第三の動きはまだまだという状況にある。特に東京などの大都市では第一の動きなどが顕著に見られ、第三の動きがそれに対応していないため、第一の動きのみが進行し、第三の動きが停滞すれば、その結果として市場と公共の間に、あるいは市場とコミュニティの間に「圧倒的な非対称」を都市の中に生み出す危険性をはらんでいると考える。そのような課題に対応して解決する手段としてもエリアマネジメントは重要である。

## (2) 大都市におけるエリアマネジメントの特徴

エリアマネジメントを上記のように限定すると、そこにおけるエリアマネジメントの内容が明確に絞られてくる。

すなわち地域間競争を展開する都市づくりの内容も従来の新規建設を中心とし、公的な空間の整備や、個々の開発に対する誘導・調整を考えるだけではなく、地域の持続的な発展のために、施設の維持管理や広報活動、文化活動等を含めた広範にわたるまちづくり活動が重要な時代に変化しており、エリアマネジメントの活動内容として、そのような活動が求められている。

「はじめに」で触れたように、東京圏や大阪圏の大規模な開発プロジェクトなどを核とした地区では、積極的な地区のマネジメントを、施設の維持管理や広報活動、文化活動等を含めた広範にわたるまちづくり活動として進めている、あるいは進めるべく検討している。

そこで本書では以下のようないくつかの視点からエリアマネジメントのあり方について事例を通して見てゆくこととする。

本書で扱うエリアマネジメントは都市づくりに関わるエリアマネジメントで

あり、単なるエリアマネジメントは対象としない。都市づくりに関わるエリアマネジメントを考えると、その必要性は次のように説明できる。

第一に、地方公共団体は特定地域に特別のエリアマネジメントを行うことは難しいと言われているが、これからの都市づくりには、地域としての魅力をつくることが求められており、様々なレベルでの地域間競争を考えると特別のエリアマネジメントの必要性は高い。

第二に、一般に都市の中で広がりを持った地域では、多くの主体、権利者が存在し、それぞれの目的から敷地や建物などを管理しているが、個別敷地に特別の管理を行うと、それに伴う外部経済が発生し、フリーライダーが生まれる可能性が高い。

第三に、フリーライダーを生じさせないためにも、出来る限り多くの関係主体、権利者が一体となって組織を作りエリアマネジメントをする必要があり、そのような民間などの特別の努力に対して、公共側が一定の助力をする可能性がでてくる。

第四に、その結果、都市の中で一定の広がりを持った地区を対象に、関係主体や権利者などから構成される民間が組織を作り、エリアマネジメントが行われる。またそのような動きと呼応して地方公共団体も参加する協議会などが生まれ、エリアマネジメントを行い魅力ある都市づくりが行われる。あるいは都市づくりに伴う魅力あるエリアマネジメントが行われる。

第五に、その結果として地域の価値が高まり、エリアマネジメントの活動をすることの効果が見えてくると、エリアマネジメントが本来的に期待される継続的な活動の可能性が高まる。

本書の第3章、第4章では上記のような都市づくりに伴うエリアマネジメントの仕組みについて、大都市地域の事例を類型化した上で、エリアマネジメントの目的、エリアマネジメントのあり方、エリアマネジメント組織のあり方、組織の財源のあり方、さらに公共部門とのパートナーシップの進め方、パートナーシップの組織のあり方等について明らかにし、これからの都市づくりで必須になると考えられるエリアマネジメントのあるべき姿を明らかにする。

## 2 ── 地方都市中心市街地の活性化とエリアマネジメント

　わが国の地方都市等では、市街地の「顔」である中心市街地の衰退・空洞化は深刻化し、近い将来に中心市街地が消えてしまいかねない状況を呈している地域もある。中心市街地活性化はわが国の地域再生の緊急かつ重要な課題であり、大都市あるいは中小都市にかかわらず、国内の多くの都市が中心市街地問題では多岐にわたる問題を抱え、その対応が急がれている。

　国も1998年7月に「中心市街地における市街地の整備改善及び商業等の活性化の一体的推進に関する法律」（以下、中心市街地活性化法）を創設し、多くの省庁が協力して支援体制を整え、支援してきたし、地方自治体も多くの努力をこの中心市街地問題の解決に割いているところが少なくない。しかし法施行から6年余りを経過し、国や地方自治体の多くの努力にもかかわらず、現在のところ特に目立った成果を上げるところまでに至った都市は少なく、やや行き詰まりの状況が見られる。

　わが国では、これまで多くの場合、中心市街地の再生・活性化は中心商業の活性化という色彩があまりにも強く、そのため行政や商工会議所・商工会と商工業者等だけがこの問題の解決を担ってきた。しかし同じように中心市街地問題を抱えた欧米諸国での成功事例を見ると、行政や商工業者等だけではなく、住民やボランティア組織、さらには銀行家、運輸業関係者等の地域に根ざした多くの関係者が主体となっている場合が大半であることと対照的である。

　そのような対照的なあり方は、わが国の地方都市中心市街地問題における二つの課題を示していると考える。一つは商業という限られた分野のみで解決を図ろうとしていることであり、もう一つは課題解決を行政に頼りがちであるということである。エリアマネジメントの考え方は、まず地域のことは地域力で解決を図ることを目指すことであり、さらに地域が持っている様々な力を活用することにより課題を解決することにある。

　そのような意味ではわが国で現在進められている多くの中心市街地活性化の動きが成果を上げるに至っていないことは頷ける。

　しかし近年、国内でも少数ながら、中心市街地再生・活性化に一定の成果を

上げつつある地域も出てきている。地域の活性化に関わる事業をはじめとする取り組み内容が優れていることがまず特徴として挙げられるが、さらに再生・活性化に関わる主体が、地域に根ざした工夫をこらした組織であることが少なくない。

(1) 総合的な対応による中心市街地活性化とエリアマネジメント

　地方都市の中心市街地の活性化は、簡単な仕事ではないことをまず確認する必要がある。それは地方都市の中心市街地の衰退が、日本の経済システム、社会システム、さらに行政システムなど基本的なシステムのあり方に深く関わっているからである。

　第一に、日本の経済システムが大量生産大量消費を基調として発展してきたことである。地方都市の中心市街地をこれまで主に構成してきた商店街の商店の多くも、この大量生産システムから提供される商品を主な取扱い商品にせざるをえないほどにこのシステムは完成され、それが日本の経済の発展を支えてきた。したがって、郊外部に大規模店舗が立地し、同じ大量生産品を安く、しかも自動車交通に利便の高い立地で提供すれば中心商店街の多くが競争相手にならないことは自明のことである。

　第二に、日本の社会システムが文化や歴史を重視しないシステムとしてこれまであったことである。上記のような経済システムに対抗する重要な手段が、文化や歴史を重視する社会システムが維持されているかに関わると言われている。しかし近年でこそ都市における文化や歴史の重要性が指摘されるようになったが、これまでは経済的な発展こそ都市が目指すべき目標であり、そのためには文化や歴史などの経済的発展に寄与しないと考えられたものは無視されてきた。そのため多くの都市で文化や歴史的な要素が破壊されてきた。

　第三に、日本の行政システムが縦割り行政で、これまでの中心市街地への取り組みは、商店街の近代化を通産行政が担い、基盤整備を建設省が担うという縦割りで担当し、お互いの連絡は必ずしも十分なものとはいえなかった。さらに郊外部への大規模店舗立地は地方都市の場合は都市計画区域外の場合も多く、都市的土地利用を整序する手段を持つ国土交通省の管轄外になる。しかも都市計画区域外の土地利用を整序するべき農業分野との土地利用調整は十分なものとは言えなかったのが現実である。さらに重要なことは、地方への分権が十分

でなく、本来地域経営を総合的に行うべき自治体も、十分な力を発揮できない状況にあったことである。

　以上のことは、中心市街地の活性化が容易でないことを示すとともに、逆に中心市街地の活性化のためには、郊外部大規模店舗での大量生産品の品揃えとの差別化の工夫、文化や伝統を重視した商店街の復興、総合的なエリアマネジメントの実践などを通して、中心市街地の活性化を図る必要性を示唆するものでもある。

(2) 地域力による中心市街地活性化とエリアマネジメト

　中心市街地活性化法の基本的な考え方として、①市町村の役割の重視、②「市街地の整備改善」と「商業の活性化」を「車の両輪」として施策を推進、③関係省庁の連携による各種措置の一体的推進が挙げられている。

　「中心市街地活性化法」の特徴はハードな整備の施策と並んで、ソフトな仕組みが位置づけられていることである。

　TMOによるソフト事業の支援、テナントミックスの管理のための基金、製造販売一体型事業支援施設やインキュベーター等支援施設などの都市型産業の展開に対する支援などである。

　しかしこれらの施策は自治体を中心として進めるには、従来の自治体の都市づくり、商業活性化の枠組みを大きく変えていかなければ、実効性を持たない施策が多く、解決すべき障壁も多いと考える。

　一番の課題は、TMOによるソフト事業の支援、テナントミックスの管理のための基金等の運営が従来の商店街近代化を担ってきた地元の商工会議所等の手だけに委ねられることである。そのようなTMOは商店街近代化と同じ失敗を繰り返す危険性が大変高いと考える。

　中心市街地の活性化は中心商店街の活性化とは次元の異なる総合的な施策体系、いわばエリアマネジメントの体系を組まなければならないと考える。そのための地元組織は地元商店街が中心となるのではなく、地域住民、交通機関関係者、金融機関関係者、一般事務所、ホテルなどを加えた中心市街地に関わるすべての主体が協力体制を構築して取り組む必要がある。それはいわば地域力を結集することを意味すると考える。

　アメリカの地方都市中心市街地の再生に関わる仕組みとして、CRM（セント

ラライズド・リテール・マネジメント）があることが紹介されているが、この CRM を進める組織はまさにそのような組織として誕生し実績を積んでいると言われている。

そのような中心市街地に関わるすべての主体との協力体制の構築による地域力の発揮は、行政に頼るのではなく、行政と民間が対等の立場でパートナーシップの構築を目指す必要がある。

(3) 行政内推進体制の確立

中心市街地の活性化は、国の施策が多数の省庁の連携で進められているように、多くの行政部局の連携によって実現するものである。一般に自治体は国よりも総合的な施策を実現する能力を持っていると考えるが、しかし中心市街地の活性化に必要な多くの部局が行政内に横断的組織を形成して、実効ある施策を進めるような進んだ推進体制を組める自治体は極めて限られた自治体であろう。そのような自治体のみが本来であれば、今回の中心市街地の活性化の施策を進める資格があると考える。

しかし、そのような体制がとれなかったからこそ今日のような中心市街地の衰退を生み出したとも考えるので、その仕組みをどのように作り出すかを検討しなければならない。

中心市街地の活性化と関係して、横断的な行政組織を作り、総合的な行政対応を進めている事例として、大阪府豊中市のまちづくり支援室がある。まちづくり支援室の役割は、まちづくりの初期活動の支援として、まちづくりの総合窓口となること、役所内の交通整理を行うこと、さらに市民によるまちづくり組織に対して技術的・経済的支援を行って組織の体力づくりを手伝うことである。そのためにまちづくり支援室のもとに 22 課 22 人のまちづくりの専門セクションが支援体制をとっていることとなっている。本書では事例として取り上げていないが、そのような行政の動きは豊中市の中心市街地の地域再生に大きな力になっている。

また中心市街地の活性化のような仕事は息の長い仕事であり、そのためには一般の人事で役人を動かし数年で顔ぶれが変わってしまう仕組みでは実現できない仕事である。そのためには行政内に専門職制の採用などにより経験と蓄積を持った行政マンが誕生することが必要である。このようなことも現在の自治

体の人事では難しいと言われているが、例えば横浜市の都市デザインに関わる専門職制など事例がないわけではない。そのような仕組みは、本書で事例として取り上げている横浜市関内地区の中心市街地再生の活動に影響を与えていると考える。

　さらに自治体によっては、自治体の中に人材を求めるだけでは中心市街地の活性化のような複雑な仕事をこなすことは限界がある場合もあると考えられるので、外部から長期間にわたって中心市街地の活性化に関わる人材移入の条件整備も必要である。しかしこのことも現在の自治法等に絡んで実現には困難が伴うと言われているが、近年様々な形で外部から人材をまちづくり行政に招き入れている事例が見られるようになっている。そのことは、まちづくり株式会社のような行政とは一線を画し、有能な人材が能力を発揮できる外部組織の存在が重要であることが認識され始めていることを示している。

## 3 ──エリアマネジメントに関する四つのまとめ

　民間の経済活動も活発であり、右肩上がりの地価上昇を前提とした新規建設投資も盛んに行われ、また行政側も税収の伸びが期待できた時代における都市づくりの時代から、新規建設投資だけではなく、施設や事業の維持管理、さらに地域の維持管理を重視する都市づくりの時代のあり方を模索している時代であることは先に指摘したところである。

　そのような時代背景を認識として持った上で、本書が成果として示したものは次のようなものである。

　①グローバルな都市間競争や国内での地域間競争の中で進められている都市づくり、それに伴うエリアマネジメントの事例について、東京を中心としてはいるが、わが国の代表的な事例を網羅し、検討対象としていること。

　②衰退が現実のものとなり、その活性化・再生が必要とされている中心市街地の中でも、地域力を発揮する組織をつくり総合的な中心市街地活性化に取り組んでいる地域も現れている。その事例を取り上げ、組織のあり方、取り組みの内容などをとりまとめている。

　③大都市都心部、地方都市中心市街地それぞれについて、今後の都市づくり

の重要な側面となるエリアマネジメントの目的および具体的なエリアマネジメントの内容を、事例の類型化を通して明確にしている。

④さらに具体的なエリアマネジメントを進め、その目的を達成するための組織のあり方(民間を中心とした組織のあり方と公共と民間の協議の場のあり方)とその組織を維持し活動を進めるための財源のあり方について事例を通して明確にしている。

［小林重敬］

(参考文献)
- 小林重敬「中心市街地の活性化と都市づくり」『市政』2000.6
- 小林重敬「次の時代の都市づくりへ向けて」『土木学会誌』2001.10
- 小林重敬「都市化、グローバル化、ローカル化と都市づくりの仕組み」『欧米のまちづくり・都市計画制度』ぎょうせい、2004

# CHAPTER 2
## 諸外国のエリアマネジメント

# 1 ── 人の集まる欧米の中心市街地

　欧米では、人が集まる活気ある中心市街地が増えてきている。都市によっては、空き店舗率30％を記録していたところが徐々にその傾向が変化してきている。これは、近年、試行錯誤の上に進められた、地域の商業者を中心に特定地区を対象としたマネジメントの成果が徐々に上がってきたことが大きく影響していると思われる。こうしたマネジメントが開始したのは、日本同様に中心市街地の商業を中心とした衰退であったり、地区の活性化を目指したものであったことが大きい。人が集まる都市づくりのために、地域のアイデンティティづくり、事業とマーケティングといった様々な取り組みがなされている。どの都市にも共通しているのは、異なる主体を束ねるというパートナーシップのあり方を重視していることだろう。

　本章では、特に中心市街地活性化に関わる既成市街地のマネジメント組織に限り、こうした諸外国の取り組みを明らかにしたい。エリアマネジメントの組織は、ベルギー、ポルトガル、ドイツ、フランス、ノルウェー、オーストラリア、ニュージーランドなど様々な国で展開している。各国ではこうしたマネジメント組織の名称が異なるが、ここでは総称してエリアマネジメント組織と呼ぶこととする。なお、本章では、紙面も限られることから北米、イギリス、ドイツに限り、どのようなマネジメント組織が存在し、いかなる活動を行っているのか説明したい。

# 2 ── 北米のエリアマネジメント

　北米のエリアマネジメントで最も知られているものはBID（Business Improvement District）であろう。BIDとは、特定エリアを対象に、強制的に集められる負担金をもとにエリアのマネジメントを行う仕組みである。BIDという名称が一般的であるが、州によってその名称は異なる。

　米国では、商業、住宅の郊外への移転に伴う、中心市街地の空洞化と衰退が背景にあった。1980年代の経済不況、治安悪化がさらにこの状況に拍車をかけるが、中心部に残った地権者が再生のために立ち上がったことに始まる。保井によれば、BIDの前身が1955年ミシガン州に見られ、ここから他州、他地域に

広がったとされている[1]。その仕組みは、再生のための資金を得るために不動産評価額に応じた負担を地区内で求め、徴収するという方法による。

米国の BID は、州法に基づき定められる特別区（Special District）の一種であり、その設立・運営の特徴は、①特定地区における事業の内容と財源調達方法について、定めた地区事業計画が策定され、それに資産所有者の一定割合の賛同を得ること、②市議会が BID の承認を行い、正式に設立した時点で資産所有者を中心とした理事会を意思決定機関とする NPO により進められること、③活動資金を地区内資産所有者から強制的に徴収される負担金として、市が徴収すること、④活動見直しが 5 年程度で行われるという特徴を持つ[2]。

エリアマネジメントのための資金を負担金として徴収し、より良い都市づくりの実現につながることから、BID の設立は全米でも 400 ヶ所を超えている。1999 年時点で、BID は 12 州に存在するものの、設立数は州により開きがあり、カリフォルニア（73）、ニューヨーク（63）、ウィスコンシン（54）、ニュージャージー（35）となっている。相対的には東海岸で設立数が多くなっている。また、都市別ではニューヨークが 41 地区と最も多いなど、地域による差が見られる。このように、BID の数が増加しているのは、無料駐車場と天候に関係のない、歩行者にとって安全性の高い買い物空間を持つ郊外型モールに中心市街地が対抗するには、物理的な環境づくりだけでは困難であり、そのための特別な組織の必要性も大きかったからである。

では、その活動内容はどうだろうか。表 1 は、ニューヨーク州とカリフォルニア州のうち、資料が入手できた BID の活動内容を表したものであるが[3]、どの BID も清掃と防犯を中心とした活動に注力していることがわかる。つまり、安全・安心な中心市街地の形成をまず行い、その上で人が集まる中心部をつくるために、その他のプロモーション活動、ニュースレターの発行等を行っているものと見ることができる。

さらに、こうした BID の活動とその他の活動を一緒に行っている組織も見られる。例えば、サンディエゴ・ダウンタウンでは、BID からの資金を防犯・清掃に用いている。イベント、ニュースレターなどの活動は、メンバーシップ制に基づき、各社の規模に応じて 350 〜 1000 ドル、1000 ドル、2500 ドル、5000 ドル、1 万ドル、2 万 5 千ドルという 6 段階の会費を設定している。現在、地

表1　ニューヨーク州とカリフォルニア州の主要BIDの活動

| 州 | BID名 | 設立年 | 経済・小売り開発 | 清掃 | 防犯 | マーケティング・広告 | ニュースレター/ウェブ | イベント | マーケットリサーチ | バナー広告 | 植栽・フラワーバスケット | 通りのデザイン | パーク&ライド | 駐車場管理 | 交通情報 | 住宅 | 街中無料ツアー | 教育 |
|---|---|---|---|---|---|---|---|---|---|---|---|---|---|---|---|---|---|---|
| ニューヨーク | ユニオン・スクエア・パートナーシップス | 1976 | ○ | ○ | ○ | ○ |  | ○ |  |  |  |  |  |  |  |  |  | ○ |
| ニューヨーク | アルバニー・セントラル・ディストリクト | 1996 | ○ | ○ | ○ | ○ | ○ | ○ |  |  | ○ | ○ |  |  |  |  |  |  |
| ニューヨーク | バッファロー・プレイス | 1971 | ○ | ○ | ○ | ○ | ○ | ○ |  |  |  | ○ |  |  | ○ |  |  |  |
| カリフォルニア | ハリウッド・エンターテイメント・ディストリクト | 1996 | ○ | ○ | ○ | ○ |  | ○ |  |  |  | ○ |  |  |  |  |  |  |
| カリフォルニア | ロサンゼルス・ファッション・ディストリクト | 1995 | ○ | ○ | ○ | ○ | ○ | ○ | ○ | ○ |  |  |  |  |  | ○ |  |  |
| カリフォルニア | ダウンタウン・サンディエゴ・パートナーシップ | 1996 | ○ | ○ | ○ | ○ | ○ | ○ |  |  |  |  |  | ○ | ○ |  |  |  |

(出典：各BIDのホームページより作成)

区内の325社が参加しているという[4]。

　ところで、これまでのところ、わが国では米国のBIDについて広く報告、解説されてきた。しかし、最も古いBIDの設立はカナダのトロントのウェスト・ブロア・ビレッジ（West Bloor Villge）であり、1960年代中頃からその活動が始まり、正式にBIDが市で条例化（By-Law No. 170-70）されたのが1971年とその歴史は古い。手続きは、州法に定められた方法に従って、市議会の承認により設立される。

　実際、マサチューセッツ工科大学のホイト教授が行った2000年の調査によれば[5]、1990年以前に設立したBIDの数は米国よりもカナダの方が多いことがわかる（表2）。カナダでは、これらの組織の多くはオンタリオ州に集中しており、特にトロントでは、2004年現在、47地区が存在する。オンタリオ州では、ビジネス・インプルーブメント・エリア（Business Improvement Area）と呼ばれ、また、ブリティッシュ・コロンビア州では、ビジネス・インプルーブメント・アソシエーション（Business Improvement Association）と呼ばれる。両方とも略称BIAである。前述したウェスト・ブロア・ビレッジは、400のメンバーに支えられており、年間27万9千ドルの運営資金を持っている。活動としては、

表2　カナダ・米国のBIDの状況

|  | カナダ | 米国（BID） |
|---|---|---|
| 組織数 | 347 | 404 |
| 1990年以前の組立割合 | 73% | 13% |
| 運営資金 | 3000〜200万ドル | 8000〜1500万ドル |
| 活動規模 | 2〜125ブロック | 1〜300ブロック |

（出典：Hoyt R., *The Business Improvement District: An Internationally Diffused Approach to Revitalization*, 2002より作成）

防犯・清掃を中心に、バナー広告づくり、植栽等の先に米国で説明したのと同様のものが見られる。トロントでは、これらBIAの上部組織としてトロントBIA協会（The Toronto Association of Business Improvement Areas, TABIA）が1980年に組織され、市や国への働きかけ、個別BIAへの支援を行っている[6]。

以上、北米ではBIDをベースとした、特定エリアから課税する形での地区設定がなされていた。運営は、NPOという形態がとられている。問題点としては、保井[7]が指摘しているように、ビジネスの活性化を目的とした運営をしていること、不動産所有者の負担金のみで運営されていることから、広い意味での住民参加が実質的に困難だということである。

一方、BIDとBIAは極めて類似した形態をとりながらも、特にカナダのオンタリオ州では自治体からの補助金が大きく、その受け皿としての組織形態があること、反対にブリティッシュ・コロンビア州では行政支援がアドバイス、情報提供に限られ、より自立した組織形態が望まれるという相違があるという[8]。

## 3 ── イギリスのエリアマネジメント

イギリスでは、わが国同様に郊外型商業施設が中心市街地に大きな影響を与えた。タウンセンターの活性化については、官民の協力で市街地の維持と環境改善を行うタウンセンター・マネジメント（Town Centre Management：TCM）の試みがタウンセンター・マネージャー（以下、マネージャー）のもとで行われている。そこで、ここでは、特にTCMに着目し、その活動について説明しよう。

### (1) TCMの役割

TCMの歴史は浅く、1980年代後半に、ブーツとマークス＆スペンサーという二つの企業が始めたと言われている[9]。現在では、全国200以上の都市で見られるものの[10]、組織形態は都市の規模、活動の歴史により大きく異なる。ただ

し、その目的は等しく、経済・社会の中心である中心市街地の役割を強めるために、すべてのキーとなる利害関係者を調整することにある。そのためにも、①官民の本当の意味でのパートナーシップ、②地方自治体からの支援、③企業および個店と、④コミュニティの参加、⑤達成すべき目標を掲げたアクションプランの策定と実施、⑥進捗状況の評価が要求される[11]。

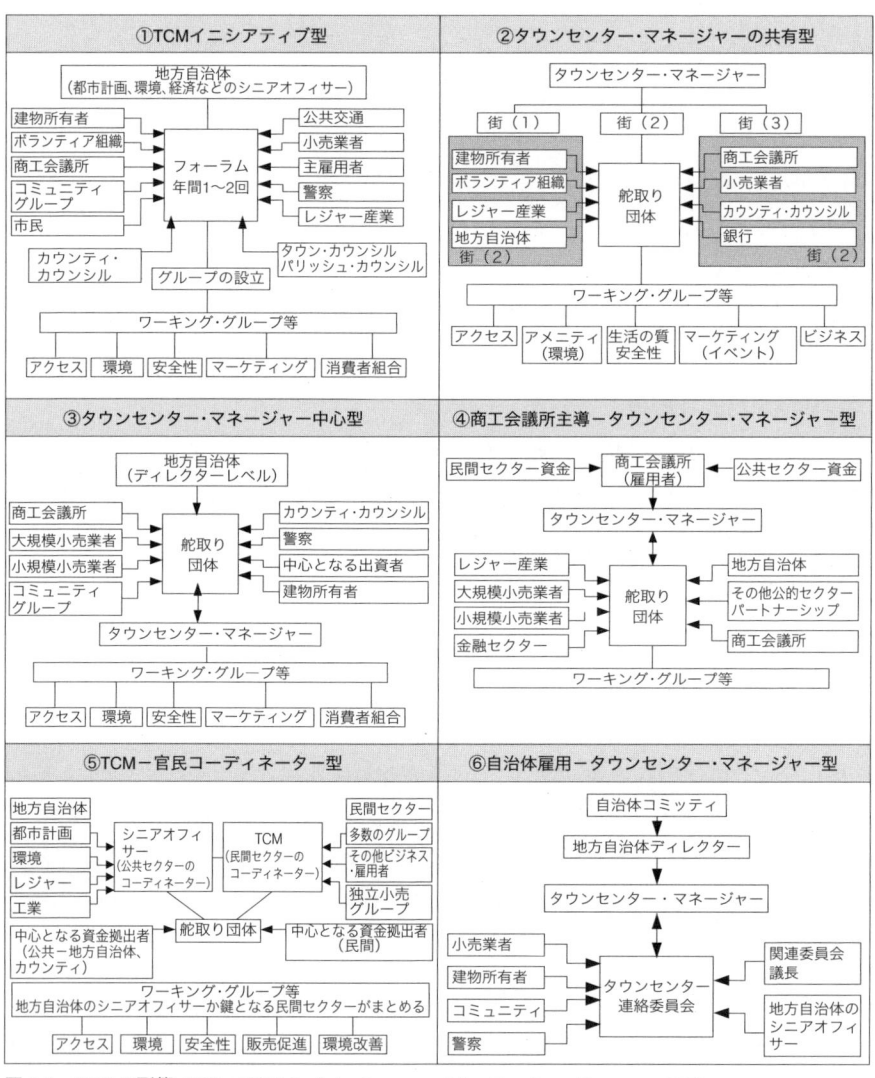

図1-1　TCMの形態　(出典：ATCM, *Developing Structures to Deliver Town Centre Management*, 1997)

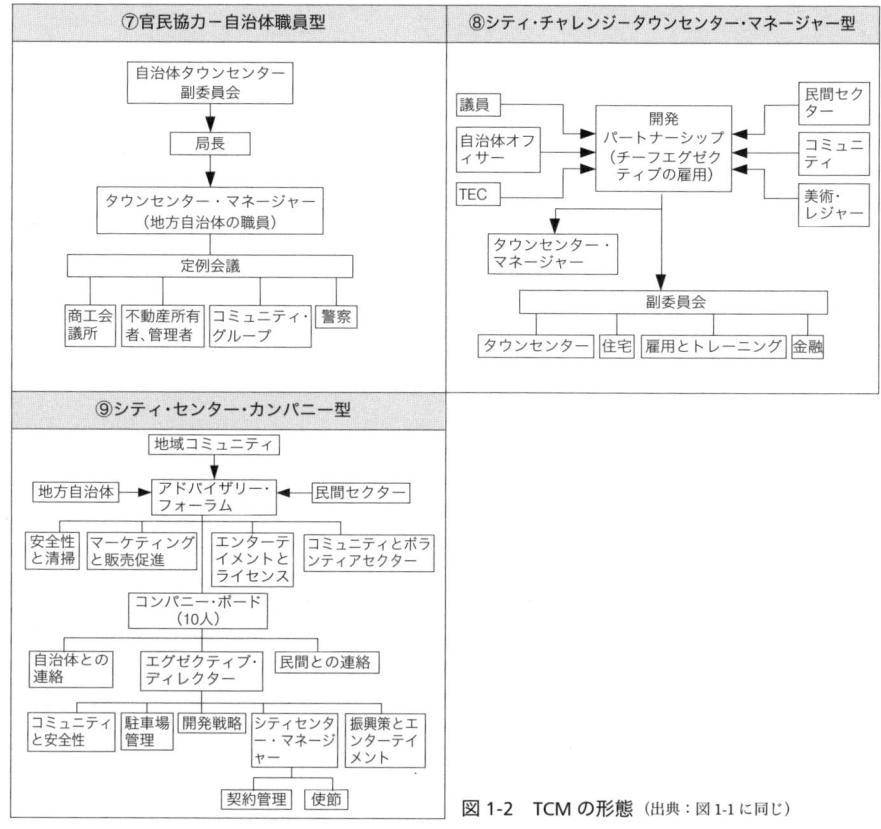

図 1-2　TCM の形態（出典：図 1-1 に同じ）

　ここからも明らかなように、TCM にはあくまでもタウンセンターの再生をパートナーシップで進めることが期待されており、それは個別開発のコントロールで都市整備を行う都市計画とは異なる役割と理解できる。

## (2)TCM の組織形態

　次に、TCM の構成について説明したい。その形態は、地域特性、状況によって異なるものの、概ね図 1 に示した九つの形態があると言われている[12]。TCM の位置づけは、都市により大きく異なり、自治体の事務局長室（Chief Executive's Office）、都市計画部局に置かれるケースから、会社を設立しているところまである。また、マネージャー自身も、プランナーから民間（商業）出身者まで様々である。ただし、会社組織については、特定地域のマネジメントを行い、職員を雇い、収益を上げる必要性があるため、官民のパートナーシッ

プがすでに確立していることが求められる。

　TCM運営へのタウンセンター関係者の参加を見ると、二段階構成が多くなっている。それは、一段目でコア組織としてTCMの初動段階から関わってきた自治体、民間企業のキーパーソンが運営方針等の協議と決定を行い、二段目でタウンセンターに関わるすべての主体が参加し、業務内容別、または全体で討議を行うというものである。マネージャーはこのすべての段階に参加している。つまり、TCMは官民協議の場として存在し、マネージャーが異なる主体の橋渡し役を担い、TCMを運営しているのである。

　では、運営のための資金はどうだろうか。TCMの運営資金であるコア・ファンドについては、多くのTCMで全国展開している大規模小売業、銀行、不動産などの民間企業と自治体（県・市町村）、大学などが出資するケースが多い。出資額は、都市の規模、当該都市のビジネス状況により異なる。例えば、ある企業ではマンチェスターでは年間8万ポンド（1,600万円）以上、オックスフォードで5千ポンド（100万円）、小都市フルーム（サマーセット）では資金提供の魅力が乏しいため出資していないという。

　コア・ファンドの出資が大企業中心であったが、小規模ビジネスからの協力はどのように得られているのだろうか。個店の出資は経済状況から限られることが指摘されており[13]、事実、クリスマスの飾りつけ、広告付き買い物地図、防犯カメラの設置などの個別プロジェクトに50ポンド（約1万円）程度からの出資が見られるものの、その数は限られる[14]。しかも、こうした限られた資金も、マネージャーが1軒ずつTCMの必要性を説いてまわることに支えられている。

　以上、TCMの運営に深く関わるコア組織は、タウンセンターに大きな影響力を持つコア・ファンド提供者を中心に構成されていること、一方で、小規模ビジネスの参加もプロジェクトベースで行われており、タウンセンターに関わる様々な主体がその再生に参加していると捉えることができる。ただし、異なる主体の参加は、マネージャーの努力と力量にかかっており、TCMではマネージャーの役割がきわめて大きいと言うことができよう。

(3) タウンセンターの再生にTCMの果たす効果

　次に、TCMがどのような活動を行っているのか、ロンドン南西部に位置する人口13万人のグレイブゼンドを例に見ると、イギリス最大の15万㎡の郊外型

商業施設が1999年3月に開業し、中心市街地への影響および空き店舗の存在が問題視されていた。ここでは、短期・長期の戦略方針を立案、実施している。その内容は多岐に渡っており、ここですべてを紹介することはできないが、清掃、情報、防犯、アクセス、商業振興など17分野119のアクションプランを立案し、毎年その達成状況を評価、公表している。

表3　グレイブゼンドのタウンセンターのための戦略方針

| | 分野 | 計画内容の例 |
|---|---|---|
| 1 | 条件づくり | タウンセンター代表者会議のための条件づくり |
| | | 歴史地区担当マネージャーの起用 |
| 2 | 清掃 | 町の管理、清掃の向上 |
| 3 | 友好 | タウンセンター監視人制度の充実と買い物客向け案内係の導入 |
| | | 統一された色彩のストリートファニチャーの設置 |
| 4 | 情報 | タウンマップづくりと案内板の設置 |
| | | 年間10回のタウンセンター新聞の発行 |
| 5 | 安全性 | 監視カメラの増設 |
| 6 | アクセス | タウンセンターへの主要入り口部分に特別なゲートの設置 |
| | | フェリー運行への支援 |
| 7 | 地区別方針 | 各地区のアイデンティティの創出 |
| 8 | 商業地区 | セント・ジョージ・ショッピングセンターの大規模改修 |
| | | ニュー・ロードでの終日車両規制の検討 |
| 9 | 行政、レジャー、業務地区 | ウィンドミル・ストリートでの環境改善計画第1期の開始 |
| | | センソリー公園でのパブリックアート設置によるデザインプロジェクト |
| 10 | 鉄道駅地区 | ガリック・ストリートでの新しい公共交通施設の建設 |
| | | バース・ストリートでのタクシー呼び寄せシステムの検討 |
| 11 | 歴史地区 | グレイブゼンド・マーケットの改良計画の遂行 |
| | | 川沿いの歴史の古いホテルの改修 |
| 12 | 病院・商業地区 | コミュニティ・ホスピタルへの支援 |
| | | インペリアル・ビジネス・エステイトとタウンセンターの歩行者通路 |
| 13 | 川沿い地区 | 時計塔の列柱の改修と環境改善 |
| | | 川沿いの歴史のある小道の改修 |
| 14 | その他 | 路上イベントの開催 |
| | | クリスマスの飾り付けへの支援 |
| 15 | 戦略方針のテスト | 長期のタウンセンター戦略方針への市場調査 |
| 16 | プロモーションとマーケティング | タウンセンターのためのプロモーションとマーケティングのための戦略方針の立案 |
| 17 | 活動のコーディネート | チームとしてタウンセンターの問題に対応 |
| | | タウンセンター代表者会議を育成し、関連団体と連携 |

(出典：Gravesham Borough Council, *A Strategy for Action*, 1998)

アクションプランに従って現在までに達成されたTCMの活動は、表3に示した通りである。このうち、タウンセンターの活性化に極めて重要と思われる点は、関係者との会議の開催と商業調査であろう。まず、会議の開催は、いずれの都市においても月1回ベースで行われている。それは、異なる立場のタウンセンター関係者との間で問題を討議し、理解し合う必要性からである。同時に、マネージャーと関係者との良好な関係を築き、関係者が抱える問題を簡単に相談できる体制にする目的も持っていると思われる。実際、各TCM事務所では、自治体を含む関係者が定例会議以外にも立ち寄り、問題を討議している。

　なお、実態の把握はTCM活動では極めて重要な事項と位置づけられており、タウンセンターの利用者数、売り上げ調査などが毎月行われている。これをもとに大規模店の開店前後の影響を評価・分析し、戦略を見直す方法がとられている。

　以上、タウンセンターの再生には、都市の問題点の現実的な把握、問題点解決のための明確な方針の決定と迅速な実施が重要といえる。そして、これを実行する上で、最も重要なのが、官民とマネージャーとのパートナーシップといえよう。

(4) エリアマネジメントの新たな動き─イングランド型BID

　イングランドでは、2001年4月24日、BIDの導入が発表された。これまでのTCM活動を一歩進めたBIDの導入は、特定の理事が資金を拠出し運営がなされるTCM活動ではただ乗りをする事業者が多いことから、多くの商業者が参加するBIDの導入が望まれていたという背景がある。

　まず、イングランドでは22地区がパイロット地区として指定された。こうしたパイロット地区が指定されたのは、全国にBIDを広げる前に、その効果を測るためであり、100地区以上の中から最終的な22地区が選定されている。北米のBIDとの相違は、北米が不動産にかかる負担金であるのに対し、イギリスがビジネスに対してかかるというものである。これは、不動産所有者が必ずしもビジネスを行っているわけではないため、事業税に負担金が上乗せされる形で徴収されている。ただし、空店舗となってから3ヶ月が経過すると、不動産所有者は負担金を支払う義務が生じる[15]。BIDは5年以内の期間が決められており、終了後、継続の可否が審議される。

以上、イギリスではTCMという形態でエリアマネジメントを行っていた。新たな動きであるBIDは、特定の商業者や行政によって支えられてきたTCMを一歩進めた形といえる。北米との相違は負担金の形態にあったが、商業者参加型のBIDを基本としつつ、店を開けることが不動産所有者の責任という意味を持つことが特徴と見ることができよう。

## 4 ── ドイツのエリアマネジメント

次にドイツのエリアマネジメントについて見たい。ドイツの都市計画がBプランをもとに詳細に土地利用コントロールしていることは周知の事実であるが、特に、旧東ドイツを中心に郊外型大型店の立地が顕著に見られ、中心市街地に大きな影響を与えている。人口規模10万人以上の都市では、空き店舗の増加、商業の衰退が大きな問題として、地方自治体レベルで認識されている。こうした問題に対処するために、マネジメント組織の設立が近年見られるようになっている。ここでは、大野の報告をもとにドイツ10万人以上の都市に限り、マネジメントの傾向を報告したい[16]。

ドイツでは、人口規模10万人以上の都市は82都市存在するが、そのうちデータが得られた53都市中47都市が中心市街地活性化のための何らかの組織を持つという。つまり、ほとんどの都市でこうした組織を持つことがわかる。では、その組織はどのような形態をとっているのだろうか。表4は、各市の運営主体をまとめたものである。種類としては、①行政主導型、②有限会社、③登録団体（eingetragener Verein：e. V.）という3タイプが見られた。なお、この登録団体とは、裁判所に登録された原則7人以上の会員から成る非営利組織を指している。

表4からも、登録団体が最も多いことがわかる。これは、特定主体が大きな

**表4　ドイツにおけるマネジメントの実際**

| 運営主体 | 当該市数 | 運営資金の出資者 | 会員数 |
|---|---|---|---|
| 市 | 4 | 市 | 12〜20 |
| 有限会社 | 13 | 市（最多） | 7〜36 |
| 登録団体 | 22 | 会費 | 90〜250 |

（出典：大野明子「ドイツの10万人以上の都市における中心市街地活性化の取り組みに関する研究──シティマネジメントの観点から」（千葉大学工学部卒業論文、2003）のアンケート調査より作成）

権限を持つのではなく、独立したマネジメント組織としての役割の実現が最も大きな意味を持つものと理解できよう。会社や市が運営していても、単独主体がマネジメントを行うのではなく、その意思決定には複数の会員に支えられており、パートナーシップ型でエリアマネジメントを行っている。

次に、その活動内容を見ると、広告、宣伝活動、行政と商業者間のコーディネート、施設や店舗立地の情報発信がほとんどの組織で行われている。さらに、マーケットの開催、街の飾り付け、不動産取引・管理、一時託児所の運営といった活動が有限会社、登録団体では行われている。つまり、独立採算型を目指したこれら二つの組織形態では、収益事業の必要性が高いと見ることができる。

例えば、1996年に登録団体として活動を開始したボン市では、最高決定権限は小売業者で構成される理事会が持ち、実質的な運営は、シティ・マネージャーが行っている。マネージャーは財政責任を持つが、理事会に雇用された専門家としての役割を担うというイギリスのTCMと同様の役割を持つ。活動の評価も行われているものの、各小売店舗の売り上げ、中心市街地への訪問者数の増減を中心とした、商業活性化のためのマネジメントの傾向が強い。

つまり、ドイツでは最も多い登録団体によるエリアマネジメントでは、メンバーシップ制を基本とした商業中心の活性化からスタートしたものと理解できる。こうした形態は、自治体などの特定主体の権限をできるだけ小さくすることにつながるためであり、英米の傾向と類似しているといえる。

## 5 ── 諸外国のエリアマネジメントの特徴

最後に、諸外国のエリアマネジメントの特徴についてまとめておきたい。本章では、北米、イギリス、ドイツという限られた国のエリアマネジメントについて見たが、共通して見られる特徴として、自立型組織を目指していることが挙げられよう。それは、組織面および資金面の両方で見られた。

第一に、組織面から考えると、特にエリアマネジメントに歴史のある北米では、地域主導型のNPOという形をとってマネジメントを行っていた。この形態が多いのは、特定主体（多くの場合、行政）から独立することが、より地域に必要な都市づくりの実現につながり、それが、さらなるパートナーの獲得につながるためである。これは、イギリス・ドイツでも同じ傾向が見られ、株式

会社や登録団体という独立した組織が目指されていたことが、その回答と考えられる。

　第二に、活動資金については、北米ではエリアから強制徴収される負担金という形で実現していた。これにより、行政からの自立と、ただ乗りを行う事業者を排除することができる。イギリスが近年BIDを取り入れたのは、この点に対処するためであり、ドイツではまだそこまで至っていないものの、その可能性は考えられよう。しかし、前述したカナダのオンタリオ州では、不動産所有者の負担が小さい分、行政補助が小さくなるとBIAの活動が縮小することもあり、自立の度合いが課題となろう。

　いずれにしても、組織としての自立と活動資金としての自立の両方を求めることがエリアマネジメントには必要であり、各国はその形態を模索していると言えるだろう。最後に、こうした仕組みの実現に向けて、異なるパートナーとの調整を行う「人」の存在が大きな鍵となっていることを強調しておきたい。

［村木美貴］

（注）
1) 保井美樹「アメリカにおけるBusiness Improvement District（BID）」『都市問題』No. 89-10、1998
2) 保井美樹「BID：米国と日本」『都市計画』242号、2003
3) Union Square Partnerships, http://www.unionsquarenyc.org/, Central District Albany BID, http://www.centralbid.com/, Buffalo Place, http://www.buffaloplace.com/, Holywood Entertainment District, http://www.hollywoodentertainmentdistrict.com/, Los Angeles Downtown Property Owners Association, http://www.dpoa.com/, Downtown Sandiego Partnerships, http://www.downtownsandiego.org/index.cfm/fuseacion/business.br_gov/ より作成。
4) Downtown Sandiego Partnerships, http://www.downtownsandiego.org/
5) Hoyt R., *The Business Improvement District: An Internationally Diffused Approach to Revitalization*, 2002
6) TABIA, http://www.toronto-bia.com
7) 前掲書1)
8) 原田英生『ポスト大店法時代のまちづくり』日本経済新聞社、1999
9) Paumier K., "City Centre Management", *Investigating Town Planning*, Longman, 1996
10) DoE, *Town Centre Partnerships*, HMSO, 1997
11) 中井検裕「イギリスにおける中心市街地活性化のための方策」『地方都市における中心市街地の再活性化』日本建築学会、1998
12) ATCM, *Developing Structures to Deliver Town Centre Management*, 1997
13) Evans R., *Regeneration Town Centres*, Manchester University Press, 1997
14) Oxford City Centre Management, *Business Plan and Key Performance Indicators*, 1998
15) ODPM, *BIDs Guidance: A Working draft*, 2002
16) 大野明子「ドイツの10万人以上の都市における中心市街地活性化の取り組みに関する研究─シティマネジメントの観点から」（千葉大学工学部卒業論文）、2003

# CHAPTER 3
## 大都市都心部における大規模プロジェクトを核としたエリアマネジメント

## 1 ── 大規模プロジェクトを核としたエリアマネジメントの特徴

　国土の均衡ある発展と内需拡大を目指し新規開発を進めた都市づくりから、都市の継続的発展を目的とし、その更新や維持管理までを視野に入れた都市づくりへのシフトが言われ始めている。

　このような議論と呼応し、経済のグローバル化の動向は国内外にわたって地域間競争を激化させている。特にその状況は、地域ポテンシャルを高める視点を持ち、開発から地域の維持管理までを一貫して取り組む大規模プロジェクトとして、大都市都心部に姿を現しつつある。具体的には、東京圏や大阪圏の大規模プロジェクトを核として、複数の民間地権者等を中心に、自発的な意思に基づき調整の場を通じて地域の維持管理までを視野に入れその活動を進めている地区、あるいは進める必要性を踏まえその検討を行う地区が存在する。このような大規模プロジェクトを核とした近年の試みは、「はじめに」および第1章で「エリアマネジメント」の必要性として指摘された通りである。

　他方、上記のような「エリアマネジメント」の必要性に関連し、都市開発事業を推進する立場から「事業の初動期から維持管理まで一貫して管理するシステム」に次のような期待が寄せられている[1]。

　第一は、調和・統一感に配慮された都市空間づくりが可能になり、良好で質の高い環境の形成が担保されるという期待である。第二は、明確な地区アイデンティティ（個性）形成が促進され、その個性が街並みや都市の機能、住環境に表れることにより、情報発信力が高まり、知名度の向上やまちづくりへのモチベーションの向上につながるという期待である。第三は、利害関係者の意向調整がスムーズに行われると同時に、関係者間には継続的な協議・調整過程を通じて事業推進への共同意識が生まれ、円滑な事業推進が可能になるという期待である。さらにこれらの期待は、住民、来訪者にとっては、良好な街並み、賑わいの魅力など、快適な都市環境を享受でき、地権者にとっては、良質な環境が付加価値として評価され資産価値の増進が期待できるとともに、民間事業者にとっては、事業リスクの軽減、資金調達の優位性から投資意欲が高まるという期待につながっていくというものである。また、以上のような議論では、施設整備から施設完成後の継続的かつきめ細かな維持管理・運営までを一貫し

て行う長期的な目標像（方針や計画など）を設定する必要性や、その目標像が自発的な意思に基づき共有されること、段階的かつ効率的な協議・調整の場を持つことなどがその重要な要素として挙げられている。

しかしながら、これらの期待を検証および具現化するためには、前記したような大規模プロジェクトを核としたエリアマネジメントの実態を明らかにする必要があり、少なくとも、マネジメント主体となる推進組織、その活動内容や活動財源などを都市の発展過程を踏まえて理解すべきであろう。さらに、大規模プロジェクトの特徴として、地勢や歴史、基盤整備の要否および既存敷地の状況、事業手法など、地区特性に左右される場合が多く、これに関連し、様々な様態を持つ主体間の協議・調整を進める推進組織のあり方も多様である点が挙げられる。

そこで本章では、"一定の広がりを持った特定エリアについて継続的な視点で都市づくりから地域管理まで一貫して行う活動"を「エリアマネジメント」と定義した上で、日本の大都市都心部で試みられる大規模プロジェクトを核としたエリアマネジメントの活動内容と活動財源について、地区特性別の推進組織のあり方から概観してみたい[2]。なお、ここでいう「都市づくり」とは、開発行為に関わる活動とし、「地域管理」とは、当該地区の継続的発展を目指す活動として捉えることとする。

## **2** ── 地区特性別に見た推進組織

表1は、10ha以上の広がりを持つ特定エリアについて、継続的な視点で都市づくりから地域管理まで一貫して行われている事例であり、日本で先進的にエリアマネジメントを試みている大規模プロジェクトであるといえる。正確には、各プロジェクトの課題への対応策として、あるいは魅力づくりとして取り組まれてきた試みが、今日、「エリアマネジメント」という観点から着目されつつあるプロジェクトである[3]。

そこで、これらのプロジェクトの特徴を捉えるため、各地区特性別に分類すると概ね三つの類型に整理することができる（表1）。

①大規模跡地型：工場等の大規模跡地において一体的に開発が行われる地区
②混在市街地型：一定の基盤整備が整い、様々な様態の権限が混在している

表1 主な事例内容と対象地区の選定

| 類型(概念図) | | 番号 | 名称 | 所在地 | 面積 | 計画用途 | 開発範囲 | 基盤整備 | 敷地 | 法定事業 |
|---|---|---|---|---|---|---|---|---|---|---|
| 大規模跡地型 | | ① | 天王洲地区[1] | 東京都品川区 | 20ha | 業・商・住 | 一体 | 整備要 | 個別 | ― |
| | | ② | 大阪ビジネスパーク地区 | 大阪市中央区 | 26ha | 業・商 | 一体 | 整備要 | 個別 | 区画整理 |
| | | ③ | 汐留地区 | 東京都港区 | 31ha | 業・商・住 | 一体 | 整備要 | 個別 | 区画整理 |
| | | ④ | 横浜みなとみらい21地区 | 横浜市西区 | 186ha | 業・商・住 | 一体 | 整備要 | 個別 | 区画整理 |
| 混在市街地型 | | ⑤ | 六本木六丁目地区 | 東京都港区 | 11ha | 業・商・住 | 一体 | 整備要 | 区分所有 | 再開発 |
| | | ⑥ | 東五反田地区 | 東京都品川区 | 29ha | 業・商・住 | 部分 | 整備要 | 個別 | ― |
| | | ⑦ | 大街区地区[2] | 東京都港区 | 75ha | 業・商・住 | 部分 | 整備要 | 個別 | ― |
| | | ⑧ | 晴海地区 | 東京都中央区 | 101ha | 業・商・住 | 部分 | 整備要 | 区分所有 | 再開発 |
| 成熟市街地型 | | ⑨ | 大丸有地区[3] | 東京都千代田区 | 111ha | 業・商 | 個別 | 整備済 | 個別 | ― |

1)東品川二丁目地区、2)虎ノ門・赤坂・六本木大街区地区、3)大手町・丸の内・有楽町地区
(凡例)区画整理:土地区画整理事業、再開発:再開発事業、業:業務、商:商業、住:住宅、一体:一体的開発、部分:部分的開発
(概念図)●:組織に加入している地権者および事業者、▲:新規加入者、○△:組織に加入していない地権者および事業者

　市街地において部分的あるいは段階的に再開発等が行われる地区
　③成熟市街地型:すでに都市基盤が整った成熟市街地において主に個別の開発によって順次更新される地区

　見方を変えれば、これらの類型は、一つのプロジェクトの各局面を捉えたものともいえる。つまり、類型に示した地区特性を連続させて見てみると、大規模跡地で開発事業が行われ、一定の基盤整備が整うことで、様々な様態が混在した市街地を形成し、さらには成熟した市街地へと発展していくという都市の発展過程として受け止めることもできるからである。

　とはいえ、エリアマネジメントの実態を事例から読みとるためには、プロジェクトの局面を現時点で切り取り、各エリアマネジメントの特徴として捉えることはプロジェクトの多様性に対して有用であると思われる。したがって以下では、表1に示す類型、すなわち地区特性別に見たエリアマネジメントの推進組織(以下、推進組織)に焦点をあて、その特徴を明らかにすることで議論の枠組みを設定してみたい。なお、ここで取り上げる各プロジェクトの地区概要・推進組織・エリアマネジメント等の具体的内容および詳細な情報について

は、後述の第4章を参照されたい。

**(1) 地権者組織が中心となる「大規模跡地型」**

　まず、大規模跡地型の特性に該当する地区として、①天王洲地区、②大阪ビジネスパーク地区、③汐留地区、④横浜みなとみらい21地区が挙げられる。いずれも、大規模跡地に一体的な開発が行われ、地域管理を行っている地区である。

　例えば、②大阪ビジネスパーク地区は、1969年工場跡地に地権者4企業の共同事業「OBP計画・1969」として立案され、民間施行の土地区画整理事業と、それに伴う上物整備が行われた地区である（第4章128頁参照）。また、④横浜みなとみらい21地区は、横浜市による「横浜市都心臨海部総合整備計画基本計画（中間案）」(1981年) に基づき、事業推進本部が発足し、臨海部埋立地および造船所跡地に第三セクター㈱横浜みなとみらい21が中心となり開発を推進した地区である[4]（第4章72頁参照）。

　これらの推進組織を見ると、概ね開発事業を行う地権者や公的セクターが中心となりその合意形成により「都市づくり」から「地域管理」までを一貫してマネジメントする、いわば「地権者合意タイプ」といえる。

　具体的には、「都市づくり」の段階は、跡地の地権者により協議組織が結成され、分譲等により増加する地権者もすべて組織に加入するよう取り決められている。そして「地域管理」の段階では、公的セクターが関与しない公共施設以外の管理に関して、街区単位やテナント企業等による活動内容ごとの組織が結成される場合があるが、地区全体の基幹業務については、都市づくりの段階から活動している組織がその主要な役割を担っている。

　その組織構成員と協議主体を事例に見ると、②大阪ビジネスパーク地区では、11の地権者（民間企業）からなる組織が中心的な役割を担い、必要に応じて個別的に行政と協議している。また、④横浜みなとみらい21地区では、民間企業45％、公的セクター55％（横浜市、神奈川県、都市基盤整備公団等）の全地権者出資による㈱横浜みなとみらい21が、企画立案や合意形成および運営を担っている。

**(2) リーダーシップが重要となる「混在市街地型」**

　「混在市街地型」の特性に該当する地区として、⑤六本木六丁目地区、⑥東五

反田地区、⑦大街区地区、⑧晴海地区などが挙げられる。⑤⑦などに見られるように、対象地域の範囲設定により重複する地域も存在するが、街区単位での共同化、協調化を基調とした既成市街地における段階的な開発が行われている。

この類型の経過をいくつかの事例から概観すると、⑥東五反田地区は、1982年東京都長期計画に副都心の一つとして指定され、地権者と公的セクター（東京都・品川区）による協議が進められるなかで、開発動向の著しい先行5街区で「街づくり推進協議会」（1993年）が発足し、開発を進める体制が整えられている（第4章138頁参照）。また、⑧晴海地区の場合は、1984年地権者による「晴海をよくする会」が発足した後、その2年後に、公的セクター（東京都・中央区）に「晴海アイランド計画」（1986年）を提言した。そして提言が対象とした地区の一部が都市計画決定により法定事業（「晴海一丁目市街地開発事業」）として位置づけられ、部分的に竣工に至っている（第4章91頁参照）。

こうした経過に見る混在市街地型の特徴として着目すべき点は、当該地区に関わりの深い一部の事業者や地権者が協議組織を結成し、リーダーシップを発揮することで、主体的にエリアマネジメントに関する活動を行っている点である。具体的には、⑥東五反田地区では、三井不動産㈱を中心とした先行5街区の地権者が結成し、⑧晴海地区では、有志の地権者会員企業（設立当初8社）が協議組織を結成している。そして、表2に示すように、地域住民や公的セクターなど対象地区全体に関わる主体との調整については、リーダーシップを持つ組織を中心に、デザインワークショップ（⑥東五反田地区）やまちづくり協議会（⑧晴海地区）のような協議・調整の場（組織）が時限的に設けられ、「都市づくり」「地域管理」を推進していく体制が築かれている。なお、⑤六本木六丁目地区や⑦大街区地区においても森ビル㈱を中心とした地権者集団がエリアマネジメントの観点から企画、開発事業を推進し、その後の地域管理も含めた検討、実施を試みている。

以上の経過および協議・調整の方法から見えてくる混在市街地型のエリアマネジメント組織の性格は、先行地権者あるいは有志企業等からなる組織、すなわち統率力ある一部の企業や事業者が、公的セクターや地域住民等との協議を行い、その求心力によりエリア（地区全体）の意思を調整していく「リーダー企業調整タイプ」であるといえる。

表2　地区別エリアマネジメント組織および構成員

| 地区 | | 都市づくり | | 地域管理 | |
|---|---|---|---|---|---|
| | | 組織 | 構成員 | 組織 | 総成員 |
| 大規模跡地型 | ②大阪ビジネスパーク地区 | OBP開発協議会 | 全地権者(民間企業11社) | OBP開発協議会 | 全地権者[1] |
| | | | | 街区および内容別の組織 | 地権者、テナント企業 |
| | ④横浜みなとみらい21地区 | ㈱横浜みなとみらい21 | 全地権者(民間企業45%、公的セクター55%) | ㈱横浜みなとみらい21 | 全地権者 |
| | | | | 街区および内容別の組織 | 地権者、テナント企業 |
| 混在市街地型 | ⑥東五反田地区 | 街づくり推進協議会 | 先行5街区地権者(33%)＋区 | アーバンマネジメント連絡会議[2] | 先行5街区地権者、その他地権者、町内会、商店会等＋区 |
| | | デザインワークショップ | 地権者、学識経験者、事業者、(品川:オブザーバー) | デザインワークショップ | 地権者、学識経験者、事業者、(品川:オブザーバー) |
| | ⑧晴海地区 | 晴海をよくする会 | 地権者会員企業(設立当初8社) | ㈱晴海アイランド[3] | 地区内企業、外部企業、都市公団、都、区、住民 |
| | | まちづくり協議会 | 晴海をよくする会＋都、区、住民 | | |
| | 一丁目 | 再開発組合 | 街区内の地権者、都市公団 | ㈱晴海コーポレーション | 街区内地権者、東京電力等 |
| 成熟市街地型 | ⑨大丸有地区 | 再開発推進協議会 | 企業86社(地区内企業の88.7%) | NPO法人大丸有エリアマネジメント協会[4] | 地権者、関連企業、就業者 |
| | | まちづくり懇談会 | 協議会＋JR東日本、都、区 | 丸の内美化協会 | 地権者41社 |
| | | | | スーパーネット | 三菱地所、NTT-ME、NTT-X |
| | | | | ダイレクトアクセス | 三菱地所、丸紅[5] |

1)都市づくり段階の構成員と同様、2)左記「街づくり推進協議会」を、地域管理にあたり、その他地権者などを含み発展させた組織、3)都市づくりの段階の「晴海をよくする会」「まちづくり協議会」の構成員等を包含する組織(検討中)、4)再開発推進協議会のメンバーを含むNPO設立、5)大丸有地区ではここで示す組織の他に地域管理に関する多様な組織がある。
(凡例)上記の組織の位置づけ:㈱は株式会社、NPO以外は任意組織である。

　ただし、これらの中心的な役割を担う組織によれば、エリアマネジメントという観点から、部分的あるいは段階的に開発していく混在市街地型の地区特性ゆえの課題があるという。その一つは、地区全体の計画の存在とその担保であり、広域的かつ長期的視点にたったビジョンとルールが必要とされている。二つは、段階に応じた組織改変の必要性であり、都市づくりから地域管理を通して、全地区あるいは一部の地区ごとに多様な様態を持つ関係者間の協議・調整の場が必要とされている。

## (3)自治意識に基づき組織化される「成熟市街地型」

　「成熟市街地型」の都市づくりの段階は、既成市街地の更新にあたり、個別建

て替えが主となるため、一定地区に対するマネジメントとしては「地域管理」がその活動の中心となる。事例としては、⑨大手町・丸の内・有楽町地区（以下、大丸有地区）が挙げられるが、第5章以降に紹介される、「都市中心部既成市街地におけるエリアマネジメント」と重複・類似した性格を持ち合わせている。したがって、以下では、「大規模プロジェクトを核としたエリアマネジメント」と「都市中心部のエリアマネジメント」との類似性を踏まえる意味で、その代表的事例である⑩神戸市旧居留地地区（第6章「10 旧居留地連絡協議会」参照）について併せて考察してみたい。

　まず、⑨大丸有地区は、本社が多数集積する日本の中心的なビジネス地区で、1988年地権者による協議会が発足し、エリアマネジメントを指向した取り組みが検討され、1997年東京都区部中心整備指針と併せて「ゆるやかなガイドライン」（1998年）[5]が策定されている。この地区では、表2に示すように、「都市づくり」においては、再開発を目的とした「再開発推進協議会」が地権者を中心に組織化されているとともに、これらの構成メンバーに加え、東京都、千代田区、JR東日本㈱が加わった調整組織として「まちづくり懇談会」がある。一方、「地域管理」においては、地元意識の強い三菱地所㈱をはじめとする地区内企業において「丸の内美化協会」等の既存組織が多数存在し、他にも各問題意識に応じた活動が行われている。さらに今日では、当該地域に愛着を持つ就業者や、来街者等を巻き込んだ地域管理組織として、「NPO法人大丸有エリアマネジメント協会」が設立され、親睦、イベント活動など活発な動きがある（第4章110頁参照）。

　一方、⑩神戸市旧居留地地区は1983年「神戸市都市景観条例」に基づく都市景観形成地域に指定されたことを契機に維持管理に取り組んできた地域である。この地区では、約100社からなる地区内の親睦団体「旧居留地連絡協議会」が親睦および自治活動に加え、地域の維持管理に取り組んでいるほか、施設整備や建物更新を行う際にも地区内のルールを定めている。また、年に数回開かれる総会には、行政が参加することから、官民間の調整が図られる場面もある（第6章218頁参照）。つまり、⑩神戸市旧居留地地区は、大規模プロジェクトを核として、あるいは契機としたものではないものの、「都市づくり」（土地利用や景観形成等）に関わりガイドライン等のルールが存在している。また、「地

域管理」においては、成熟した市街地において永年培われた地元意識や自治意識に基づき展開されているといえよう。

これらの二つの考察を踏まえれば、⑨大丸有地区については三菱地所㈱のリーダーシップが目を引くものの、成熟市街地型は、押し並べて成熟した市街地において永年培われたルールや地元意識、自治意識の上に立ってエリアマネジメントが支えられる、いわば「自治醸成タイプ」であると考えられる。

## 3 ──エリアマネジメントの活動内容

以上の地域特性に応じたエリアマネジメント組織の性格（タイプ）を踏まえ、ここでは、大規模跡地型・混在市街地型・成熟市街地型の各活動内容とその実施にあたっての課題を「都市づくり」「地域管理」の各局面から整理してみたい。なお、「都市づくり」については、エリアマネジメントという観点から地域管理に密接な関係を持つものや地区の魅力を高めるための整備を中心に取り扱い、「地域管理」については、一般的な施設管理のみならず地区の魅力を向上させるための広範な活動として捉えている。

表3に示すように、エリアマネジメントの主な活動を整理すると概ね以下の三つの要素に分けられる。

①エリアサービス：無線地域LAN等の情報サービス、コージェネレーション等のインフラ整備を活用した地域限定サービス
②エリアメンテナンス：公共施設および公共空間の管理
③ソフトマネジメント：地域プロモーション、コミュニティ活動、イベント、都市観光PR等の賑わい演出、シンクタンク機能など

これらの活動内容に関連し、すべてのタイプで地区内のビジョンや方針、行動計画を示す指針や、デザイン、景観、分譲時の条件等を示すガイドラインなどが存在する（これらを表3では「エリアマネジメントルール」と総称している）。こうしたルールの役割も推進組織との関係で注視されるところである。

### (1) 都市づくりとエリアサービス

エリアマネジメントの視点から「都市づくり」を見ると、「地域管理」の局面でいかに充実した活動を可能にするための環境を整えることができるか、すなわち、「都市づくり」は都市の魅力の土台を構成する重要な段階であるといえる。

表3 活動内容の一覧（当該表に示す内容の活動主体は表1および本文で示す当該地区の主要組織）

| | 類型 | | 大規模跡地型 | | 混在市街地型 | | 成熟市街地型 | |
|---|---|---|---|---|---|---|---|---|
| | 地区 | | ②大阪ビジネスパーク地区 | ④横浜みなとみらい21地区 | ⑧晴海地区 | ⑥東五反田地区 | ⑨大丸有地区 | ⑩神戸市旧居留地区 |
| | | | | | | 晴海一丁目 | | | |
| 都市づくり | 機能・用途[1] | | 業務・商業・文化施設および関連施設に限定 | 商業施設、ホテル、住宅、ホール | ― | 住宅、商業施設、ホール、公共公益施設等 | 住宅、商業施設、公共公益施設等[2] | 容積のうち2%は、文化・交流・活性化機能 | 文化施設促進、風俗施設建設の禁止 |
| | 施設 | 公共施設 | 道路、広場等 | 動く歩道、道路、駅等 | 道路、地区施設等[3] | 道路、地区施設、動く歩道、駅出入り口等 | 道路、地区施設等 | | |
| | | 非公共施設 | 協定緑地 | 専有モール等 | 管理所有部位＋敷地、商業通路等 | 歩道・広場の連担的確保 | | 街並み形成 | 広場の整備 |
| | エリアサービス | | 光ファイバー、CATV | DHC | ― | DHC、光・メタルケーブル | ― | DHC、光ファーバー[4] | ― |
| 地域管理 | エリアメンテナンス | 公共施設の管理 | 歩行者専用道(清掃) | 動く歩道 | 《検討》 | 動く歩道 | ― | 植栽[5] | ― |
| | | 非公共施設の管理[6] | 緑地（清掃のみ） | 地区内施設の調整、専有モール | 管理所有部位＋敷地、商業通路等 | 《検討》 | | | |
| | ソフトマネジメント | 地域プロモーション、社会的活動等 | イベント、都市観光、プロモーション等 | イベント、広報誌、装飾、リサイクル推進等 | 《検討》 | イベント、プロモーション、情報発信、植栽、装飾、照明等 | 一部の地区では、イベント、プロモーション等《検討中》 | イベント、セミナー、プロモーション、情報発信《都市観光、コミュニティバス。レンタサイクル》 | 飾花活動、都市観光、地域防災、イベント |
| | | シンクタンク機能 | 交通量調査 | まちづくり調査、企業誘致等 | | 整備および防災マニュアル | ― | 《自主研究、政策提言、再開発系のコンサルティング》 | 景観に関する事項 |
| | | その他 | 迷惑駐車追放 | | | | | 物流実験、《駐車場調整》 | |
| | エリアマネジメントルール | | デザインガイドライン等 | | 分譲時の条件等 | | 景観ガイドライン | 景観ガイドライン、防災計画 | 景観ガイドライン |

1)表1に示す一般的な用途以外のもの、2)街区により異なる、3)幹線道路や鉄道等の提案も行っている、4)三菱地所による、5)表1の「丸の内美化協会」による、6)敷地単位の公開空地を含まない
(凡例)《 》：検討中の内容、■：積極的かつ重点的に行っている地域管理、DHC：地域冷暖房、―：具体的取り組みなし

　とりわけ、エリアサービスは、基盤整備等ハードの伴う環境が不可欠であり「都市づくり」と「地域管理」が一体的に行われることが必要となる。
　「大規模跡地型」では、先行的に跡地の地権者がデザインガイドラインや協定を策定し、その後、地権者および土地取得事業者がそのルールに基づき開発を

実施している。この類型におけるエリアマネジメント組織の性格は「地権者合意タイプ」であるため、空間およびインフラの連続性が図れ、一体的な整備がなされているのが特徴であるといえよう。つまり、エリアサービスを行える環境が「都市づくり」の局面から検討・実施できる。例えば、②大阪ビジネスパーク地区や④横浜みなとみらい21地区では、オープンスペースの一体的な空間形成に伴い、地域冷暖房等のインフラの整備も行われている。ただし、「地域管理」の段階で、充実したエリアサービスを行うかは、エリアマネジメントに対する地権者の問題意識に左右されることとなる。また、④横浜みなとみらい21地区のような公的セクターを含む組織において合意された計画が、「地域管理」の局面を踏まえた柔軟な対応が困難であるとの課題も提起されている。

　一方、「混在市街地型」や「成熟市街地型」の「都市づくり」は、部分的あるいは個別建て替えによる既成市街地の更新であるため、空間、基盤整備などの連続性が課題となっている。「混在市街地型」においては、権利関係が複雑（地区内および外部企業、住民、行政等）で合意形成に非常に時間が費やされることが課題とされ、その協議および調整にリーダー企業が抱えるリスクが大きい。また、「成熟市街地型」については、基盤整備が整っている地域におけるその更新はより難しい。こうした合意形成およびリスク配分を可能にするためには、「地域管理」までを視野に入れることの必要性を地域の価値として認識し、その認識の上に立った長期的な計画とルールが重要であると考えられる。

　さらに、どの類型にも共通する公民の関係における課題として、公共施設における公的整備と民間整備の役割分担がある。基本的には公共施設は公的整備がなされるべきであるが、地区の魅力を高めるための付加的な設備や仕様については、協議が難航し、その判断はケースにより異なっている。いずれにしても、公的観点からエリアマネジメントをどのように位置づけ、民間活動の課題に対して、行政としてどのような役割を担うかという点については、「都市づくり」の局面から議論されるべきであろう。

## (2) 地域管理におけるエリアメンテナンスとソフトマネジメント

　地域の持続可能性という観点からは、「都市づくり」の段階で用意された空間をいかに維持管理および活用し、魅力ある空間にしていくかが重要となる。その意味で、以下では、維持管理という点からエリアメンテナンスと、魅力づく

りという点からソフトマネジメントに着目して、「地域管理」の段階における活動内容を紹介したい。

1) エリアメンテナンス

まず、表3に示すように、「大規模跡地型」では「都市づくり」後の管理、すなわちエリアメンテナンスが比較的充実している。②大阪ビジネスパーク地区では、大阪市が管理者である歩行者専用道の清掃管理を協議会に委ね、景観の観点から広告規制に関する協定を取り決め、その調整も協議会が担っている。④横浜みなとみらい21地区については、動く歩道やモールといった公有地の管理を、横浜市が既述の第三セクターに委託している。

次に「混在市街地型」は、区分所有法に基づく権利関係がある街区については管理組合を結成している場合が多い。管理費徴収を前提に新規参入が行われているため地権者およびテナント負担による安定した財源が確保され、地権者主体のエリアメンテナンスが行われているからである。ただし、地区全体の一体的な管理には至っておらず、開発単位ごとに民間所有の施設において個別管理が行われている。例えば、⑥東五反田地区では二丁目地区、⑦大街区地区ではアークヒルズ、⑧晴海地区では晴海一丁目という単位での管理である。

また「成熟市街地型」は、行政によるエリアメンテナンスが中心で、民間事業者は部分的なものにとどまっている。

以上の活動実態を整理すると、「大規模跡地型」や「混在市街地型」では部分的に民間管理が見られるものの、地域の一体的な管理に関しては、行政に依存している部分が大きい。

2) ソフトマネジメント

一方、ソフトマネジメントは、すべての事例において多様な取り組みがされており、地区の魅力を高める必要不可欠な要素になりつつあることがわかる。

例示すると、②大阪ビジネスパーク地区では、天神祭前夜祭、新春音楽祭、文化祭、イベント連絡会、個々のイベント支援、ホームページの充実、観光マップの作成、高度情報化のための研究会など、④横浜みなとみらい21地区では、イベント支援に加え、広報誌発行、まちづくり調査、企業誘致、リサイクル活動など、⑧晴海地区では、晴海一丁目においてクリスマスイルミネーションやイベント管理、警備および防災マニュアルの作成等が実施されている。

また、「都市づくり」の段階で、エリアサービスに対応しにくい「成熟市街地型」においても、ソフトマネジメントについては充実した取り組みがされている。例えば、⑨大丸有地区では、ミレナリオやグランマルシェをはじめとしたイベントやホームページやメディアを利用したPR活動にとどまらず、コミュニティバスやレンタサイクルの導入、レストランの24時間営業等の"就業環境の改善"や、経営者・幹部・第一線ビジネスマンによるクラブの創設など"ビジネス創発のしくみづくり"や物流システムの効率化、ブランド街の形成等の多様な試みが実施されつつある。他方、⑩神戸市旧居留地地区では、主に「街の親睦」を図ることを活動の主目的においており、協議会内に設立された各委員会に企業から代表者が集まって協議を行い、プロムナードコンサート等のイベントの実施や、クリーン作戦(清掃活動)、震災を受けた防災マニュアルの策定、景観形成のための「都心(まち)づくりガイドライン」策定等の諸活動を行っている。

　しかしながら、上記に見られるイベント等の実施に関しては、地域行事あるいは地区ルールとして定着しつつあるものの、「都市づくり」の局面からエリアマネジメントを中心的に推進してきた組織にその運用を期待する場合が多く、地域住民や非参加企業などと一体的な活動を実施するケースは多くない。また、地区内で商業、業務、住宅などその利用形態によりソフトマネジメントへの要望が異なり、実施にあたっては、その調整が課題として挙げられている。

## 4 ── エリアマネジメントの活動財源

　ここでの活動財源に関しては、地区の継続的発展という視点から、主に「地域管理」に関する運営費用について見てみたい。

　まず、「大規模跡地型」では、地権者は大手企業が多く、活動資金は主に地権者負担であり、それによって組織運営を図っているのが一般的である。その手法の例として、②大阪ビジネスパーク地区では、土地面積比により地権者負担が行われている。ただし、④横浜みなとみらい21地区のように公的セクターが組織に関与し、重要プロジェクトとして位置づけている場合には、逆に行政からの補助によるところが大きい。具体的には、第三セクターによる公有地の管理に対して、市が管理委託費を提供している。

　大規模跡地型の利点として、都市づくりの段階からエリアマネジメントに費

やす費用が一定程度想定され、事前に合意が図られているため、その実現が容易であることが挙げられる。また、ソフトマネジメントについては、地域に関連したイベントに地区内の権利者企業が協賛を行う場合がある。②大阪ビジネスパーク地区では、原則として協議会主催イベントの運営費用は会員（地権者）が負担することになっているが、イベントの景品等は会員以外の企業からも現物支給が行われ、地域全体でイベントを支える仕組みをつくりだしている。

次に「混在市街地型」は、「大規模跡地型」と比較し、大規模地権者の集合体でなく、住民、中小企業等、資金力は一様ではない。したがって、エリアメンテナンスやエリアサービス費用の実費を除き、ソフトマネジメントの多くを、資金力のある大手企業が活動財源を負担している場合が多い。⑥東五反田地区では、現在、このような課題に対応するため、組織を再編するとともにエリアを拡大し、地権者等が公平に負担する仕組みを検討している。

さらに、「成熟市街地型」の場合、運営費については、会費費で賄われており、ソフトマネジメントのイベント開催などでは、テナント企業協賛を募る場合もある。しかし充実したマネジメントを行う資金調達という点で課題を抱えている。調達の方法を例示すると、⑨大丸有地区では、組織の役割に応じた会費から調達しており（第4章122頁 表5参照）、⑩神戸市旧居留地地区では、会員企業による一律金額の会費から調達している。また、⑨大丸有地区での「東京ミレナリオ」や⑩神戸市旧居留地地区でのコンサート等、協議会主催のイベントなどのソフトマネジメントについては、会費とは別に、地区内企業の協賛金を募る場合も少なくない。こうした「地域管理」への取り組みに、植樹帯管理や、フラワーポットの設置やイベントへの協賛という形で、自治体から支援が行われる場合もあるが、公共的な位置づけやルールが必要とされる。

## 5 ── エリアマネジメントの課題と展望

これまで紹介してきたエリアマネジメントの取り組みは、冒頭でも述べたように、全国的にも先進的なものであり、その意味では、その必要性が認識されつつある一方で、様々な課題も抱えている。各類型における実態を改めて概観すると次のような整理ができよう。

まず、「大規模跡地型」の組織は、都市づくりを担う主体が地域管理を担うた

め、活動内容において他のタイプより都市づくりと地域管理の一貫性が容易である。また、活動財源においても公平な負担がなされかつ潤沢である。しかし、組織に公的セクターが大幅に関与する計画では合意された内容の実行に際して柔軟性に欠ける恐れがある。

「混在市街地型」の組織は、開発を先行する地区の有志企業を中心に地域住民等と協働関係を保ちながら活動を行っている。ただし、地区全体の一体性を高める点、地域や各立場の関係者の合意という点に課題を抱えており、長期的な視野に立ったビジョンや計画の存在、さらにルール化が図られることが望まれている。また、財源についても中心的な役割を担う企業の負担が大きく、受益に応じた負担が課題として挙げられる。

「成熟市街地型」の組織は、地元意識や自治意識の上に立って組織化されているため、混在市街地型より合意形成等は容易であると考えられるが、建て替え等の個別更新により都市づくりが行われるため、市街地の更新にあたり一定のルール化が必要である。また、開発行為との連携が見込めないため、自治会的な会員費や協賛金に頼らざるをえず、地域管理における取り組み範囲が限定される。

これらのエリアマネジメントの実態においてどのタイプも共通する点は、ソフトマネジメントで地区の特性を生かした様々な取り組みがされている点である。しかし、その一方で、総じて次のような課題が提起されている。

①明確な将来ビジョン・ルールを関係者間で共有し、これらの柔軟かつ継続的な担保と運用。
②都市づくり、地域管理を継続する様々な場面での協議・調整の場、組織づくり。
③②における合意形成を可能にするためのリーダーシップの確立と、その能力が発揮できる環境づくり。
④関係者に理解を得るための受益と負担のルール化。

特に④に関連し、いずれの類型においても課題とされているのが、受益者と負担者との関係である。第一は、民間主体間における関係である。これは、リーダー企業にリスクが集中する「混在市街地型」で最も問題となっているが、「成熟市街地型」においてもテナントの負担に関して問題を抱えている。第二は、

行政と民間における関係である。具体的には、地区の魅力を高め、他の地域との差別化を図るための負担に行政が関与すべきかという問題である。

以上の課題に対応するための示唆として、第2章で述べられた諸外国のBID・TIFやTCMなどの仕組みが有益であると考えられるが、その前提として、今後の日本における都市のあり方、都市政策の方向性として、"一定の広がりを持った特定エリアについて継続的な視点で都市づくりから地域管理まで一貫して行う活動"すなわちエリアマネジメントの各局面における必要性の認識とその位置づけを確立していくことが不可欠であるといえよう。

[内海麻利]

(注)
1) ㈶都市みらい推進機構「公民連携による事業推進方策検討調査」(2004.7.27)の検討資料を参照。なお、ここでの議論では「事業の初動期から維持管理まで一貫して管理するシステム」を「地域開発マネジメント」と表している。
2) 以下の考察は、浅井孝彦、森田佳綱、内海麻利、小林重敬、南珍「大都市都心部におけるエリアマネジメントの実態に関する研究」『第37回日本都市計画学会学術研究論文集』(2002) の調査・検討をとりまとめたものである。
3) ここでの考察は、1997～2001年の「都市計画文献リスト」(日本都市計画学会)にある文献で紹介されているプロジェクト等であり、具体的な情報は下記「参考文献」などによる。
4) ㈱横浜みなとみらい21会社概要に地区の経緯が示されている。
5) 新たに2000年にまちづくりガイドラインとして改訂されている「大手町・丸の内・有楽町地区まちづくりガイドライン」(第4章113頁 表1参照)。

(参考文献)
・日本開発構想研究所「新しい経済社会状況に対応した官民パートナーシップに関する基礎的研究報告書」2001
・上田隆夫 「民間大規模開発推進に関する考察―大阪ビジネスパークを例にして」『都市計画』187号、1994
・大阪ビジネスパーク開発協議会のホームページ、http://www.obp.gr.jp/
・汐留地区街づくり協議会「汐留地区開発プロジェクト総合案内」2001
・産経新聞記事「『日本版BID』に挑戦」2000.11.29
・住宅・都市整備公団首都圏都市開発本部／横浜市／㈳日本交通計画協会「MM21・都市ビジョン実現化方策検討調査報告書」1992.7
・六本木六丁目地区市街地再開発組合「六本木ヒルズ」
・石川通美等「段階型再開発地区の都市景観整備に関する考察―東五反田地区の街づくりと東五反田二丁目第1地区再開発をモデルケースとして」『再開発研究』17号、2001
・「晴海のまちづくり―晴海アイランド計画2001」『再開発コーディネーター』93号、2001
・旧居留地連絡協議会復興委員会「神戸旧居留地復興計画」1995
・「大手町・丸の内・有楽町地区まちづくりガイドライン」2000
・鶴見隆志「中長期的な都市基盤整備およびパートナーシップのあり方に関する研究―セミパブリック空間の必要性とその構築のあり方」『調査研究期報』124号、2000
・大阪ビジネスパーク開発協議会「OBP NEW CITY-CORE IN OSAKA」1998

# CHAPTER 4
## 大都市都心部における大規模プロジェクトを核としたエリアマネジメントの実態

第 3 章では、日本の大都市都心部で見られる大規模プロジェクトを核としたエリアマネジメントについて、地区特性別に分類し、その中心的役割を担う推進組織のあり方を概観した。

　具体的には、(1) 工場の大規模跡地において一体的に開発が行われる「大規模跡地型」(①天王洲地区、②大阪ビジネスパーク地区、③汐留地区、④横浜みなとみらい 21 地区) を推進する組織を「地権者合意タイプ」、(2) 一定の基盤整備が整い、様々な様態の権限が混在している市街地において部分的あるいは段階的に再開発等が行われる「混在市街地型」(⑤六本木六丁目地区、⑥東五反田地区、⑦大街区地区、⑧晴海地区) を推進する組織を「リーダー企業調整タイプ」、(3) すでに都市基盤が整った成熟市街地において主に個別の開発によって順次更新される「成熟市街地型」(⑨大丸有地区、⑩神戸市旧居留地地区) を推進する組織を「自治醸成タイプ」として考察の枠組みを設定し、各タイプにおける活動内容、活動財源から考察を加えた。

　しかし、これらの分類は、あくまでプロジェクトおよびその推進組織の多様性に対し、その実態を明らかにする糸口として用いたものである。つまり、各エリアマネジメントの実態を細部にわたり把握したものではなく、様々な条件下で取り組まれる今後のエリアマネジメントに示唆を与えるためには、各プロジェクトの状況をより具体的に考察する必要がある。とりわけ、エリアマネジメントの推進組織は一様ではなく、第 3 章で示した枠組みのみでは語れない複雑な主体間関係が存在する。したがって、本章では、第 3 章で取り上げた事例について、エリアマネジメント主体のあり方を中心に、さらに具体的な情報を提供することにしたい。

　なお、情報提供において、前段 (事例 01 〜 04) では、各分類およびタイプの特徴を顕著に示す③汐留地区、④横浜みなとみらい 21 地区 (大規模跡地型)、⑧晴海地区 (混在市街地型)、⑨大丸有地区 (成熟市街地型) を取り上げ、その実態を具体的に紹介するとともに、エリアマネジメントの今後の取り組みに示唆を与える意味で、その可能性や課題を提起している。そして、後段 (事例 05) では、その他の事例について入手資料を整理している。

［内海麻利］

# 01 汐留地区

汐留地区は第3章の地区特性別分類から見ると「大規模跡地型」に位置づけられ、その推進組織は「地権者合意タイプ」に整理される。そこで本稿では、汐留地区のエリアマネジメント活動について、当地区の概要とまちづくりについて整理した上で、エリアマネジメントの中心的な活動を担う「汐留地区街づくり協議会」と「中間法人汐留シオサイト・タウンマネジメント」に着目する。具体的には、これらの組織の成立背景と具体的な活動内容について把握するとともに、汐留地区の地域の維持管理のための関係主体間の関係と役割分担について紹介したい[1]。

## 1 ── 地区の概要

1872年、新橋(汐留)－横浜間で日本初めての鉄道が開業された。その後、1885年には民間企業である日本鉄道が赤羽－新橋間の鉄道を開業し、さらに1898年の新橋―神戸間の全面開通により、現在の汐留は首都東京のターミナル駅として日本のビジネスの中心エリアになっていた。

経済の成長とともに汐留駅の貨物扱い量は順調に増えていき、1935年には新駅舎も完成したが、戦時色が強くなるとともに、産業振興よりも国防の後方支援基地としての位置づけが明確になってくる。しかし、1945年に終戦を迎えると、汐留駅は戦後復興の中核的な役割を果たしていくことになる。特に1959年に特急コンテナ列車の運転が始まり、コンテナ輸送の主要基地として輸送実績は一気に増加した。

その後、日本においてトラック輸送の比率が高まるにつれ、汐留駅を中心とする鉄道輸送は厳しい競争にさらされることになる。昭和40年代にはトラックとの協同一貫輸送方式を採用したコンテナ列車「東海道フレートライナー」の運転が始まるなど、様々な試みが行われるが、すでに主役は移っており、国鉄の民営化を直前に控えた1986年、日本の主要ターミナルとしての115年の長い歴史を終えたのである。

旧汐留貨物駅跡地から浜松町駅に至る31haに及ぶ広大な敷地を11の街区の

表1　汐留地区開発の歩み

| 年 | 主な活動内容 |
|---|---|
| 1985～86 | 汐留駅周辺地区総合整備計画策定調査 |
| 1986 | 汐留貨物駅廃止 |
| 1987 | 国鉄民営化 |
| 1992. 8 | 土地区画整理事業、再開発地区計画など都市計画決定 |
| 1993 | 環状2号線（有名～東新橋）都市計画決定 |
| 1995. 3 | 事業計画決定（東京都告示第224号） |
| . 11 | 東京臨海新交通（新橋～有名）開業 |
|  | 事業の着工 |
| . 12 | 「汐留地区街づくり協議会」設立 |
| 1996. 8 | 再開発地区計画、用途地域の都市計画変更 |
| 1997. 10 | 第1回事業計画変更 |
| 1998. 2 | 換地設計決定 |
| . 7 | 第2回事業計画変更 |
| . 12 | 再開発地区計画変更および汐留西地区地区計画決定 |
| 2002. 12 | 街づくり協議会が「中間法人汐留シオサイト・タウンマネジメント」設立 |
| 2007 | 竣工予定 |

　集合体として開発する汐留地区再開発は、土地区画整理事業により都市基盤を整備し、業務、商業、文化、居住など複合都市の創出を目指し、東京都と民間が一体となって開発に取り組んでいるものである。完成時の就業人口6万1,000人、居住人口6,000人を数える国内最大級の再開発プロジェクトである。

## 2 ──都市づくり

### (1)都市づくりの展開

　汐留地区の都市づくりについては、東京都が、1985～86年度に汐留地区調査を実施し、1990年に汐留地区の開発に関する基本方針を策定した。この方針を踏まえ、1992年に土地区画整理事業の都市計画を、1995年に同事業の事業計画を決定した。土地区画整理を契機に、土地区画整理事業区域内に元々居住していた西地区の地権者70～80名から構成される「西対策協議会」を編成、汐留地区のまちづくりに向けての勉強会を開始した。その後、西地区だけでなく、汐留全11街区全体を考慮に入れて組織を再編することとし、新たな参加を募るために、1995年12月に「汐留地区街づくり協議会」が発足した。これには

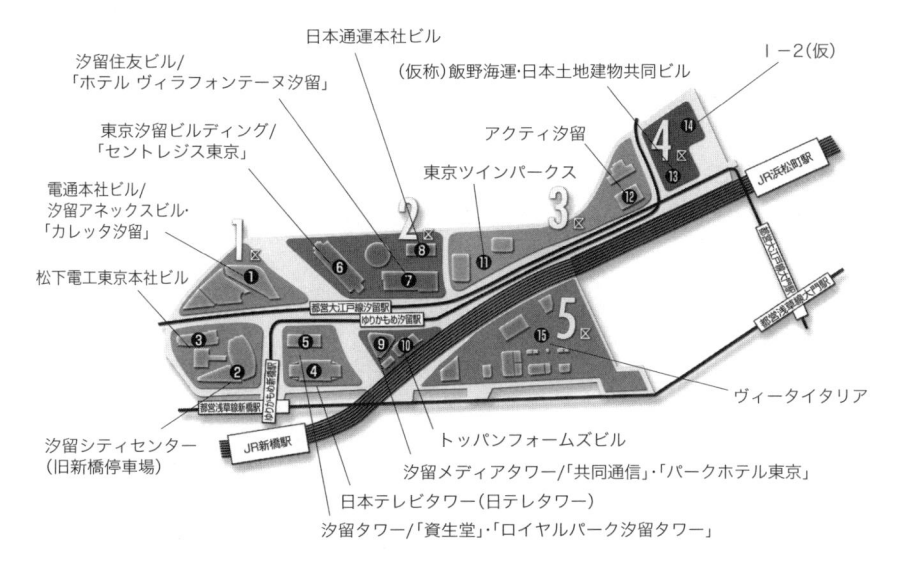

図1 汐留地区の区および街区の区分（出典：汐留地区街づくり協議会「汐留シオサイトオフィシャルガイド」パンフレット）

港区と東京都も特別会員として参加している。

　都市再生そのものとも言える汐留地区の都市づくりは1999年に「都市をリセットする」をスローガンに、まちづくり活動が加速した。協議会ではよりよいまちづくりを行うために研究を重ねるなかで、まず「タイダルパーク（干満のある公園都市）」という街のコンセプトを作成した。そのコンセプトをベースに"安心で安全で潤いのある街"というまちづくりの方針を定めた。

　汐留地区内は道路区分により図1のようにA～Iの街区（5区11街区）に分けられるが、このうち、銀座側のA～C街区がオフィスビルと商業施設の業務商業系複合ゾーン、Dの北とEがオフィスビルと文化施設を含む文化・交流系複合ゾーン、そしてそれ以外のゾーンに住宅や公園がつくられる。そして、この地区の再開発にあたっては、街区ごとに土地の購入者を入札で決め、その街区単位でビルの開発を進めることとなった。

　その汐留地区が、2002年7月の「汐留ビル（ウインズ汐留）」（西街区）の竣工を機に、いよいよ"街開き"を迎えた。これまで素通りしていた都営地下鉄・大江戸線および新交通ゆりかもめの汐留駅が11月2日に開業した。10月には「電通本社ビル」（A街区）が、11月には「東京ツインパークス」（D南街区）

が竣工するなど、汐留地区はこの「汐留ビル（ウインズ汐留）」の竣工を皮切りに、全プロジェクトが姿を見せる2007年に至るまで、段階的に開発を展開しながら継続的に各街区がオープンされる予定である。

(2)西地区のヴィータイタリア（Vita Italia）

汐留地区の中で、「ヴィータイタリア」は世界有数の規模を誇る都市開発として、現在建設が進む「西街区」において計画されている。イタリアのライフスタイルが街全体に展開された、これまでに前例のないプロジェクトである。2004年4月に「チッタイタリア」から「ヴィータイタリア」に名称が変更された。

ヴィータイタリアでは、街および建物の一体的な企画管理運営を行う「ヴィータイタリア㈱」が権利者の総意により設立されている。デザイン面では、イタリア人建築家を監修者とする「ヴィータイタリア・デザイン・ガイドライン」をもとに、各建物の設計者が個性と創造力を発揮し、広場を中心としたイタリアの雰囲気溢れる街並みが展開される。ソフト面においては、イタリア人コーディネーターを擁し、イタリア系企業を中心とした衣・食・住・娯楽・情報・経済など幅広いテナント誘致を図り、洗練された品質の高い、アジアにおけるイタリア情報の発信基地を目指す。

(3)都市づくりの特徴

「汐留シオサイト」と名付けられたこの汐留地区再開発の特徴として、官民協働型である点が挙げられる。その中心となった組織が、先に述べたように各街区の地権者からなる「汐留地区街づくり協議会」という組織である。「汐留地区街づくり協議会」は、この地区全体を"安心で安全で潤いのある街"として整

図2　汐留地区の空撮（出典：汐留地区街づくり協議会「汐留シオサイトオフィシャルガイド」パンフレット）

備することを目的に、再開発地区計画により土地の高度利用を義務づけられた旧汐留貨物駅跡地側の地区と、街並み誘導型地区計画によるまちづくりを行うJR線路西側の地区が提携してスタートしたものである。この協議会を仲立ちとして、各街区の開発を推進する事業者とそれらを結びつける街路や地下道、ペデストリアンデッキをはじめとする環境インフラを整える行政側が協働しながらまちづくりを推進している。さらに、竣工後の地域管理は事業主たちが主体となり行うことで、統一感のある豊かな環境を持った"発展していく街"の創出が試みられている。それについての具体的な内容は3〜4節で整理した。

　こうしたソフト、ハード両面にわたるまったく新しい都市再開発手法の採用を通して「汐留シオサイト」が目指しているものは、官民が都市開発のよきパートナーとして一体となった総合的な都市環境の創造で生み出された豊かな街並みが将来に向かって発展し続けるために、地元が中心となって地域管理を推進する都市開発の新しいモデルである。

## 3 ── エリアマネジメント関連組織

### (1) 汐留地区街づくり協議会

#### 1) 設立の経緯と役割

　「汐留地区街づくり協議会」は、11の街区によって構成される汐留地区再開発プロジェクト全体を、自然との共生のもとに"安心で安全で潤いのある街"とするために、地元住民が主体となって設立された組織である。住民が発意した「まちづくりの課題」に、東京都や港区との意見調整を積極的に行う場として機能することを目指して、1995年12月に発足した。会員は土地区画整理事業区域内の宅地の所有者と宅地の借地権者全員であり、東京都と港区が特別会員となっている。

　汐留地区は、この「汐留地区街づくり協議会」を行政と個々の住民とを結ぶ組織として、街路や地下道、ペデストリアンデッキをはじめとする公共施設整備のグレードアップを図るなど、地区全体をトータルに管理運営していくことを目的に、官民協働型のまちづくりを進めている。

　汐留地区が、世界都市にふさわしい業務、商業、文化、居住の拠点として開発が図られるよう、歴史を生かした総合的な都市環境の創造、整備のための自

主的なまちづくりの方向などについて、会員、東京都、港区との連絡調整を行っている。

### 2)現在の組織構成

20名から構成される幹事会が協議会の最高意思決定機関の役割を果たしている。幹事会は、各地区部会幹事と会長、副会長で構成されている。地区部会は、当該地区を所有または借地権を有するメンバーによって構成されており、地区部会ごとに幹事を選出し、幹事会のメンバーを構成する。最高意思決定機関である幹事会は月に2回行われ、個別の役割を持った各部会の会合は、高い頻度で行われている。また、これらに加えて、各部会間や東京都・港区等の関係者と合同の会議等も行っている。また、事務局を中心にして「インフラ整備」と「管理運営」の機能別に部会を設けて、専門テーマで協議を進めている。

協議会会員は、「一般会員」と「特別会員」に分かれており、「一般会員」は地区内の宅地所有者または宅地借地権を有する者で、「特別会員」は東京都や港区などの行政主体となっている。前者は、従前より汐留地区に居住していた西地区の地権者全員（約80名）と、後に東地区の土地を購入した地権者をあわせ約180名の会員数を数える（大手デベロッパー4社も含む）。

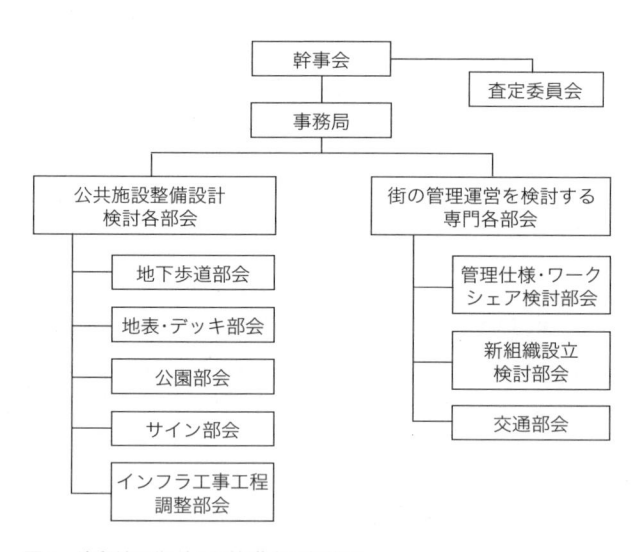

図3 汐留地区街づくり協議会の組織図

## (2) 中間法人汐留シオサイト・タウンマネジメント

### 1) 設立の背景

　汐留シオサイトが賑わい、安全で安心な緑あふれる快適なまちづくりを実現するためには、街区の間をつなぐ共有空間、すなわち公共施設整備のグレードアップを図り、竣工後もそれらを地区全体において継続的に管理運営していく必要があった。そのため、「汐留地区街づくり協議会」では、従来まで行政側に委ねられてきた公共施設の維持費を地区内の事業者が負担することになったが、最大の弱点である資金収集が完全に担保されるための施策として、行政が特別税等の形で負担金を徴収し、その資金が街を維持管理する非営利活動法人に交付されることを前提に検討されることになった。しかし、検討の結果、現在の日本の都市づくり制度の中では不可能と判断された。

　そして、自主的運営によるグレードの高いまちづくりを目指すために、公共施設管理者と「公共施設の維持管理に関する基本協定」（以下、基本協定）を結ぶことが必要となり、街づくり協議会は法人格のある中間法人として2002年12月に汐留シオサイト・タウンマネジメントを設立した。

　この中間法人は地域の地権者を構成員として、委託金と負担金等により運営されている。その理由は、当該地区をよりよい街にしていくために、事業者（住

表2　汐留地区街づくり協議会と汐留シオサイト・タウンマネジメントの概要

| 区分 | 汐留地区街づくり協議会 | 中間法人汐留シオサイト・タウンマネジメント |
|---|---|---|
| 設立年度 | 1995年12月 | 2002年12月 |
| 設立経緯 | 東京都実行区画整理事業に伴う地権者による街づくり協議会（任意団体）が設立され、計画から事業にわたる諸調整を行う | 具体的な管理業務の実施に関わる契約等のために必要な法人格として新たに設立。協議会のもとでの管理実施組織 |
| 組織形態・規模 | 任意団体であり、地権者と借地権者が正会員で東京都・港区は特別会員 | 中間法人 |
| 業務目的 | 自主運営によるグレードの高いまちづくりを目指す。街区をつなぐ公共空間、共用空間の維持管理および空間デザイン提案など。今後、まちづくりのソフト領域に進む | 公共空間、共用空間の維持管理 |
| 活動状況 | 地区全体の空間デザインや公共空間のデザイン提案を東京都や各敷地事業者に働きかけてきている | |
| 活動財源 | 会費 | 公共施設管理者からの助成金、地権者の自主財源確保、事業収入等 |

（出典：㈶都市みらい推進機構「わが国のエリアマネジメントのあり方に関する調査報告書の再整理」2003）

民)が積極的に環境計画をはじめとするまちづくりに参画し、イニシャルコストや維持費の増加分など必要な費用の負担を事業者側も行い、事業者が主体となって設立された中間法人を窓口に、行政側と協働したまちづくりを進めていくためである。

2)新しい財源確保方法の検討

汐留シオサイトでは、地域の開発と維持管理によってグレードアップした分についての維持費を税金では負担できないため、その資金を確保する方法もあわせて検討を行った。その仕組みづくりにあたって参考としたのは、アメリカとイギリスで実施されている「BID (Business Improvement District)」と呼ばれるシステムである(第2章参照)。

街づくり協議会は、早期に、地域の手で地域の環境美化を実施しているBIDに着目し、公共施設の維持管理に要する費用の税による徴収も検討したが、日本の現状では特定の地区で環境美化を目的にした税を徴収することは不可能と判断、行政から維持管理業務を受託する形となった。また、街づくり協議会は当初NPO法人化を検討し、地権者による安定的で円滑な業務活動を図るために会員を限定することを希望したが、入会の自由を保障する現行の特定非営利活動法人制度の原則と対立し、諦めざるを得なかったという[2]。その結果、中間法人の形で新組織を設立することになった。

## 4 ──現段階のエリアマネジメントの活動内容

(1)「都市づくり」における街並み整備計画とその成果[3]

1)街並み整備計画

「汐留地区街づくり協議会」における各部会の活動を受けて、具体的に実現しようとしている街並み整備計画は下記の通りである。

①街並み整備(アーバンデザイン)における基本コンセプト

汐留地区では、街並み整備(アーバンデザイン)における基本コンセプトとして、①成長型から成熟型のまちづくり、②官民協働によるまちづくり、③理念目標を明確にしたまちづくり、④継続的なまちづくり、以上の四つのキーワードに沿ってまちづくりが進められている。

これらのキーワードに一貫しているポイントは、一過性の都市開発に終わる

ことなく、継続的に生きていく街、総合的な魅力を持ち続ける街を、ハード面とソフト面を含めた様々な角度から目指しているということである。

②エリア・デザイン[4]

　「汐留シオサイト」の街並み整備計画では、31haという広大な敷地をよりヒューマン・スケールに近づけるために、1区（A街区・B街区・C街区）、2区（D北1街区・D北2街区・D北3街区・E街区）、3区（D南街区・H街区）、4区（I街区）、5区（西街区）の五つのブロックに分け、これら小さな街の集合体としての環境計画が施されている。それぞれに特徴のある五つの小さな街は、わかりやすさと身近な親しみ感を創出し、テーマカラーの中にそれぞれの街区のイメージを形づくっている。

③タイダルパークとインターセクション

　「汐留シオサイト」のアーバンデザイン・コンセプトは次世代型の都市空間を目指して、タイダル（干満のある）をモチーフとした"柔らかい公園都市"の形成とされている。敷地内を東西に貫通する汐留大通り（補助313号線）の流れるような並木空間と敷地内各所に設けられたポケットパークを有機的に組み合わせることで、緑あふれる豊かな環境デザインを創出している。

　この"タイダルパーク＝公園都市"を中心とした公園都市の緑の軸とそれぞ

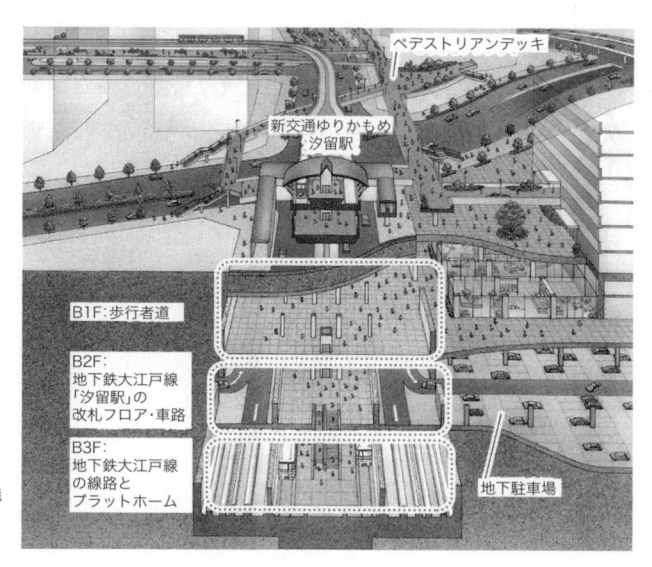

図4　汐留シオサイトの概要（出典：汐留地区街づくり協議会「汐留シオサイトオフィシャルガイド」パンフレット）

れの街角を特徴づけるインターセクション（交点）に、地球と自然との共生を視野に入れたテーマを設定し、それぞれの街区まわりの環境デザインの基本概念としている。各インターセクションのテーマは、水、木、火、土、金の五つである。これにシオサイトの北、東、南に設けられた各エントランス空間を加えて、それぞれの空間性能を高めるデザインを展開している。

2) 具体的な公共施設の整備計画

「汐留シオサイト」には、以上のタイダルパークとインターセクションをベースとしながら、"発展していく街"を具現化するための様々な環境デザインが組み込まれている。

①汐留大通り（補助313号線）の並木設計

タイダルパークのバックボーンとなる汐留大通り（補助313号線）は、緑豊かで流れるような感覚が楽しめる街路空間を形づくる。特に街路樹については、将来的に大きく育てること（樹高で16m以上、木幅で8m程度）を念頭に高木を植栽し、きちんと根をはることができるよう、東京都と協働しながら、土壌をはじめとして様々な部分に配慮を施している。また、高木以外にも種々の中低木を植栽し、年間を通して四季折々の花が楽しめる公園的な植栽計画を展開する。

②歩行者と自動車を分離させる立体動線

「汐留シオサイト」では安全で安心なまちづくり、賑わいのあるまちづくりという観点から、歩行者と自動車の動線を分離した立体的な動線計画が施されている。なかでも、地表、地下、ペデストリアンデッキの3層にわたる歩行者動線においては、街としての一体感を創出するために、舗装パターンや素材等の舗装計画を統一している。これらが立体的に形づくられている中で、造形的な要素を持ち込んだ環境デザインを実現している。

③地下歩道・通路

「汐留シオサイト」では、各街区をつなぐ地下歩道部分についても、地表部分のテーマである水、木、火、土、金と照らし合わせた環境デザインを展開している。特に、様々なイベントを催せるように設計された都市広場においては、素材選定、照明計画等はもちろん、その運営方法、メンテナンスのあり方等にまで、官民一体の協働体制での計画が進められている。

④ロゴマークのハードへの展開

　「汐留シオサイト」では、継続的なまちづくりを実現するために利用者一人一人が"愛着"の持てる街を目指している。例えば、転落防止柵や街路灯のバナー、ペデストリアンデッキの床パターン等にロゴデザインを展開していくなど、街のわかりやすさを実現するためにサイン計画の中にも愛着の持てる環境デザインを積極的に取り入れていくことを検討している。

3）インフラ整備段階（協同開発）の特徴
①計画段階における協議会発案（民意）の反映

　区画整理・公共施設整備の早い段階において民意を反映させるために、協議会は頻繁に東京都との打ち合わせを実施し、これらの働きかけの結果、アセスメント期間の短縮や都市計画手続きの簡素化等が実現されている。また、工事に伴う通行車両規制等においても、開発地区ごとに柔軟な対応ができるように汐留工事安全協力会が調整の役割を担っている。

②初期投資への民間資力の支援

　当初は、公共施設整備における初期投資に対して民間資力の投入が計画されていたが、最終的に、東京都が当該初期投資費用を全額負担し、維持管理費については、街づくり協議会が半分を負担することになった。

(2)「地域管理」の実際

1）地域管理の内容

　汐留地区の維持管理の業務・サービス内容は「基本協定」の中で、「維持とは、日常的な清掃・点検・巡回・監視・応急修理・小規模修理、緊急時の対応（風・雨・雪・地震・火災・雷等）とすること」と定義されている。

　そして、「基本協定」には、協議会が維持する範囲は、地上道路、歩行者デッキの一部、地下部となっており、その細目は別表にて規定されている。現在の中間法人の活動は、主に以下のようにエリアメンテナンスとソフトマネジメントを中心として実施している。

　①エリアメンテナンス：都道のうち地下歩道の維持管理、ペデストリアンデッキ、地下歩道部の清掃、地下歩道部の利便施設の運営など。
　②ソフトマネジメント：まちづくり活動としてのクリスマスイベントの実施（地下歩道等を活動）など。

今後は、現在の活動に加えて、サンクン広場と地下歩道を一体的に活用したイベントと地下歩道空間を活用した広告活動への展開を図り、警備・防犯対策やストリートファニチャーの設置などのソフトマネジメントの活動を拡大していく予定である。

## 2) 地域管理の財源確保

汐留地区全体の地域管理活動にかかる維持管理費は5億円程度と算定されている。前述の通り、そのうちの約半分は東京都が、半分は街づくり協議会が負担することになっている。これは、維持管理に関しては、民間資力を活用することとして、年間5億円の維持管理費の約半分を、民間（協議会）が負担するという事前合意のもと、東京都は先行してクオリティの高い素材やスペックで地区の整備を行ったものである。

街づくり協議会の負担金は汐留地区内の土地所有者および借地権者（地権者）が対応している。そして、東京都が負担する委託金と協議会が負担するべき管理費との両方を、協議会を引き継ぐ新組織である「中間法人汐留シオサイト・タウンマネジメント」が保管・管理し、自らの名で契約することになっている。また、地下空間の利便施設の運営などによる収入も維持管理費に充当することも考えている。

負担金の決定方法は全体のバランスの中で、土地所有者が所有している建物の延床面積比で決めているが、徴収後の負担金管理方法（運用・利用・取り崩

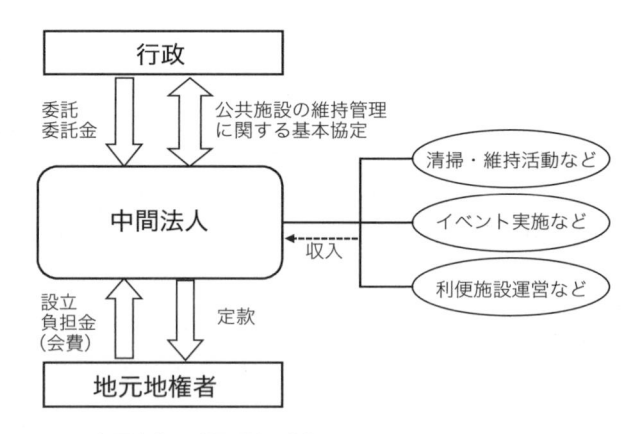

図5　中間法人の財源調達の仕組み　(出典：東京都「地域全体の街の管理運営制度の実現に向けた検討調査」)

し手続き等）は未定である。

図5は中間法人の財源調達の仕組みである。

## 5 ── 各主体（組織）間の協力体系

「汐留地区街づくり協議会」は、開発の段階から維持管理までの全てのステージにおいて行政と民間とのパートナーシップを実現させるため、以下のように、行政との間で「原覚書」・「確認書」・「基本合意書」・「基本協定」を取り交わした上で、諸活動を実施している。

また、「基本協定」に関しては、別表・仕様書・細目協定が別途設けられており、仕様書（維持管理マニュアル的なもの）および細目協定は、今後、整備、締結される予定である。

図6に汐留地区の各主体間の関係と役割を示す。

① 「原覚書」の内容

| 締結 | 都・区・協議会の三者間で2000年11月29日に締結 |
|---|---|
| 目的 | 三者が協力して汐留地区の環境の向上に寄与すること。 |
| 内容 | ・汐留地区の都市環境の向上には、①公共施設の整備、②快適で安全な公共施設空間の創出、③三者協力の維持管理を行う。<br>・公共施設の整備・維持管理については、別途三者間で「協定書」を締結する。 |

② 「確認書」の内容

| 締結 | | 都・区・協議会の三者間で2001年6月7日に締結 |
|---|---|---|
| 目的 | | 「原覚書」に基づいた公共施設の整備・維持管理の役割を確認する。 |
| 主な役割 | 東京都 | 協議会が提示した「汐留地区まちづくり整備設計基本計画」を三者で協議した上、「汐留地区公共施設整備計画」を早期に策定する。 |
| | 港区 | |
| | 協議会 | 公共施設の維持管理が可能な組織をつくり、費用負担も含めた役割を分担する。 |
| 内容 | | 整備計画をもとにした、整備費・管理費を算出、それぞれの役割を協議・調整し、三者の合意をもって確定する。 |

③ 「基本合意書」の内容

| 締結 | | 都と協議会の間で2001年6月29日に締結 |
|---|---|---|
| 目的 | | 「確認書」に基づいた公共施設の整備・維持管理の基本方針の合意。 |
| 主な役割 | 東京都 | 設置管理瑕疵による責任は都が負う。 |
| | 協議会 | 地上道路の歩道、歩行者デッキの清掃（費用）、地上の維持管理、地下車路についての調整。 |
| 内容 | | 公共施設の整備の協力・管理組織の組織化・役割分担・歩行者道の占用。 |

④「基本協定」の内容(維持管理)

| 締結 | 都・区・協議会の三者間で2002年3月29日に締結 | |
|---|---|---|
| 目的 | 「確認書」と「合意書」に基づいて、汐留地区の公共施設の適正な維持管理を役割分担に応じて行うこと。 | |
| 主な役割 | 東京都<br>港区 | ・地上部の公共施設の維持・修繕・更新（地下部は都のみが修繕・更新）<br>・別表に基づく維持管理費用の負担<br>・細目協定に基づく損害負担 |
| | 協議会 | ・地下部の公共施設の維持<br>・仕様書に基づく、修繕等の内容を都へ報告<br>・その他重要事項に関する都との協議<br>・都と区の協議に基づく維持管理費用の負担 |
| 内容 | 対象施設 | ①地上道路、②歩行者デッキ、③横断歩道橋、④地下歩行者道、⑤地下車路、⑥交通広場、⑦公園 |
| | 維持管理の定義 | (1)維持：日常的な清掃・点検・巡回・監視・応急修理・小規模修理、緊急時の対応（風・雨・雪・地震・火災・雷等）<br>(2)修繕：維持規模を超える修理<br>(3)更新：大規模な設備・施設の取り替え |

注）協議会が維持管理するのは、地下部の「歩行者路」「車路」、地上部の「歩道」「ペデストリアンデッキ」である。

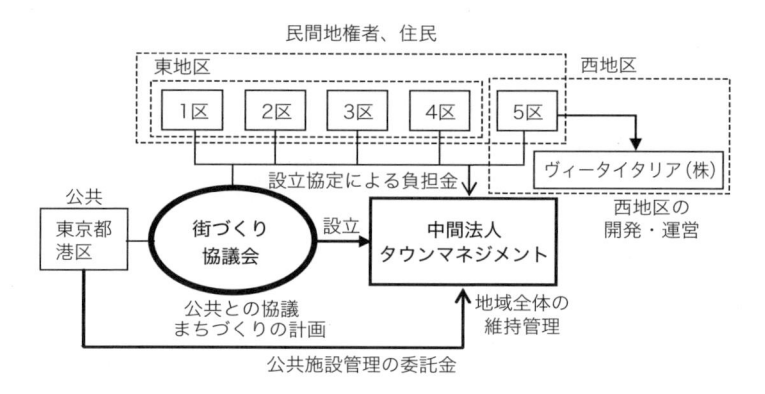

図6　汐留地区の各主体(組織)間の協力体系

# 6 ── エリアマネジメントの特徴と今後の課題

## (1)エリアマネジメントの特徴

### ①官民協働型によるまちづくり

　汐留地区再開発の特徴は、官民協働型のまちづくりである。「汐留シオサイト」は、ソフト・ハード両面にわたる新しい都市再開発手法により、官民が良きパートナーとして総合的な都市環境を創造し、地元関係者を中心とした維持

管理を推進することで、その豊かな街並みを将来にわたり発展させ続けていくことを目指している。

また、区画整理・公共施設整備の早い段階において民意を反映させるため、協議会は頻繁に東京都との打ち合わせを実施し、これらの働きかけの結果、アセスメント期間の短縮、都市計画手続きの簡素化等がなされている。

②初期投資への民間資力の支援

当初は、公共施設整備における初期投資に対する民間資力の投入が企図されたが、最終的に、当該初期投資費用に関しては東京都が全額負担することとなった。反面、維持管理に関しては、民間資力を活用することで合意し、年間5億円とも言われている維持管理費の約半分を、民間（協議会）が負担するという事前合意のもと、東京都は、先行してクオリティの高い素材やスペックで地区の整備を行った。

③中間法人による公共施設の維持管理

汐留地区では中間法人である「汐留シオサイト・タウンマネジメント」が公共施設の維持管理を行うことが大きな特徴の一つである。中間法人は東京都と港区との維持管理について「基本協定」「細目協定」を締結して、公共が公共施設の維持管理を委託して、その委託金で中間法人が地下歩行者道や歩道や歩行者デッキについて維持管理活動を行っている。

④柔軟な制度設計・運用[5]

「汐留地区街づくり協議会」による様々なコミットメントを通じて、東京都建設局が目標に掲げている「民活」と「規制緩和」を推進するパイロットプログラムが確実に成果を上げながら進行している。そこでは、法文上の解釈を大きく変更することなく、従前ではあまり例を見ない柔軟な制度設計・運用がなさ

表3　これまでの制度設計・運用の成果

| 実施事項 | 民間活力 | 運用対応 | 規制緩和 | 関連法規等 |
| --- | --- | --- | --- | --- |
| アセスメント手続きの簡素化（期間短縮） |  |  | ◎ | 環境影響評価条例 |
| 計画段階からの民意の具体的反映 | ◎ |  |  | 同上 |
| 公共空間への利便施設の設置・運営 |  | ◎ |  | 道路法 |
| 公共空間（地下施設）の民間組織への維持管理作業の委託 | ◎ | ◎ |  | 道路法 |
| 民間組織による公共空間の維持管理費の拠出 | ◎ |  |  | ー |

れている。これまでの成果を表3に整理する。
(2) 現在の課題と今後の展開
　「官民協働型」開発と民間の自主的な維持管理を通じたまちづくりは、確実に多くの成果を上げている。その一方で、課題もいくつか指摘できるので、以下において、汐留地区のエリアマネジメント活動上の主な課題を財源と維持管理業務の観点から提示する。
①継続的・安定的な事業運営予算（財源）の確保
　継続的・安定的な事業運営予算（財源）の確保のためには、公平性・公正性・透明性を担保した負担金額の決定手続きを確保する必要性があり、確保した財源については、安定的かつ確実な資金管理・運営体制の確保が必要である。
②中間法人への参加の継続と負担金の徴収と税制措置[6]
　中間法人の社員は地権者に限定し、会費負担を定款で定めている。現時点では全員参加により運営されているが、これは権利者相互間の合意の上に成り立っているものであり、社員の参加継続（会費負担）を担保する仕組みや新たに権利者となった者の加入を強制する仕組みがない。そして、中間法人はその目的が「社会相互の共通利益を図る組織」と定められており、地下歩道の維持管理等の公益的な業務であっても、税制上の優遇措置はない。
③地域の警備・防犯対策による安全・安心の実現
　警察と協力・連携し、巡回パトロールの実効性を確保する等の地域の警備・防犯対策による、安全で安心な地域の長期的な維持管理を実現することも必要である。
④地域主体の街の管理運営体系の確立
　地域のニーズや特性を踏まえた活力と魅力ある都市を築いていくために、公共施設とその周辺の利活用を地域が一体的に行うことにより、多様なメリットを有する「地域による街の管理・運営」を行う組織を社会的に認証する法制度を創設することも考えられる。

［李　三洙］

（注）
1) 汐留地区のエリアマネジメントに関する内容は汐留地区街づくり協議会と関連機関の資料を中心として整理したものである。
2) 「都市再生と新たな街づくり事業手法マニュアル」2003

3) 汐留地区街づくり協議会、「汐留地区街づくりについて」2002.7
4) ここでのエリア・デザインという用語は、第3章で述べた地域管理の三つの要素ではなく、汐留地区に対する街並み整備計画の一つの項目である。
5) 汐留地区街づくり協議会「汐留地区街づくりの現状・課題と今後の方向性について」
6) 東京都「地域主体の街の管理運営制度の実現に向けた検討調査」2004.3

（参考文献）
・汐留地区街づくり協議会「汐留地区街づくりについて」2002.7
・汐留地区街づくり協議会「汐留地区開発プロジェクト総合案内」2001.7
・東京都「汐留土地区画整理事業－未来をひらく新・都市空間」2000
・東京都「地域主体の街の管理運営制度の実現に向けた検討調査」2004.3
・東京都「ジュリアーニ市政下のニューヨーク」2001.7
・汐留シオサイトのホームページ、http://www.sio-site.or.jp

# 02 横浜みなとみらい21地区

みなとみらい21地区（以下、MM21地区）は、第3章の地区特性別分類から見ると、汐留地区と同様に「大規模跡地型」に該当し、その推進組織は「地権者合意タイプ」に整理されるが、汐留地区は中小規模、MM21地区は大規模の事例として位置づけられよう。

本稿では、基盤整備から上物建設までの都市づくりから地域管理までに至るエリアマネジメントの活動内容とそれに関わる関連主体や組織の展開を中心的に紹介したい。

## 1 ──みなとみらい21事業の概要

「みなとみらい21」は、横浜の都心を大改造するプロジェクトの名前である。20年前までは、横浜の都心近くに大きな造船所や埠頭施設があり、その前面に東京湾が広がっていた。そこで造船所などには市内の別の場所に移転してもらい、その空き地と前面の海を埋め立てた土地を併せて開発し、隣接する街とも一体化することにより横浜の都心を再生することにした。その大事業が「みな

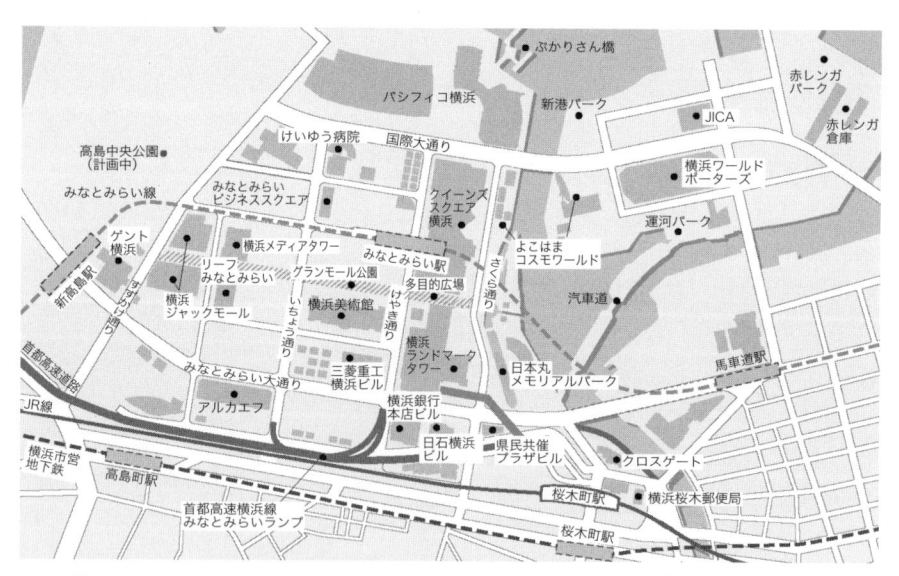

図1　横浜みなとみらい21地区概要　(出典：㈱横浜みなとみらい21のホームページより作成)

とみらい21事業」（以下、MM21事業）である。

　この名称は、1981年に市民から寄せられた2,300件近くの提案の中から、未来の港町づくりのイメージが込められていること、またカタカナの名称が氾濫する中でひらがなを使ったことの意外性などが評価されて選定されたものである。「みなとみらい」という名称は、1993年には町名・住居表示としても採用され、今では中央地区の地名としても親しまれている。「みなとみらい」は、機能的な業務環境・商業的な賑わい・文化の香り・安らぎの場などの多様な魅力を兼ね備えた横浜の新しい都心として、日々その姿を変化させている。

　このようなMM21事業は横浜の自立性の強化、港湾機能の質的転換、首都圏の業務機能の分担を図ることを目的として、24時間活動する国際文化都市、21世紀の情報都市、水と緑と歴史に囲まれた人間環境都市を目指している。また、この事業は、港と街が一体となった都心をつくるという点で開港時のまちづくりの再現であり、その後生じた都市のゆがみを是正しようとする、文字通り横浜再生のプロジェクトであるといえよう。

表1　みなとみらい21地区関連政策と制度の展開

| 区分 | 行政施策 | | 開発計画 |
| --- | --- | --- | --- |
| | 国 | 県・市 | |
| 1970年代以前 | 第2次首都圏基本計画(1968) | 横浜中心地区計画構想案(1964)<br>新しい都市づくりの構想：六大事業発表(1965) | |
| 1970年代 | 第3次首都圏基本計画(1976) | 都心臨海部再開発基本計画構想市内部検討案(1975) | |
| 1980年代 | 首都圏改造構想(1984)<br>第4次首都圏基本計画(1986)<br>多極分散型国土形成促進法(1988) | 都心臨海部総合整備基本計画中間案(1981)<br>みなとみらい21中央地区計画(1989.10) | 土地区画整理事業などの都市計画決定(1983.2)<br>みなとみらい21事業着工(1983.11)<br>みなとみらい21街づくり基本協定締結(1988.7) |
| 1990年代 | 横浜業務核都市基本構想承認(1993.2)<br>第5次首都圏基本計画(1999) | ゆめはま2010長期ビジョン(1993)<br>ゆめはま2010基本計画(1994) | MM21新港地区街並み景観ガイドライン策定(1999) |
| 2000年以降 | 首都圏メガロポリス構想(2001、東京都)<br>都市再生特別措置法(2002)<br>都市再生緊急整備地域指定(2002.7) | 文化芸術創造都市－クリエイティブシティ・ヨコハマの形成に向けた提言(2004.1) | |

こうしたMM21事業を計画・推進するに際して、ボルチモア、ボストン、ニューヨーク、ロンドン、シドニーなど世界のウォーターフロント再開発の事例に学びつつ、それらを超えた個性的な都市づくりをするため、事業手法からソフトやイベントまで様々な知恵を結集し、創意工夫を積み重ねてきた[1]。

## 2 ── 関連政策および開発計画

### (1) 関連政策

1965年、横浜市が「六大事業」の一つとして「都心部強化事業」を発表、1980年には三菱重工㈱横浜造船所の移転が決定された。六大事業が発表された後、まだ「みなとみらい21」という名称もなかった時代に、市では、三菱ドックの跡地利用について様々なケーススタディを行った。その結果の一つが1975年の都心臨海部再開発基本構想市内部検討案というプランである。

当時、市では業務核都市構想についても建設省等と議論していたが、1978年、二つの構想が相まって国のプロジェクトとして、国土庁、運輸省、建設省、横浜市が共同して「横浜市都心臨海部総合整備計画調査委員会」を設けることとなった。これが通称「八十島委員会」である。八十島委員会は関係者間の利害等を調整できるだけの力量を持った、都市、港湾、交通、経済など幅広い分野の学識経験者で構成され、広域的な見地から調査・検討を行い、2000年を目途に段階的な整備を行うという計画案を1979年にまとめた。1981年には横浜市が八十島委員会の提案に基づき、事業化に向けて地権者や関係機関との調整を図り、さらに補足調査や新たな視点からの検討を加えて「都心臨海部総合整備基本計画(中間案)」を発表、計画および事業の名称も「みなとみらい21」に決定した。

### (2) 開発計画

そのような関連政策に基づいて、1983年、MM21事業が着工され、それと同時に、臨海部土地造成事業、土地区画整理事業、港湾整備事業などにより基盤整備が行われた。

1988年にはMM21地区の地権者と㈱横浜みなとみらい21との間で「MM21街づくり基本協定」が締結された。この協定では、地権者の間でまちづくりについてのルールを自主的に決め、その基本的な考え方を共有し調和のとれたまちづくりを進めることを目的として、まちづくりのテーマや土地利用イメージ

表2 みなとみらい21地区の概要と進捗現況（2003年末現在）

| 類　　型 | 大規模跡地（土地区画整理事業）、埋立地（臨海部土地造成事業） |
|---|---|
| 位　　置 | 横浜市西区みなとみらい地区 |
| 面　　積 | 186ha（宅地87ha、道路・鉄道42ha、公園緑地46ha、埠頭11ha） |
| 事業主体 | 国、横浜市、都市公団、民間 |
| 事業期間 | 1983〜2010年（清算期間5年を含む） |
| 進 捗 率 | 基盤整備：開発済・建設および暫定利用を含めた開発面積43ha（約49％）、現在造成中の「旧高島ヤード地区」を除いた進捗率は74％（土地区画整理事業は事業費ベースで約77％）居住人口：計画1万人の約16％（1,600人）、就業人口：計画19万人の約26％（5万人） |
| 総事業費 | 約2兆円（1983年から2000年まで建設投資：1兆3,781億円、そのうち横浜市投資額：1,008億円（基盤整備） |

とともに、水と緑、スカイライン・街並み・ビスタ、建物低層階（アクティビティフロア）、色調・広告物等のまちづくりの基本的な考え方が示された。また、建築物については、敷地規模、高さ、ペデストリアンネットワーク、外壁後退などの基準が示された。さらに、高度情報化やリサイクル社会への対応、都市防災や周辺市街地への配慮など、都市管理[2]に関する姿勢についても規定されている。

　この協定の運営は、協定締結者が構成する「みなとみらい21街づくり協議会」により行われ、協議会の事務局は㈱横浜みなとみらい21（以下、YMM21）内に置かれている。また、MM21地区において、本格開発が着手されるまでに、期間を限定して行われる土地の一時的利用を暫定土地利用と定義し、これを街の賑わいを創出し本格開発を誘導する手法の一つとして積極的に位置づけている。

　それらを具体的に実現するため、横浜市と公団は1992年に「MM21・都市ビジョン実現化方策検討調査」を行った。この調査はMM21地区にふさわしい新しい都市管理システムを提案し、その実現可能性を高めるために検討対象区域の設定、都市管理項目と対象空間の設定、管理水準と管理費の検討、そして都市管理を支える組織と都市管理財源まで具体的に検討した。

　1999年にはMM21新港地区街並み景観ガイドラインが策定され、再開発にあたっては、これらの歴史的資産や港の風景の保全に十分配慮した上で、21世紀の横浜港を支える港湾関連施設や静穏な水面を活かした緑地等を整備している。最近では、第1次都市再生緊急整備地域の指定（2002.7）、文化芸術創造都市－クリエイティブシティ・ヨコハマの形成に向けた提言（2004.1）、「横浜市企業

立地等促進特定地域における支援措置に関する条例」による特定地域の指定（2004）等による新たな展開を図っている。

MM21地区の基盤整備は2003年末現在、約49％の進捗率である。そして居住人口の計画は1万人であるが、2003年にMMタワーズ3棟が竣工し、現在、約1,600人で計画の約16％が住んでいる。就業人口については計画19万人の約26％である5万人が働いている。

## 3 ── エリアマネジメントの活動内容と関連組織

ここでは、MM21地区のエリアマネジメントについて、基盤整備から上物（施設）の建設までの都市づくりとそれを根幹とした地域管理で分けて紹介する。都市づくりに関しては個別事業の事業主体と管理・運営主体について、地域管理に関しては活動内容と活動に関連する組織を重点的に紹介する。

### (1)「都市づくり」の現況と主体

都市づくりについては基盤整備、交通施設、上物建設等の事業について具体的な事業内容、事業主体と管理・運営主体等について考察する（表3）。

#### 1)事業主体

基盤整備と施設整備は事業主体および管理・運営主体を中心として、各主体は横浜市、都市公団、国、民間地権者（企業）、第三セクター（外郭団体）[3]、任意団体に分けられる。

MM21地区の基盤整備は臨海部都市造成事業(埋立事業)、土地区画整理事業、臨港整備事業等、各種の事業を組み合わせて実施され、この三つの基盤整備は公共(横浜市、都市公団、国)が事業主体として実施した。その他地域サービスに関連したみなとみらい線とリサイクルの基盤整備は第三セクターと任意団体が担っている場合が多い。交通、公園等公共施設の整備は横浜市が中心的な事業主体として行っている。しかし、オフィスと商業施設等の上物建設については、民間地権者(企業)が中心に事業を展開しているが、パシフィコ横浜と赤レンガ倉庫などの特定施設においては行政、第三セクター、任意団体が行うこともある。

#### 2)管理・運営主体

管理・運営主体は横浜市、第三セクターと任意団体が行っている場合が多い。特に、歩行者空間、動く歩道、桜木町駅前広場等公共施設の管理・運営は横浜

表3 基盤整備および施設整備における事業主体と管理・運営主体

| 区分 | 事業内容 | 事業期間 着工 | 事業期間 竣工 | 事業主体 公共 横浜市 | 事業主体 公共 都市公団 | 事業主体 公共 国 | 事業主体 民間地権者 | 事業主体 第三セクター | 事業主体 任意団体 | 管理・運営主体 公共 横浜市 | 管理・運営主体 公共 都市公団 | 管理・運営主体 公共 国 | 管理・運営主体 民間地権者 | 管理・運営主体 第三セクター | 管理・運営主体 任意団体 | タイプ[7] |
|---|---|---|---|---|---|---|---|---|---|---|---|---|---|---|---|---|
| 基盤整備 | 臨海部土地造成事業 | 1983 | 2008 | ● | | | | | | | | | | | | |
| | 土地区画整理事業 | 1983 | 2010[2] | | ● | | | | | | | | | | | |
| | 港湾整備事業 | 1983 | — | ● | | ● | | | | | | | | | | |
| | 共同溝 | 1983 | 2003 | ● | | | | | | | | | | ⑪ | | II |
| | 都市廃棄物処理システム | 1984 | 1991 | ● | | | | | | ● | | | | | | |
| | MM21リサイクルシステム | — | 1993 | | | | | | ① | | | | | | ① | I |
| | 地域冷暖房システム | 1987 | 1989 | | | | | ② | | | | | | ② | | I |
| | 内貿(耐震)バース | 1985 | — | ● | | ● | | | | ● | | ● | | | | |
| | 耐震型循環式地下貯水槽 | 1992 | 1994 | ● | ● | | | | | ● | ● | | | | | |
| | 横浜海上防災基地 | — | 1995 | | | ③ | | | | | | ③ | | | | I |
| 交通施設 | みなとみらい線 | 1992 | 2004 | | | | | ④ | | | | | | ④ | | I |
| | 駐車場案内システム | — | 1998 | ● | ● | | ●[3] | | | | | | | ⑤ | | II |
| | 路線バスと100円バス | — | 2000 | ● | | | | | | ● | | | | ⑥ | | II |
| | 海上交通 | | | | ● | | | | | | ● | | | | | |
| | みなとみらいぷかりさん橋 | 1991 | 1991 | ● | | | | | | ● | | | | | | |
| | 地区内幹線道路 | 1983 | | ● | | | | | | ● | | | | | | |
| | 歩行者空間(クイーンモール) | — | 1997 | ● | | | | | | ● | | | | ⑪ | | II |
| | 動く歩道 | 1987 | 1989 | ● | | | | | | ● | | | | ⑪ | | II |
| | 桜木町駅前広場 | 1987 | 1989 | ● | ● | | | | | ● | | | | ⑪ | | II |
| | 野毛ちかみち | 1992 | 1999 | ● | | | | | | ● | | | | | | |
| 上物施設[1] | パシフィコ横浜 | 1988 | 1994[4] | | | | | ⑦ | | | | | | ⑦ | | I |
| | 横浜国際協力センター | — | 2002 | | | | | ⑩ | | | | | | ⑩ | | I |
| | オフィス | — | — | | | | ● | ⑭[5] | | | | | ● | ⑭[5] | | I |
| | 商業施設 | — | — | | | | ● | | | | | | | | | |
| | 住宅 | 2000 | 2003 | | | | ● | | | | | | | | | |
| | 赤レンガ倉庫 | — | 2002 | ● | | | | ⑪ | | | | | | ⑥ | | I |
| 公園 | 臨港パーク | 1988 | 1995 | ● | | | | | | ● | | | | | | |
| | グランモール公園 | 1987 | 1999 | ● | ● | | | | | ● | | | | ⑨ | | II |
| | 赤レンガパーク | 1989 | 2002 | ● | | | | | | ● | | | | ⑪ | | II |
| | 汽車道 | 1995 | 1997 | ● | | | | | | ● | | | | | | |
| | 運河パーク | 1998 | 1999 | ● | | | | | | ● | | | | | | |
| | 新港パーク | 1998 | 2001 | ● | | | | | | ● | | | | | | |
| | 日本丸メモリアルパーク | 1983 | 1985 | ● | | | | | | ● | | | | ⑫ | | II |
| その他 | 横浜みなとみらいホール | 1994 | 1998 | ● | | | | | | | | | | ⑬ | | II |
| | 横浜美術館 | 1985 | 1989 | ● | | | | | | | | | | ⑬ | | II |
| | よこはまコスモワールド | 1987 | 1989 | | | | ● | | | | | | ● | | | |
| | ドックヤードガーデン | 1985 | 1993 | | | | ● | | | | | | ● | | | |

①MM21リサイクル推進協議会、②MM21熱供給㈱、③第三管区海上保安本部、④横浜高速鉄道㈱、⑤MM21駐車場案内システム協議会、⑥MM21「100円バス」運行協力委員会、⑦横浜国際平和会議場、⑧㈱横浜赤レンガ、⑨グランモール公園愛護会、⑩国際協力事業団、⑪㈱横浜みなとみらい21、⑫㈶帆船日本丸記念財団、⑬㈶横浜市芸術文化振興財団、⑭横浜新都市センター㈱

1) オフィスと商業施設の個別事業期間を省略。2) 清算期間5年を含む。3) 民間事業主体は駐車場設置者。4) 展示ホールは2001年に拡張オープン。5) 横浜新都市ビルとスカイビルは⑭が開発と管理・運営を行っている。6) 1号館は⑪と⑬、2号館は⑧、イベント広場は⑪に。7) タイプⅠ：特定施設の事業から管理・運営まで、タイプⅡ：公共空間の整備後の管理・運営中心。

CHAPTER 4 大都市都心部における大規模プロジェクトを核としたエリアマネジメントの実態

市がYMM21に委託して行い、個別施設については多様な組織と団体が管理・運営している。その中で、MM21地区にMM21リサイクル推進協議会（①）、MM21熱供給㈱（②）、横浜高速鉄道㈱（④）、㈱横浜国際平和会議場（⑦）、㈱横浜みなとみらい21（⑪）、横浜新都市センター㈱（⑭）の組織はMM21地区に限定し、事業から管理・運営の主体として活動している。地下鉄建設、熱供給等の地域サービスに関連したことは第三セクターが事業から管理・運営まで同じ事業主体で行っている。

特に、事業主体と管理・運営主体の関係を見ると、リサイクル、駐車場案内システム、みなとみらい線、100円バスなどの特定施設と特定事業の場合には管理・運営については第三セクターと任意団体に委託していることが多い。事業は公共セクターが中心的に行っており、管理・運営は公共や第三セクターや任意団体が独自または一緒に行っている場合もある。

また、基盤整備や公共施設や上物建設に関わる組織を事業主体および管理・運営主体から見ると、タイプⅠは特定施設の事業から管理・運営まで、タイプⅡは公共空間の整備後の管理・運営を中心的に行っている。

### (2)「地域管理」の内容と関連組織

MM21地区においての地域管理は、1984年、公共施設・公共空間の管理（清掃、メンテナンス）のために設立されたYMM21から本格的に始まったといえる。その後、1988年にみなとみらい21街づくり基本協定に都市管理項目が規定され、公共施設・公共空間の管理以外に来街者や施設利用者への便利性、快適性の向上に資するため、開発段階に応じた各種施設の快適な維持・管理および効率的な運営に共同して努めることになった。

MM21地区において、現段階での地域管理活動はYMM21が中心に行っている（表4）。そして地域管理の三つの要素に分けてみると次の通りである。

①エリアメンテナンス

地域環境の維持・改善については公共施設（動く歩道）の管理・運営、専有クィーンモール等の管理、地区内施設整備の調整等。

②ソフトマネジメント

地域プロモーション（広報・PR、イベント連絡会での調整、イベント支援（企業協賛））、地域を対象とした社会的活動（まちづくり調整・推進、調査・検

表4 ㈱横浜みなとみらい21による地域管理内容とそれに関わる組織

| 項目 | 事業内容 | 関連組織 |
|---|---|---|
| まちづくりの調整・推進業務 | ・街区開発の誘導<br>・促進・街づくり基本協定に基づく調整・推進 | MM21街づくり協議会 |
| まちづくりの各種調査・検討 | ・来街者動態調査<br>・企業誘致促進策検討業務 | － |
| 電波障害対策の調整業務 | ・電波障害対策の負担金ルールに関する協議・検討<br>・周辺開発者との調整<br>・地区内CATV事務に関する協議・調整 | 横浜都心電波対策協議会 |
| 地区内の施設および環境整備 | ・地区内公共施設整備の計画<br>・フラワーモール事業の支援<br>・地区内100円バス運行の支援 | MM21緑花推進協議会、MM21「100円バス」運行協力委員会 |
| 企業誘致活動業務 | ・みなとみらい21の街区事業予定者決定<br>・企業誘致説明会の開催と企業へ情報提供 | － |
| 都市情報システム | ・桜木駅前大型ビジョン等の実験運用 | － |
| 広報・PR事業 | ・インターネットによる情報発信<br>・事業紹介等ニュースリリースの発行<br>・地区内ガイドマップの発行<br>・各種イベントの実施ならびに支援 | MM21街の案内運営委員会、イベント調整会議、MM21イベント実行委員会 |
| 赤レンガ倉庫事業 | ・1号館の管理・運営事業、2号館の貸付業務<br>・イベント広場の管理・運営、駐車場の経営 | － |
| 専有クイーンモール等の管理・運営業務 | | － |
| 地区内公共施設等の管理業務 | ・赤レンガパーク、動く歩道、共同溝、臨港幹線側道等管理業務<br>・駐車場案内システムの管理・運営業務 | MM21駐車場案内システム協議会 |
| 桜木町駅前「みなとみらい21総合案内所」の管理・運営業務 | | MM21街の案内運営委員会 |
| 事業推進関連組織の事務局事業 | | － |

注）「－」は関連組織がないことを示す。

討、企業誘致、リサイクル推進）等。

③エリアサービス

　エリアサービス活動は、表3と表5のように様々な組織が廃棄物処理、地域冷暖房、リサイクルなどの多様な活動を行っている。

　特に、MM21地区での多様な地域管理の中で、イベントは、1989年の横浜博覧会をはじめ、バレセロナ展、横浜彫刻ビエンナーレ、世界各国の文化に根付いた音楽やダンスの交流を目的とした「ウォーマット」など、まちづくりの一環として積極的に行われた。今日ではMM21地区はイベント開催地として注目され、「ぜひ、みなとみらい21地区でやりたい」というイベント開催のプロポーザルも多い。横浜市とYMM21はそれらの助成・支援などを行い、今後は

街の発展に合わせながら、当地区にふさわしいイベントを定着・発展させることが求められている。MM21地区内にある組織が独自に行っているイベントもあるが、様々な主体がMM21地区内で場所だけを借り、多様なイベントを行うことがほとんどである。季節ごとに行っているイベントには、野毛大道芸inみなとみらい21、開港祭（6月）、花火大会（8月）、横浜トリエンナーレ（2年おき）、横浜ジャズ・プロムナード（10月）等があり、クリスマスのイルミネーションは各ビルのテナントが自主的に費用を負担して行う場合もある。

そして、MM21地区において、公共施設の維持・管理および地域プロモーション等の活動はYMM21が中心的に実施しているが、それらの活動に関する民間地権者間の意見調整と協議を行うために表4のように各任意組織が設立され、その役割を担っている。

## 4 ── エリアマネジメント関連組織の概要および活動の展開

### (1) 関連組織の概要

前述したMM21地区におけるエリアマネジメント活動に関わっている組織には、第三セクター（外郭団体）と任意団体があり、任意団体に関しては街づくり基本協定の規定による協定組織と基本協定の規定がない非協定組織がある。

関連組織のそれぞれに属する組織（団体）名、設立年度、活動範囲、活動内容、構成員等については表5に紹介する。

### (2) 関連組織の活動内容と主体の展開

#### 1) 各組織の展開

MM21地区において、各組織の展開を見ると、第三セクター、協定組織、非協定組織の順番に設立され、活動を行ってきたと言える。

第三セクターは、1980年代初めMM21の開発当初から1980年代末までにすべてが設立され、協定組織は建物が建ち始めた1990年代初めから半ばまでに、非協定組織は上物竣工が始まる1990年代半ばから現在に至るまでに設立されており、多様なエリアマネジメント活動を行っている。ただし、特定事業の終了や設立目的を概ね達成した㈱メディアシティーとMM21イベント実行委員会は解散した。また、事業の一体的実施による効率的・効果的な事業執行の観点等から、㈱横浜みなとみらい21と㈶ケーブルシティ横浜は2005年に㈱横浜

表5 みなとみらい21地区のエリアマネジメントを支える組織の活動内容と構成員

| 分類 | | 組織名 | | 設立年度 | 活動領域・範囲 | 活動内容 | 構成員 |
|---|---|---|---|---|---|---|---|
| 第三セクター（外郭団体） | A1 | ㈱横浜みなとみらい21（YMM21） | | 1984 | 全体 | ・業務機能誘致<br>・まちづくりの調整・推進<br>・各種調査・検討、広報・PR<br>・公共施設等の管理事業 | 横浜市、神奈川県、都市公団、地権者、地元経済界 |
| | A2 | ㈱メディアシティー横浜 | | 1987 | 全体 | ・情報提供システムの構築・運営および管理業務<br>・2003年解散 | — |
| | A3 | 横浜新都市センター㈱ | | 1980 | 一部 | ・横浜新都市ビルとスカイビルの管理・運営 | — |
| | A4 | MM21熱供給㈱ | | 1986 | 全体 | ・熱供給事業 | 三菱地所、東京電力、東京ガス、横浜銀行など |
| | A5 | 横浜高速鉄道㈱ | | 1989 | 特定施設 | ・みなとみらい線の建設・運営<br>・みなとみらい線開通 | 横浜市、神奈川県、東京急行電鉄、三菱地所など |
| | A6 | ㈶ケーブルシティ横浜 | | 1993 | 全体 | ・電波障害対策<br>・CATV施設の建設・運営<br>・2005年からYMM21と統合検討 | 横浜市、都市公団、三菱地所、TRY90、三菱重工業、YMM21など20団体 |
| | A7 | ㈱横浜国際平和会議場 | | 1987 | 一部施設 | ・会議施設等の建設・運営 | 横浜市、神奈川県、日本政策投資銀行など12団体 |
| 協定組織 | B1 | MM21街づくり協議会 | | 1988 | 全体 | ・街づくり基本協定の運営<br>・部会、視察会、講演会等の実施 | 中央地区地権者35団体、YMM21 |
| | B2 | 専門部会 | MM21防災街づくり委員会 | 1994 | 全体 | ・防災に強いまちづくりの推進<br>・地区内防災体制の整備<br>・防災訓練の実施 | 街づくり協議会会員<br>オブザーバー：地区内団体（美術館、日本丸など） |
| | B3 | | MM21地区施設設置者連絡会 | 1991 | 全体 | ・施設設置者相互の情報交換等（地区内の工事、催事等） | 中央地区施設設置者（30団体） |
| | B4 | | MM21管理運営検討会 | 1994 | 全体 | ・街づくり協定の5項目等の取り込みと新課題の検討<br>・現在は活動していない | 横浜市、都市公団、三菱地所、横浜銀行などの7団体 |
| | B5 | 横浜都心電波対策協議会 | | 1990 | 全体 | ・MM21地区と関連開発地区内の建物建設による周辺市街地のテレビ電波障害の改善 | 街づくり協議会会員<br>ポートサイド地区街協会員 |
| | B6 | MM21リサイクル推進協議会 | | 1993 | 全体 | ・廃棄物の減量化、資源化物の共同リサイクル | 施設設置者（19団体） |
| | B7 | MM21駐車場案内システム協議会 | | 1996 | 全体 | ・自動車来街者の駐車場情報（経路、混雑状況）の提供 | 駐車場設置者（13団体）、横浜市、YMM21、都市公団 |
| 非協定組織 | C1 | MM21街の案内運営委員会 | | 1995 | 全体、特定施設と業務 | ・みなとみらい21総合案内所（桜木町駅前）の運営<br>・MM21ホームページの管理 | 地区内団体など（39団体） |
| | C2 | MM21地区総合案内板設置委員会 | | 1993 | 全体、特定施設と業務 | ・桜木町駅前総合案内板設置<br>・暫定駐車場案内看板 | 地区内団体、観光協会ほか（10団体） |
| | C3 | MM21「100円バス」運行協力委員会 | | 2000 | 全体、特定施設と業務 | ・「100円バス」の運行に協力し、交通アクセスを改善 | 街づくり協議会ほか、地区内企業団体など（14団体） |
| | C4 | MM21緑花推進協議会 | | 2001 | 全体、特定施設と業務 | ・花による緑化、華やかさを演出し、イメージを向上 | 街づくり協議会ほか、地区内団体など（20団体） |
| | C5 | イベント調整会議 | | 1998 | 全体、特定施設と業務 | ・地区内事業者等のイベントの調整、情報交換等 | 地区内事業者（16団体）、YMM21 |
| | C6 | MM21イベント実行委員会 | | 2003 | 全体、特定施設と業務 | ・みなとみらい線開業による街の活性化と集客力向上<br>・2004年3月に解散 | 業務系ビルオーナー、集客施設、公共施設、横浜市、都市公団など29団体・企業 |

（出典：㈱横浜みなとみらい21「みなとみらい21インフォメーション」70号、水沢正敬・渡邊徹「東京湾岸開発における第3セクターの役割－幕張・臨海副都心・MM21の比較」『都市計画』26号（1991）、関係者のヒアリングに基づいて整理）

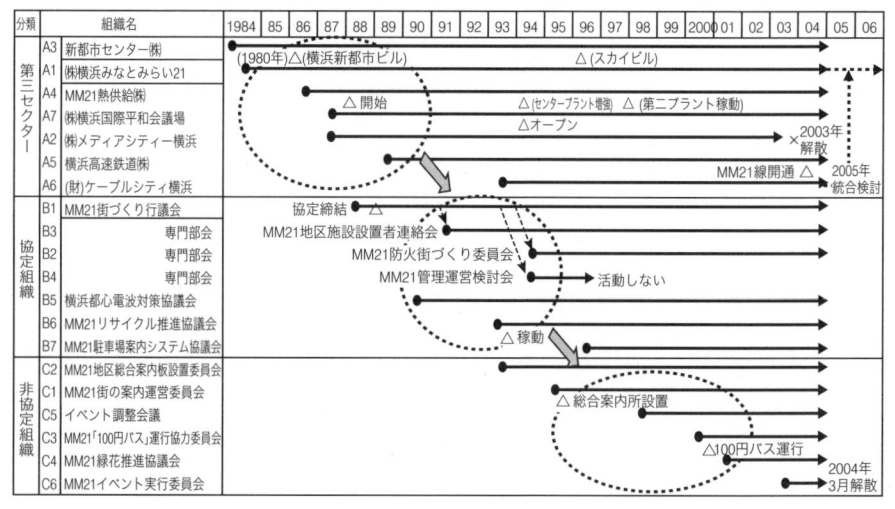

図2 各組織の展開

図3 活動内容と主体の展開

みなとみらい21へ統合され、より一層の活性化が図られている[4]。2004年3月にMM21イベント実行委員会は解散したが、今後、MM21プロモーション協議会（仮称）を設立して、同様の活動を継承していく予定である。

2) 活動内容と主体の展開

　各組織の設立年度から活動内容とその展開を分析すると、第三セクターは特定施設のエリアサービス（ハード）のための関連施設建設と管理・運営を中心に行い、協定組織は上物の建設と同時にエリアサービス（ハード）とエリアメンテナンス（ソフト）の活動、そして、非協定組織は上物竣工から現在まで、ソフトマネジメントに関する活動を行っていることがわかる。

　活動内容は基盤整備と上物建設のハード面からエリアサービス、エリアメンテナンス、ソフトマネジメント等のソフト面へ移行しており、活動（構成）主

体に関しては公共と民間地権者だけではなく、各ビルのテナントや地域内外の他団体にまで広がってきている。そして、最近では新規マンションの入居者とその周辺住民との間で意見調整を行うことが必要であると考えられている。

### (3) ㈱横浜みなとみらい21とみなとみらい21街づくり協議会

MM21地区のエリアマネジメントに関わっている組織は表5のように数多く存在しているが、ここでは、この地区で一番重要な役割を担っている㈱横浜みなとみらい21とみなとみらい21街づくり協議会を中心に見てみる。

#### 1) ㈱横浜みなとみらい21 (YMM21)

1984年、当初は開発の調整・誘導を目的とし、1970年創立の横浜都市開発㈱を改組して創立された。資本金は11億円で、出資構成は、公共セクターが横浜市、神奈川県、都市基盤整備公団等(55％)、民間セクターが地権者グループ、地元経済界(45％)となっている。その後1988年の街づくり基本協定締結においては、その運営を会社が担うとともに、その事業局をも担っている。また公共施設の管理については、市あるいは都市基盤整備公団が所有する公的施設、公的空間の管理(清掃・メンテナンス)を市から委託を受けて行っている。

全国各都市で競うように大規模な都市開発が進められているが、多くの場合、第三セクターが設立され、様々な形で事業に関与している。しかしYMM21はこれらの第三セクターとは大きく性格を異にしている。土地を持たず、デベロッパーとしてではなく、もっぱらまちづくりのプラニングやプロデュースを行う点に最大の特徴がある[5]。

YMM21は図2のようにMM21地区に関連する他の公共セクターと民間セク

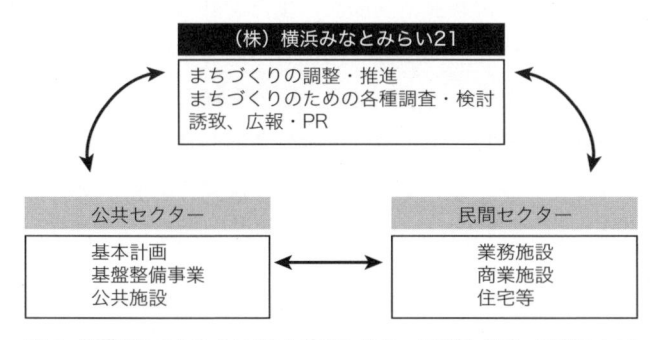

図4　㈱横浜みなとみらい21と他のセクターの関係　(出典：㈱横浜みなとみらい21「みなとみらい21インフォメーション」パンフレット)

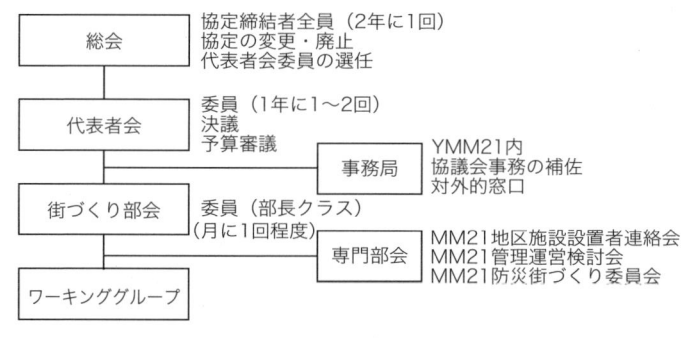

```
        ┌──────┐   協定締結者全員（2年に1回）
        │ 総会 │   協定の変更・廃止
        └──┬───┘   代表者会委員の選任
           │
        ┌──┴─────┐ 委員（1年に1〜2回）
        │代表者会│ 決議
        └──┬─────┘ 予算審議
           │       ┌──────┐ YMM21内
           ├───────│事務局│ 協議会事務の補佐
           │       └──────┘ 対外的窓口
        ┌──┴───────┐ 委員（部長クラス）
        │街づくり部会│（月に1回程度）
        └──┬───────┘ ┌──────┐ MM21地区施設設置者連絡会
           │         │専門部会│ MM21管理運営検討会
           │         └──────┘ MM21防災街づくり委員会
        ┌──┴──────────┐
        │ワーキンググループ│
        └─────────────┘
```

図5　みなとみらい21街づくり協議会の組織図

ターと連携しながら活動を行い、表4のような事業推進関連組織の事務局としての役割も担っている。

2）みなとみらい21街づくり協議会

　地権者とYMM21が基本協定の実施や改訂について協議する組織で（2004年現在、32の企業や団体で構成）、様々な課題を協議・調整しながらまちづくりを実践していく役割を担っている。建築物や工作物をはじめ広告などのサインに至るまで、施設を建設・設置するには協議会の街づくり部会の承認が必要となる。街づくり部会で計画を審議することで、早期に地権者間での情報交換と調整がなされるため、街全体としての景観の維持・保全が図られ、調和が保たれていく。特に基本計画に関わるような重要な調査や企画などについては、事業当初から指導・助言を仰いできた学識経験者を中心とした委員会に諮るなどして、事業の基本的部分の一貫性や質の確保に努めている。

　さらに、まちづくりの視察会や講演会、またクリスマスにはイルミネーションやライトアップなどの光の演出も、関係者の協力を得て街全体で実施している。なお、まちづくりを進めるなかで発生する多様な需要に柔軟に対応するため、基本協定を適宜見直し、基本協定を補う各種の基準や指針・ガイドラインなどの策定も行っている。このように、MM21地区のエリアマネジメント活動は、市と連携のとも、YMM21と街づくり協議会が両輪となって行っている。

## 5 ── エリアマネジメント関連組織の連携および活動財源

　各組織間の関係は、①公共、②民間地権者（企業）、③第三セクター、④任意

団体等の主体を中心にして各組織間の出資、人員派遣、構成員などを中心に紹介した上で、各組織の年間予算と活動財源について分析し、それらの分析に基づいてYMM21の活動職員と財源の現況と課題について整理する。

(1) 関連組織の連携

MM21地区におけるエリアマネジメント関連組織の展開は四段階に分けることができる。第一段階では、公共が中心になって、MM21地区の計画と基盤整備を行い、第二段階では、官民による第三セクターが設立され、地域のサービスを提供し、第三段階は、地区の民間地権者が構成員になった多様な任意団体（協定団体）による地域課題の協議を行うようになっている。そして、第四段階では、民間地権者だけでなく、テナントや地区内団体が参加して地域の課題に取り組んでいく。

また、各組織間の関係から見ると、行政や民間企業が参加した組織はあるが、市民とか勤務者が参加できる組織はまだ見られない。しかし、MM21街の案内運営委員会とMM21緑花推進協議会には地域案内とイベントの分野においてテナントの参加も見られる。

MM21地区のエリアマネジメントにおいて、地区全体のまちづくりや地域の管理・運営の中でハード部分は第三セクターが行っており、ソフト部分はYMM21が公共と民間の間で意見調整しながら多様な活動を行っている。特に、図5の組織間関係の中で、①公共（横浜市と都市公団）とYMM21の関係、②

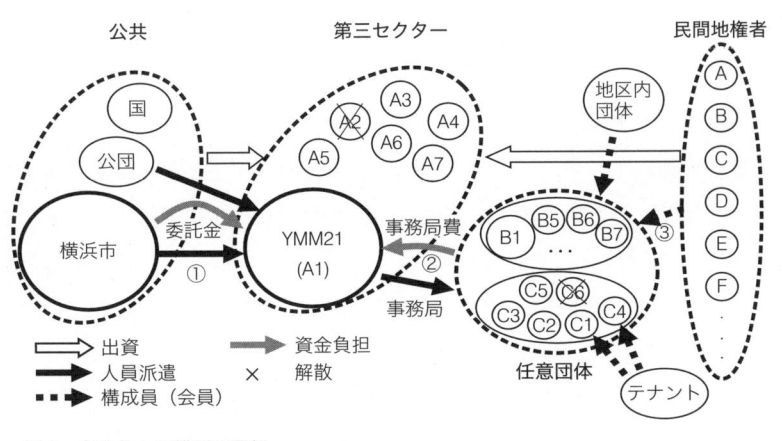

図6　各主体と組織間の関係

YMM21と任意団体の関係、③任意団体と民間地権者（一部はテナント）の関係から見ると、次のような特徴と課題がある。

第一に、公共（横浜市と都市公団）とYMM21の関係については、今までは公共から人材と財源などの多様な支援があったが、最近では、財政難から横浜市のスタンスが変化しつつあり、収入源の中心である施設管理委託費が減少している。そして、公団も都市再生機構へ組織改革がなされ、そのことが今後の財源問題や人材確保の不安材料になっている。

第二に、YMM21と任意団体においては、YMM21が任意団体の事務局として各団体間の意見調整と役割分担を担っている。各任意団体はそれに対して、事務局費をYMM21に支払っている状況である。

第三に、任意団体と民間地権者においては、民間地権者は多様な組織に構成員として意見交換と協議するために参加して会費などを負担している。しかし、それらの組織はMM21地区の将来の一定以上の開発後の維持・管理を考えた上で設立されたが、日本経済の厳しい状況によりMM21地区の開発が停滞し、民間地権者の負担を増加させている。

(2) 各組織の年間予算と活動財源

各組織の年間予算と活動財源について、任意団体を中心に会費と事業収入がある組織を対象にして検討する。ただ、YMM21は他の第三セクターとは少し違う活動財源確保の仕組みを持っているため対象組織に含めて整理した(表6)。

各組織の年間予算規模は組織ごとによって大きく差がある。MM21リサイクル推進協議会は約150万円、MM21「100円バス」運行協力委員会は約2,500万円、YMM21は年間約10億円になっている。

活動財源は、①事業収入、②会費、または③事業収入と会費で充当している。事業収入で活動している組織はYMM21であるが、内容は横浜市から公共施設管理のための委託金、調査費、任意団体からの事務局費等で充てている。会費で活動している組織は、MM21街づくり協議会、横浜都心電波対策協議会、MM21街の案内運営委員会、MM21「100円バス」運行協力委員会、MM21緑花推進協議会、MM21イベント実行委員会等で、ほとんどの任意団体は会費で活動を行っている。そして、事業収入と会費で活動している組織はMM21リサイクル推進協議会とMM21駐車場案内システム協議会がある。一方、表6に示

表6 各組織の年間予算と財源調達（2003年度基準）

| 組織名 | 活動財源調達現況 | 会費分担方法 | | | | 事業収入 | YMM21への事務局費用の支払い |
|---|---|---|---|---|---|---|---|
| | | 土地面積 | 床面積 | 一律 | その他[1) | | |
| ㈱横浜みなとみらい21（YMM21） | ・事業収入：<br>横浜市から公共施設管理のための委託金：8億8000万円<br>調査費：約5000万円<br>事務局費：約500万円 | | | | | ● | — |
| MM21街づくり協議会 | ・土地面積に応じる会員の年間会費が異なる（35〜115万円） | ● | | | | | 有 |
| 横浜都心電波対策協議会 | ・着工時に負担金および財団法人設立協力負担金（金額は建物規模に応じる）<br>・年会費なし（建物着工時に負担） | | ● | | | | 有 |
| MM21リサイクル推進協議会 | ・事業収入：古紙と段ボールの回収費<br>・会員の年間会費：8万円／年 | | | ● | | ● | 有 |
| MM21駐車場案内システム協議会 | ・事業収入：施設設置費（個別案内板、補助案内板、入口案内板など）、維持管理費<br>・会員の年間会費：2万円＋25円／台（収容台数） | | | ● | | ● | 有 |
| MM21街の案内運営委員会 | ・会員の年間会費（約30〜60万円） | | | | ● | | 有 |
| MM21「100円バス」運行協力委員会 | ・地区内企業団体からの協力金（金額は各社異なる）、協力金は利用実績により、半年単位で見直し | | | | ● | | 有 |
| MM21緑花推進協議会 | ・会員の年間会費（1社20万円、ただしテナント10万円） | | | ● | | | 有 |
| MM21イベント実行委員会 | ・会員の施設類型による負担額が異なる（20〜650万円） | | | | ● | | 有 |

1) 集客施設、事務所、公共施設などの施設類型および具体的な分担原則の調査ができなかった組織を示す。

すように、会費の分担方法は土地面積、床面積、一律など、組織ごとに異なる。

このように、MM21地区において、順調な開発による会員の増加を想定していたと思われるが、開発停滞で新規会員の確保も難しくなり、持続的に様々な組織が多様な活動を続けるためには既存会員の負担が大きくなる可能性も高い。

### (3) ㈱横浜みなとみらい21の現況と課題

YMM21は、表4で説明したように、MM21地区の開発だけでなく、施設の管理・運営および企業誘致・観光・PRなどの多様な活動を行うエリアマネジメントの中心に位置づけられている組織である。ここでは、YMM21の財源と人材（職員）の現況と課題について具体的に整理した。

表6で説明したように、YMM21の年間予算は約10億円で、横浜市からの公共施設の維持管理の委託費が大きな割合を占めているが、YMM21の関係者のヒアリングによると、最近横浜市からの公共施設管理の委託金が減っており、

表7 ㈱横浜みなとみらい21の人員状況（2003年7月現在）

| 区分 | | 計 | 組織固有 | 横浜市派遣 | 民間派遣 | その他 | 人員変化 | |
|---|---|---|---|---|---|---|---|---|
| | | | | | | | 1998年 | 変化(98〜03年) |
| 総計 | | 33 | 2 | 9 | 8 | 14 | 44 | △11 |
| 役員 | 計 | 16 | 0 | 2 | 5 | 9 | 17 | △1 |
| | 常勤 | 6 | 0 | 0 | 3 | 3 | 6 | ― |
| | 非常勤 | 10 | 0 | 2 | 2 | 6 | 11 | △1 |
| 職員 | 計 | 17 | 2 | 7 | 3 | 5 | 27 | △10 |
| | 一般 | 12 | 2 | 7 | 3 | 0 | 25 | △13 |
| | 嘱託 | 5 | 0 | 0 | 0 | 5 | 2 | 3 |

（出典：横浜市のホームページの資料に基づき整理）

これからも減少する可能性があるという。

そして、職員については、「公益法人等への一般職の地方公務員の派遣に関する法律」施行に伴い、YMM21の業務および組織体系の見直しがあり、横浜市からの派遣職員が14人から9人に削減され、派遣職員の給料をYMM21が負担することになった。そして、表7のようにYMM21は総職員33名の中で横浜市、民間等から派遣された職員が31名で団体固有職員が2名しかいないので、これからの持続的な活動を行う専門家を育成する必要がある。

今後、MM21地区のエリアマネジメント活動において中心に位置づけられているYMM21の固有職員と自主財源の拡大が一番大きな課題である。

## 6 ── エリアマネジメントの特徴および課題

### (1)エリアマネジメントの特徴

①都市管理項目の設定とその実現可能性の検討

街づくり基本協定では、ハード側面の街並みのガイドラインだけでなく、ソフト側面の都市管理項目を設定して地域の継続的な発展を図るために多様なエリアマネジメント活動を行っている。そして、MM21・都市ビジョン実現化方策検討調査報告書では、MM21地区にふさわしい新しい都市管理システムを提案し、その実現可能性について検討を行い、これらは実際エリアマネジメントの活動内容と組織の考え方に反映されている。

②エリアマネジメント活動を支える多様な活動の展開

MM21地区のエリアマネジメント活動では、基盤整備、施設建設、維持管理

まで20個の第三セクターや任意組織などが活動している。それらの組織の活動内容はハードからソフトへ移行し、公的施設・公的空間（動く歩道、クィーンモールなど）の管理や、イベント調整・支援などの都市観光への対応、広報・PRなど企業誘致への対応も行っている。

③多様な組織と主体の連携によるエリアマネジメントの展開

　MM21地区では、公共、民間地権者、第三セクター、任意団体、テナントなどの多様な主体によりエリアマネジメントを展開している。その中でもYMM21が大きい役割を担っているが、各主体と組織はお互い連携して地域に発生するいろいろな問題に対応し、地権者間の意見調整のためには協議会や委員会をつくって取り組んでいる。特に、来街者や施設利用者の利便性、快適性の向上のため、開発段階に応じた各種施設の適切な維持・管理および効率的な運営に共同して努めている。

(2)エリアマネジメントの課題と今後の展開

①開発の遅れによる横浜市、既存民間地権者とテナントの負担の増加

　MM21地区における全体的な開発、すなわち都市づくりの進捗が遅くなって、横浜市にはそれによる資金の負担が発生し、すでに立地している民間地権者や民間企業、テナントへの地域管理のための経済的な負担が増加している。そして、すでに開発が完了した地区の空室もあり、2003年には東京都心部で大規模なオフィスビルが建設されたので、これからの未開発地を業務オフィスで開発することも危険性が高い。

②管理・運営の人材の行政への依存

　第三セクターに関連した専門家は横浜市と都市機構から派遣していることが多いが、これからは公共からの人材の派遣も難しくなる可能性が高い。特に、YMM21において、役員は横浜市から2人と民間から5人、職員は横浜市から7人と民間から3人が派遣されているが、YMM21の固有人員が2人しかいない。これからもMM21地区のエリアマネジメント活動を活発に行うために組織固有の専門的な人材の育成と確保が重要な課題である。

③YMM21の財源確保の難しさ

　全協議会の事務局の役割を担っているYMM21はMM21地区の公共施設の管理のため、横浜市から委託金をもらっているが、最近の経済状況でその金額が

減少し、これからも減少する可能性がある。MM21 地区の継続的な地域の発展を図るためにはエリアマネジメント関連組織、特に YMM21 の場合には自主収益等の新しい財源確保を考えなければならない。

　しかし、横浜市は、2004 年 2 月にみなとみらい線の開通により MM21 地区のアクセスが向上されたことにより、「文化芸術創造都市―クリエイティブシティ・ヨコハマの形成に向けた提言」(2004.1) を通じて、みなとみらい線の新高島駅付近に文化・芸術施設等の導入を図っている。また、企業立地等促進特定地域に進出する事業者に対する支援措置条例 (2004.4) を定めて MM21 地区に積極的に企業誘致し、これから一層開発に拍車をかけようとしている。

〔李　三洙〕

(注)
1) ㈱横浜みなとみらい 21「横浜みなとみらい 21：創造実験都市」2002
2) 都市管理とは、一定のエリア内において、人（住民、就業者、来訪者等）、物（都市基盤施設、都市施設等）、エネルギー、情報、環境等を一体的かつ効率的に管理し、都市内において営まれる生活や企業活動、さらには経済、社会、文化、教育、医療、情操等の都市活動を円滑に機能させ、人々の安定性、利便性、快適性を高めることと定義する。ここでの都市管理は地域管理と同じ意味であるが、みなとみらい 21 地区街づくり基本協定での用語であるので「都市管理」をそのまま使う。
3) 外郭団体は、横浜市が民間の資金、人材、経営ノウハウを生かしながら、公共公益的なサービスを効果的・効率的に供給するために設立したものである。ここでは第三セクターと同じ意味である。
4) 横浜市がホームページ (http://www.city.yokohama.jp/se/kanren/) に公開した外郭団体の経営状況を参考にした。
5) 前掲 1)

(参考文献)
・㈱横浜みなとみらい 21「横浜みなとみらい 21：創造実験都市」2002
・みなとみらい 21 インフォメーション
・㈱横浜みなとみらい 21「第 33 期経営報告書」2003
・中島清「みなとみらい 21 中央地区における開発の経過とその評価 (1)」『経済と貿易』186 号、2003.3
・横浜市「都心臨海部総合整備基本計画（中間案）」1981
・住宅・都市整備公団首都圏都市開発本部・横浜市・㈳日本交通計画協会「MM21・都市ビジョン実現化方策検討調査報告書」1992.7
・横浜市港湾局・㈱横浜みなとみらい 21「みなとみらい 21 新港地区地域冷暖房システム導入検討調査」1993.3
・横浜市「みなとみらい 21 新港地区街並み景観ガイドライン」
・水沢正哉・渡邊徹「東京湾岸開発における第 3 セクターの役割－幕張・臨海副都心・MM21 の比較」『都市計画』26 号、1991
・㈱横浜みなとみらい 21 のホームページ、http://www.minatomirai21.com
・横浜市都市計画局のホームページ、http://www.city.yokohama.jp/me/tokei/site/dcond/toshin/mm21/index.html

# 03 晴海地区

　晴海地区は第3章の地区特性別分類から見ると「混在市街地型」に位置づけられ、統率力のある企業が中心的に調整役を担う「リーダー企業調整タイプ」として「晴海をよくする会」を中心に周りの組織との関係を見ていきたい。本稿では、一定の基盤整備が進展し、様々な様態の権限が混在している市街地において部分的および段階的に行われる再開発事業に応じた様々な組織間の調整方法に着目し、都市づくりから地域管理までを一貫して行うエリアマネジメントの課題を明らかにする。

## 1──地区の概要

　江戸時代の隅田川河口部には広大な砂州が広がっていたために、大型船は東京湾の奥に入港できなかった。その後明治政府は、国際的港湾設備として開港場の開設を計画し、大規模な埋め立て工事をすることになった。1887年から埋め立て工事が始まり、92年に月島に一号地が完成し、続いて二号地、三号地と完成していき、1931年4月には四号地として晴海地区の造成工事が終了した。

　その後、晴海地区には1934年に東京市庁舎の新築が予定されたが、最終的に計画は変更され、丸の内からの移転の話は消えてしまった。また36年には東京オリンピック、40年には日本万国博覧会の予定地としての期待が高まり準備が進められていたが、いずれの計画も戦争の余波で開催が中止されている。これらの出来事から当時の晴海地区に対する期待の大きさがうかがえる。

　第二次世界大戦中は陸海軍の仮倉庫や資材集積場として使用されていた。戦後は晴海地区のほとん

図1　晴海地区の位置（出典：晴海をよくする会「晴海アイランド計画2001」パンフレット）

どが進駐軍に接収され、進駐軍の飛行場などもできたために日本人の立ち入り禁止地区もあった。しかし、接収の一部解除を受けて建設していた晴海埠頭が1955年に開港し、海の玄関口としての新たな特色を持つことになった。同年に開催された国際見本市も晴海の仮設展示場が好評だったために、以降も晴海での東京国際貿易センターを舞台に開かれた。

1957年には日本住宅公団

表1　晴海地区の主な歩み

| 年 | 出来事 |
|---|---|
| 1931 | 晴海島の埋め立てが完成する |
| 1934 | 東京市庁舎新築の候補地に選ばれる |
| 1936 | 東京オリンピックの開催候補地になる |
| 1940 | 日本万国博覧会の開催予定地になる |
| 1945 | 進駐軍によってほぼ全島が接収される |
| 1955 | 晴海埠頭が開港される |
| 1955 | 第1回国際見本市が開催される |
| 1957 | 前川國男設計の晴海高層アパートが竣工する |
| 1959 | 第6回東京モーターショーが開催される |
| 1965 | 晴海埋め立て事業が完了する（全約107ha） |
| 1984 | 晴海をよくする会が発足する |
| 1987 | 晴海一丁目地区開発協議会が発足する |
| 1989 | 東京モーターショーが幕張メッセでの開催になる |
| 1992 | 晴海一丁目市街地再開発事業都市計画が決定される |
| 2000 | 大江戸線勝どき駅が開業する |
| 2001 | 晴海アイランド・トリトンスクエアがオープンする |

によるRC10階建てを含む高層のアパートが竣工して話題を呼んだ。前川國男設計の「銀座に近く海が見えるアパート」は都市住宅のモデルとしてそれまでにないモダンなライフスタイルを実現し、世間からの羨望を受けていた。当時としては銀行の支店長ぐらいでないと手が出ないほど家賃も高かったために、晴海高層アパートには意識の高い人々が暮らすようになった。昭和30年代後半には東京都の払い下げを受けて現在の地権者の大半が晴海地区へ移ってきている。

しかし、街は次第に老朽化が進み、東京モーターショーは1989年より千葉県の幕張メッセで、その他のコンベンション機能は96年を最後にお台場の東京ビッグサイトへとその舞台を移している。晴海高層アパートは完成から30年近く経った頃から建て替え話が持ち上がり、晴海一丁目の再開発事業のきっかけとなっていく。

(1)「晴海をよくする会」の経緯

1984年1月に晴海地区のエリアマネジメント、すなわち都市づくりから地域管理までを地権者たちが自ら考え、実践していくためのマネジメント組織として、「晴海をよくする会」が発足した。発足当時は、構成員は8社であり、全

表2 晴海をよくする会を中心とした都市づくり

| 年 | 晴海をよくする会 | | | 行政 | 周辺開発との関係 |
|---|---|---|---|---|---|
| | 全晴海地区 | 一丁目 | 二丁目〜五丁目 | | |
| 1984 | 晴海をよくする会が発足する | | | | |
| 1985 | 晴海再整備総合計画に対して意見を具申する | | | (区)晴海地区再整備総合計画 | |
| 1986 | 中央区の第二次基本計画と地区計画条例に対して意見を具申する | 一丁目分科会が発足する | | (区)中央区第二次基本計画 | |
| | 晴海の将来像をまとめるために会員に対してヒアリングを実施する | | | | |
| | 地域地区の見直しについて意見を具申する | | | | |
| | 「晴海アイランド計画」を発表する | | | | |
| 1987 | 「晴海アイランド計画」を晴海地区の優良なまちづくりの推進に資するように意見を具申する | 晴海一丁目地区開発協議会が発足する | 二丁目・三丁目分科会が発足する | (都)臨海部副都心開発基本構想 | |
| | | | | (区)晴海地区まちづくり協議会が発足する | |
| 1988 | 都の豊洲・晴海開発基本方針について意見を具申する | 晴海一丁目地区開発基本計画が策定される | 四丁目分科会が発足する | (都)豊洲・晴海開発基本方針 | |
| | | ㈱晴海コーポレーションが設立される | | (区)中央区定住人口回復対策本部を設置する | |
| | | | | (区)晴海一丁目地区まちづくり基本方針 | |
| | | | | (区)広域基盤施設整備分科会が発足する | |
| 1989 | 都心直結型の地下鉄新設を提案する | | | (都)豊洲・晴海開発整備方針 | 大川端リバーシティ21・リバーポイントタワーが竣工される |
| 1990 | 「新・晴海アイランド計画」を発表する | 晴海一丁目地区再開発準備組合が発足する | | (都)豊洲・晴海開発整備計画 | |
| 1991 | 清掃工場建設計画の白紙撤回を都と区に申し入れる | | | (都)晴海地区に清掃工場建設計画が発表される | |
| | CI委員会・マストラ委員会が発足する | | | | |
| | 開発者負担に対する要望・意見を都に提出する | | | | |
| 1992 | 晴海地区再開発地区計画に対する要望書を提出する | バブルの影響を受けて合理化するために計画を総点検する | | | |
| 1993 | 開発者負担者に対する要望と意見を都に提出する | 再開発事業推進に関する基本協定書を作成する | | (都)広域6路線等の都市計画決定 | |
| | | 晴海一丁目市街地再開発組合が発足する | | | |
| 1994 | | 晴海一丁目地区市街地再開発事業を着手する | | (都)広域6路線等の早期整備先送りが発表される | |
| | | | | (区)五丁目に清掃工場建設計画が決定される | |
| 1995 | | | | | |
| 1996 | | 事業計画・権利変換計画を変更する | | (都)臨海副都心開発の基本方針が決定される | |
| 1997 | | 住友商事が本社機能移転を決定する | | (都)豊洲・晴海開発整備計画が改定される | |
| 1998 | 「晴海地区のにぎわい形成に関する調査報告書」が完成する | | | | |
| 1999 | | | | (区)広域基盤施設整備分科会丁目別検討会が設置される | |
| 2000 | | 管理組合が発足する | | | 都営大江戸線勝どき駅が開業される |
| 2001 | 「晴海アイランド計画2001」を発表する | 晴海一丁目地区市街地再開発事業が完成する | 五丁目で清掃工場が稼働する | (都)東京ベイエリア21 | 東京インナーハーバー連絡会議が発足する |
| | 民間都市開発促進のための緊急措置に関わるプロジェクト資料を提出する | 都への開発負担金を一部支払う | | (都)臨海地区解除(二・三・四丁目および五丁目の一部) | 豊洲一〜三丁目まちづくり方針 |
| | | 再開発組合が解散される | | (都)水際線埋立部分の市街化区域を編入する | |
| 2002 | | | 三丁目西地区市街地再開発事業都市計画が決定される | | 都市再生緊急整備地域に指定される |

地権者を会員にするまでに苦労があった。その理由として、他の地権者は、「晴海をよくする会」へ入ることで、自社の意思のみで土地を動かすことができなくなるのではないかという不安を持ったからである。そこで会員を増やしていくためには、理念を伝えるほかに、㈱日本建築センターと住宅・都市整備公団が自ら資金を捻出し、晴海の目指すべき姿をプランニングした絵を作り、それを持参し、地区全体で都市づくりを行うことの重要性を説くことで会員獲得に奔走した。その結果として、発足から3年にしてほぼすべての地権者が会員となった。そして都市づくりの勉強会や、世界の開発事例の視察などを定期的に実施し、共同開発の必要性と自らの果たすべき役割についての認識を深めていった。

　発足時に晴海をよくする会では、地区全体としての方向性について意識の共有化を図るために、地権者に対するヒアリングを行い、都市づくりの方向性を定めた上で、晴海地区の将来像として1986年に「晴海アイランド計画」を提案した。会発足時から他地区に先行して再開発の機運が盛り上がっていた一丁目において86年10月に「晴海をよくする会一丁目分会」が発足した。続いて二丁目、三丁目（共に87年4月）、四丁目（88年6月）にも分会が発足し、分会では開発にかかる具体的な計画や調整が行われた。この頃から内部での議論にとどまらず、行政に対して晴海地区としての意見や要望を出していくなど、外部に対する影響力を持つようになった。具体的には中央区の第二次基本計画や地区計画条例制定に対しての意見具申や、「晴海アイランド計画」を晴海地区の都市づくり推進のために利用してもらおうと、中央区長へ意見を具申していった。

　晴海をよくする会では、中央区に対し地権者および住民と行政との協議の場の設定を陳情していたが、中央区側でも住民と都市づくりの方針について協議し合意形成をしていく場として、まちづくり協議会の結成を促していた。その結果、1987年7月にまちづくり協議会設立準備会を開催し、同年10月に「晴海地区まちづくり協議会」を発足し、行政と地権者の協議の場が設けられた。「晴海アイランド計画」に代表される晴海をよくする会としての提案は、まちづくり協議会における協議や、直接の行政への意見具申などを通じ、豊洲・晴海開発整備計画（東京都、1990年6月）などに盛り込まれ、行政のマスタープ

ランに位置づけられた。

1990年11月には各丁目ごとの分会での協議などを通じて具体的な開発計画を立案していく段階にあって、周辺状況の変化にも応じた「新・晴海アイランド計画」が提案された。分会の提案はボト

図2　現在の晴海地区の様子（出典：晴海をよくする会「晴海アイランド計画2001」パンフレット）

ムアップ方式で作られ、開発のガイドラインは丁目ごとに提示された。

バブル経済の崩壊によって、土地神話が崩壊した1993年には一丁目に「晴海一丁目市街地再開発組合」が発足し、翌94年に市街地再開発事業が着手された。バブル時代の過剰投資により企業体力の低下していた民間企業は全体的にその力を弱め、投資を控えるようになっていった。晴海地区も例外ではなく、一丁目は計画を大幅に変更しなければならなくなり、他の丁目においてもまちづくりに対する機運が下がり、開発の目処が立たない状況になっていた。

経済社会状況の大きな変化を受け、晴海をよくする会では、晴海地区の新たな方向性を示すものとして、2000年6月に「晴海アイランド計画2001」を発表し、新たな都市づくりのスタートを切った。そして01年2月には、晴海地区のみならずより広い範囲で将来を考えていくために、晴海運河を取り囲む晴海地区・豊洲地区・豊洲埠頭地区の東京インナーハーバーエリアのマネジメントについても考える動きが見られるようになった。また2002年に施行された都市再生特別措置法[1]において、晴海地区は、臨海副都心などとともに都市再生緊急整備地域に指定された。都市再生緊急整備地域では、民間による都市づくりの提案が受け入れられると、都市計画法等の規制が適用除外となるなど、大胆な都市づくりが可能となる。晴海をよくする会の今後の活動とともに、晴海地区のまちづくりは多くの可能性を秘めている。

(2)「晴海をよくする会」の組織と役割

晴海をよくする会では最高決議機関の総会の下に理事会と事務局を置き、その下に丁目ごとの分会から構成されている（図3）。分会は準会員を含めて全部

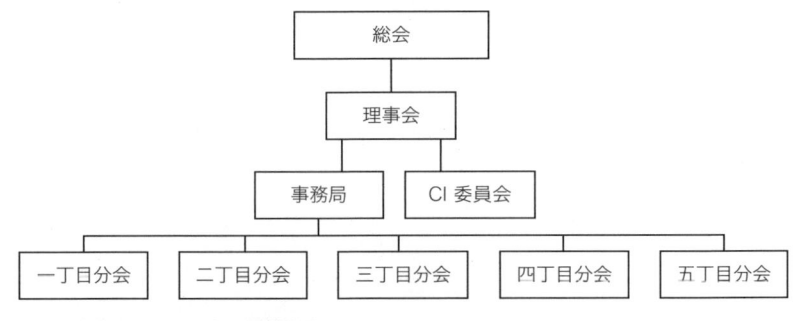

```
        総会
         │
        理事会
        │
    ┌───┴───┐
   事務局  CI委員会
    │
┌────┬────┬────┬────┬────┐
一丁目 二丁目 三丁目 四丁目 五丁目
分会   分会   分会   分会   分会
```

図3　晴海をよくする会の組織構成

で延べ40の地権者から構成されている。会長は会の発足以来、晴海地区で古くから商売を行っている江間忠木材の会長が務めている。理事会は各丁目より2名ずつ選出し、年6回以上開かれている。事務局には地権者とともに、国土交通省の職員もメンバーに入っている。

　晴海をよくする会には、晴海地区の都市づくりを進めていく上で、主に以下の四つの役割がある。

①地区全体としてのビジョンを作成する役割

　晴海をよくする会の中に丁目ごとに分会を設け、各地権者はそれぞれの分会に所属して自主的に提案をまとめ、丁目ごとのコンセプトを作っている。それらをボトムアップ方式にまとめたものが晴海地区全体のビジョンとなり、1886年に「晴海アイランド計画」、90年に「新・晴海アイランド計画」、2001年には「晴海アイランド計画2001」として発表された。これらの計画は、晴海地区の特色や現状の課題などを踏まえた上で、社会経済情勢の変化に伴いその時代ごとの理想的な像を提案しており、住民の手によるマスタープラン的な性格を持つものである。その内容は豊洲・晴海開発整備計画（1990）等の行政計画の中にも位置づけられており、晴海の都市づくりの大きな指針になっている。

②地権者間における開発推進を調整する役割

　地権者間でルールの策定が行われ、地域としての方向性がぶれない仕組みづくりが可能になった。さらに、丁目ごとに分会が設置されることで、各地権者の意見や要望等を調整し、計画がまとまったところから順次事業に移行できる仕組みになった。その結果、晴海をよくする会の考えは晴海地区の地権者に浸

透していき、「晴海アイランド計画2001」に示されている街区ごとの一体的かつ総合的な開発計画が提案されるようになった。

③行政との連絡協議を調整する役割

晴海をよくする会では開発者負担に対する要望や、行政の上位計画に対する意見具申などの活動を行った。晴海地区の都市づくりにおいて、地権者は行政との協議を中央区により設置されたまちづくり協議会で行っているが、それとは別に協議会設置以前から地権者組織が結成されていたことで、事前に行政とのインフォーマルな協議が行われるほか、地権者の意向を事前に強く打ち出しておくことができる等のメリットがある。

④地区の価値を高める運動体としての役割

晴海をよくする会では、外部に対して晴海地区全体のイメージ形成やアピール活動を行っている。例えば、大江戸線の開通がトリトンスクエア[2]のオープンに間に合うよう、新聞に意見広告を出し、地区としての意向を世間へ発信する活動を行っている。

## 2 ── 段階的な開発による都市づくり

### (1) 一丁目の先行開発

一丁目の開発は一計画二施行による再開発事業で、地権者から出資された開発会社が事業を行うなど、従来の再開発事業とは異なった手法を用いられた。ここでの一計画二施行とは、一つの計画を公団施行と組合施行に二分して行うことである。これはバブル経済崩壊による多大な影響を受けながらも、地権者が中心となり付加価値の高い一体的な都市づくりを目指した結果である。

一丁目の開発時における都市づくりから地域管理までを一貫して行う活動、すなわちエリアマネジメントの特徴を見ると、以下の五つの点が挙げられる。

①協定書などの効果

晴海一丁目の再開発は複数の民間地権者によって進められたため、社会情勢の変化に伴う会社の方針変化などで事業の進捗を妨げられてしまうことが懸念されていた。時期はバブル景気を挟んでおり、事業環境の変化は著しかった。そのような状況において、協定書のような形で全体の開発方針が定められ、それが実質的な担保となり開発が進められた。

1987年3月の「開発に関する覚書」や、88年5月の「開発に関する基本協定書」では、一体的かつ総合的な開発を行うために全社が協力し全社合意のもとで事業を推進していくことが強く盛り込まれている。以降、経済情勢の変化によって開発計画を変更するなど多くの困難が発生したが、常にこの基本原則をもとに解決がなされ、事業の成功へつながった。またこれらには、開発に必要な費用および開発に伴う利益を適正に配分する旨が盛り込まれており、経済的な公平性の必要が謳われている。

　また再開発組合の設立認可申請にあたり、「再開発事業実施にあたっての基本方針」を取りまとめた。これには権利変換期日や施設建築物の併用開始日を設定し、工程を適切に管理して事業の早期推進を図ることなどが盛り込まれており、事業の推進を促進する働きを持っていた。この他にも事業実施中に何らかの問題が発生するたびに文章化した覚書などを取りまとめ、事業の推進に努めた。

　このような形で法的効力を持たない協定書のようなものが担保となり、事業が行われたということは、晴海をよくする会を通じて構築された各社間の信頼関係の厚さや、都市づくりに対する意識の高い権利者が多かったこと、他に比

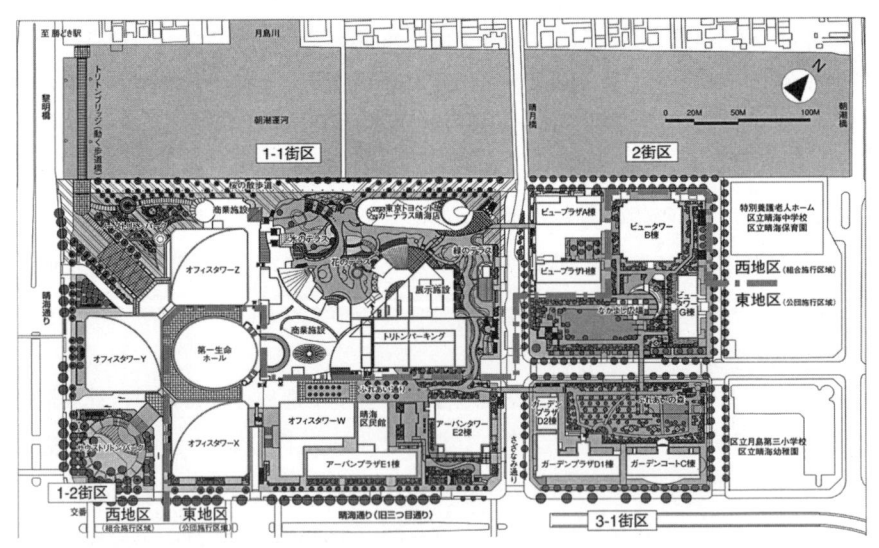

図4　晴海一丁目の概要（出典：都市基盤整備公団・晴海一丁目地区市街地再開発組合「晴海アイランド　トリトンスクエア」パンフレット）

べ経営的に余裕のある地権者が多かったことなどにもよると考えられる。
② 開発会社の存在

　一丁目の開発会社として立ち上げられた㈱晴海コーポレーションは、再開発組合発足に至るまでに必要な資金調達や機動的な組織の必要性から、地権者の出資によって作られた会社である。当初は晴海一丁目をはじめ晴海地区全体をコーディネートし、開発の調査企画段階から事業推進までを行い、さらに都市の維持管理までも一体的に考えていく開発兼地域管理会社として考えられていた。

　しかし、開発会社としての役割は当初期待していたようなところまでいかず、一丁目開発に関しては再開発組合の事務機能のすべてを行うまでにはいかず、一丁目開発の終了後は一丁目の維持管理会社としての業務にとどまり、他丁目の開発にはまったく関与していないのが現状である。その原因として、他丁目の開発が停滞状況にあったことや、出資者の一つである都市基盤整備公団からの出資が行政改革の流れによって縮小されてしまったことにより、各企業からの出資が少なくなったことなどの要因がある。

　各丁目における開発が動き始めた現在、地下鉄や下水道などのインフラ施設の設置に開発兼地域管理会社の必要性が議論されている。そのことは「晴海アイランド計画2001」等においてもタウンマネジメント組織の必要性として議論され、「㈱晴海アイランド（仮）」が提案されている。

③ 一計画二施行による課題

　晴海一丁目開発において、その施行が民間地権者と都市基盤整備公団の二者であるために生じる課題として、施行地区分割線の設定、住宅とオフィスの容積の適正配分、一体的な計画の実現、管理運営、費用負担など様々なことがある。例えば、三つのオフィス棟をつなぎ合わせる役割を持つグランドロビーなど共同利用施設は四つの管理組合が管理運営に関する協定書を締結し、その規約の中で統一管理者として㈱晴海コーポレーションを定め、一体的に管理する体制を整えた（図5）。

　公団施行地区と組合施行地区では住宅とオフィスの割合が極端に異なっていたため、施行地区に分割線を引くにあたり大変な苦労を要した。これは広場や歩行者空間の設置においても同様であった。結果として施行前の公共用地内で

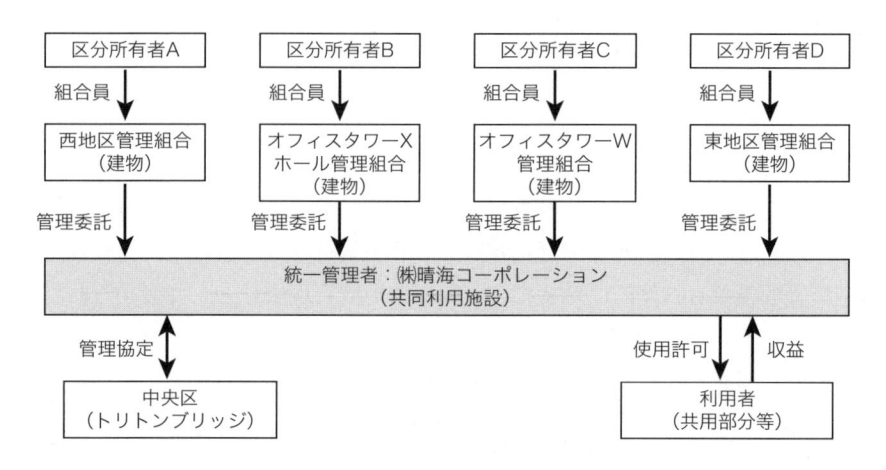

```
┌─────────┐      ┌─────────┐      ┌─────────┐      ┌─────────┐
│区分所有者A│      │区分所有者B│      │区分所有者C│      │区分所有者D│
└────┬────┘      └────┬────┘      └────┬────┘      └────┬────┘
   組合員            組合員            組合員            組合員
┌────┴────┐   ┌─────┴─────┐  ┌────┴─────┐   ┌────┴────┐
│西地区管理│   │オフィスタワーX│  │オフィスタワーW│   │東地区管理│
│組合(建物)│   │ホール管理組合│  │ 管理組合  │   │組合(建物)│
│         │   │  (建物)   │  │  (建物)   │   │         │
└────┬────┘   └─────┬─────┘  └────┬─────┘   └────┬────┘
  管理委託          管理委託         管理委託          管理委託
┌──────────────────────────────────────────────────────┐
│    統一管理者：㈱晴海コーポレーション (共同利用施設)        │
└──────────────────────────────────────────────────────┘
       │                                  │      ↑
    管理協定                           使用許可    収益
       ↓                                  ↓      │
┌─────────────┐                    ┌─────────────┐
│  中央区      │                    │   利用者     │
│(トリトンブリッジ)│                    │(共用部分等)  │
└─────────────┘                    └─────────────┘
```

図 5　晴海コーポレーションによる地域管理

境界を設けるための分割線を引き、開発後の公共用地や共同利用施設（グランドロビー等）は施行前の宅地面積割合で負担することとなった。広場も両施行地区の3％相当の用地を提供することとし、施行地区分割線の位置を区画道路の中で調整した。しかし線引きにより両地区に属する権利者が生じるなどの問題が起こり、両地区の間に不動産鑑定評価の価格差を生じさせないために多大な時間と労力が費やされた。

④時間リスクへの対応

権利者の調整から事業の着工、都市完成に至るまで長期間を要する市街地再開発事業においては地価下落に代表される時間的リスクが生じる。特にバブル経済を経た一丁目開発においては、権利床のみの取得者と保留床も取得する者との間に経済的ギャップが生じた。それは、状況の変化に応じて土地評価額の見直しを考えたときに明らかになった。地価下落が止まらないなか、権利床と共に保留床も取得する者は再開発後の床価格が下がることなり、投資額が減るということになるが、権利床のみ取得する者にとっては従後の床が減ることでしかない。ここに大きな差が生じて問題となる。

この対応として、事業費を削減するため、ホールの移転やアトリウムの取り止めなど計画を変更し、約350億円の事業費を削減した。権利床は従来通りの面積を確保し、事業費を削減して保留床価格を安くすることで事態を収めた。

これは権利床のみを取得するものにとっては不利な条件であるが、不動産の不況化における保留床取得者の苦しみも理解できるため、事業推進のためにこの条件を飲まざるを得ない状況であったといえる。

再開発法は地価の右肩上がりの上昇を前提としているため、経済不況化においての時間リスクは非常に大きいものとなっている。今後、民間事業者が中心となり都市づくりを行っていくためには解決しなければならない問題の一つである。

⑤再開発組合の余剰資金の扱い方

再開発法によると、再開発組合解散時に余剰資金を清算しなくてはならないことになっている。都市づくりと地域管理において、その主たる組織が異なっているために、組合解散後に欠陥修復等が必要となった場合、その資金を集めることが難しい状態である。

### (2) 三丁目の開発と都市基盤整備

一丁目に次いで1987年4月に三丁目分会が発足してから、一丁目開発の様子を見ながら開発の方向性を探って議論をしてきた。しかし、バブル経済の崩壊に伴う不動産市場の悪化によって三丁目開発の機運が一気に下がっていった。91年10月に東京都は晴海地区での清掃工場計画を打ち出し、中央区としても区民のごみを区外でのみ処理することへの抵抗もあり、その計画に賛成することになった。しかし、清掃工場計画地の正面には東京都住宅供給公社の賃貸住宅やキャナル晴海という分譲の公社住宅があり、住民らは清掃工場建設計画に反対していた。都市施設として必要であると判断した中央区は、清掃工場建設の代替として、三丁目において再開発を行い再開発住宅に移り住んでもらうことを条件に、清掃工場建設を決定した。公社住宅等は昭和40年代前半に建設された住宅であり、設備が老朽化していたこともあって、住民たちも比較的前向きになった。

三丁目分会では、一丁目のように住宅の再開発と同時に複合施設の再開発を行うことを目指し、他の地権者たちと共に一体的開発の方向性を探っていた。しかし経済情勢を考えたときに、勝どき駅以外に新たな地下鉄等の見通しが立たない現状では、オフィスなどの需要が疑わしいという問題もあり、さらに他の地権者としては投資リスクが大きすぎるという判断から、その他地権者も含

めた一体的な複合再開発は断念された。その結果、三丁目の再開発は住宅のみの先行的なものとして位置づけられ、三丁目の約半分の土地を再開発することが決定された（図6）。

2002年12月に晴海三丁目西地区第一種市街地再開発事業（以下、西地区再開発事業）として都市計画決定がなされた。その地区の大部分が東京都港湾局の所有で、その他の街区は公社分譲・賃貸住宅と法人所有の更地である。

中央区などが中心となって再開発事業を動かしいていくが、再開発を進めるにあたり都有地を買い上げることが必要なので、その資金を提供できる都市基盤整備公団により施行することになった。工事は2期に分けて行われ、1期目では56階建て高層住宅3棟（A街区）と10階建ての宿泊施設である海員会館（C街区）が建設され、2期目で37階建て住宅1棟（B街区）と11階建てオフィス棟（D街区）が建設される計画となっている。平均容積率は約680％を予定している。A街区の住宅3棟のうち1棟（A1棟）が公社住宅の権利者が入居する権利者棟（住宅戸数約750～850戸）となり、それ以外のA街区（A1棟を除くA2・A3棟）、B街区、D街区については、特定建築者制度[3]を活用し、民間事業者が建設にあたることを検討しているが、現時点で特定建築者は決定

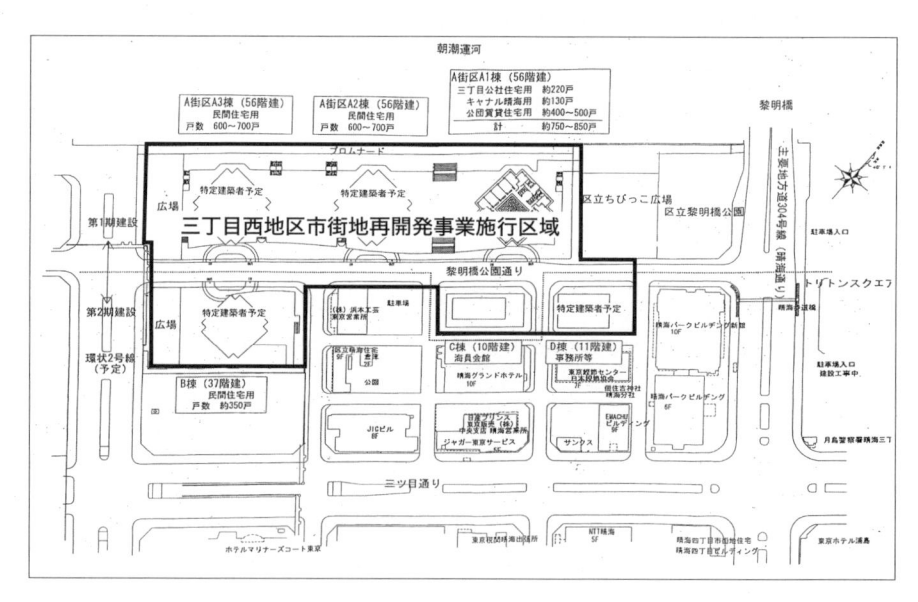

図6　晴海三丁目市街地再開発事業施行区域（出典：東京都都市計画決定図書）

されていない。

　今回再開発を行わない三丁目の地区に関しては引き続き開発の方向性を探っていくことになるが、後続開発が起こった場合に今回の再開発との関係性が新たな課題となり、段階的な都市づくりにおいて一体性を担保するさらなる仕組みが必要である。

## 3 ── 行政や周辺地区等の関係主体について

### (1) 中央区

#### 1) 都市づくりの方向性

　中央区では都市計画の手法としてほぼ全域に地区計画をかけており、各地区のまちづくり協議会等を通じて調整の中で発生する問題や方向性の変化ごとに地区計画の変更を行い、フレキシブルかつ細かな運用をしながら都市づくりを進めていることが大きな特徴である。都市計画マスタープランをあまり重視していないということからも、プランとしての絵を事前に用意しておき、それに近づくための都市計画を行うという従来のスタンスではなく、実際に発生する住民や地権者からの課題点等に対応していくためのプログラムを随時組んでいくことの積み重ねによって都市を形成していく姿勢が感じられる。これは都市の柔軟性を具現化していこうとする表れである。

　銀座や日本橋といった日本の顔を持つ中央区は、以前は晴海の方まで手が回らなかったが、1987年に晴海地区まちづくり協議会が設けられた頃からようやく晴海地区と向き合い始めた。晴海地区では現在一丁目を除く全地域に地区計画の一種である再開発等促進区型地区計画がかけられており、開発計画がまとまった時点でその計画内容との調整を図り、区としての方向性も制度を用いて盛り込める状態である。

#### 2) 晴海地区まちづくり協議会

　中央区では区内における地域特性を活かした整備構想や計画について、区と地域住民等との合意形成を図ることを目的として区内全域を12地区に区分して各地でまちづくり協議会を運営している。前述のように、1987年には晴海地区まちづくり協議会を設置した。晴海をよくする会では行政との公式な協議の場の必要性を感じていたことや、行政側も今後開発が進みそうな晴海地区との

協議の場を持つ必要性があったため、必然的に生まれたものである。その構成員は晴海地区の地権者・住民と中央区、東京都である。年4回程度の集まりの中で、開発協議を中心に行っており、再開発時における一丁目や三丁目の住民との協議などもこの場を通じて行われている。また晴海地区まちづくり協議会の下部組織として広域基盤施設整備分科会が存在しており、都市インフラ施設や開発者負担についての基本方針などの整理を行っている。

3）晴海をよくする会との関係

　区が主催しているまちづくり協議会のような組織ではどうしても告知機関としての役割が大きくなってしまうなかで、民間地権者レベルでの開発に関する組織の存在は、区にとってもお互いのスタンスを確認した上で調整ができ、事前折衝としての場があり、対外的にも経過を見せながら調整できるといった利点がある。一方、晴海をよくする会では地元提案型の計画を持ち、それを実現させていくために区との調整・連携を重視した関係を築いている。その例として、一丁目開発の際に区の積極的な協力によって創設されたコミュニティファンド（居住継続援助事業制度）が挙げられる。

　公団住宅の建て替えによって居住面積の拡大や質の向上と引き換えに、家賃が従前と比べて数倍にも跳ね上がるという事態が生じていた。1988年から定住人口回復対策本部を設置し、人口流出を止め定住人口を増やしたい中央区はコミュニティファンド制度をつくり、従前居住者に対して向こう30年間にわたり家賃増加分に対する家賃補助を行うことを決めた。しかし区に家賃補助ができるほどの原資はないため、開発利益を区が徴収してそれをファンドに充て

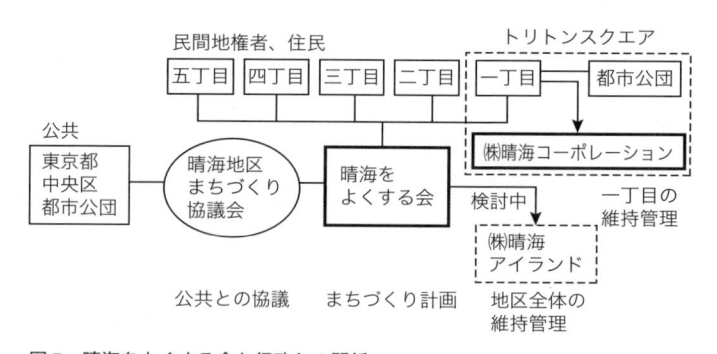

図7　晴海をよくする会と行政との関係

る構想を出した。この制度には様々な方面からの反対があったが、最後には晴海一丁目地区全体で74億円を支払うことで決着がついている。このファンドの効果によって建て替えの同意をほとんどの住民から取ることができ、区としても人口流出を防ぐための制度を創設できたほか、開発者に対するメリットとして、再開発に対する区からの補助金が非常に有利になるなど、晴海地区全体の開発を応援する体制が構築された。

　一丁目開発時におけるトリトンブリッジの設置に関しても、行政との連携が成功へとつながっている。動く歩道を区道と認定し、中央区の積極的な説得によってトリトンブリッジ建設に対して再開発地区外の施設であるにもかかわらず、国からの補助金を得ることができた。この補助金がついていなかったらトリトンブリッジの実現はありえなかった。完成後には区道であるトリトンブリッジの維持管理を中央区は㈱晴海コーポレーションに委託しているが、これは開発時より都市完成後の地域管理に対して、積極的に調整がなされてきた結果である。

　中央区は都市経営の観点を重視しており、エリアマネジメントの要素が重要であると考えていることもあって、晴海をよくする会では、エリアマネジメントの方向性については協力的な姿勢を見せている。しかし、一般的に考えたとき、他の自治体において同じような対応がとれるかは疑問である。そういった場合に、例えば都市再生機構のような都市づくりのノウハウがあって多くの資金を持つ中間的な立場にある公的セクターが、開発時において民間地権者と行政との間に入って仲介役を行ったり、コミュニティファンド制度の創設を行うなどの機能を持つことが必要である。

## (2)東京都

　晴海地区はもともと都有地だったものを民間へ払い下げた経緯があったため、かなりの都有地が存在している。二丁目は貨物の引込み線があったためにその形が不整形な状態になっている。三丁目は今回三丁目西地区市街地再開発事業を行う地域がほぼ都有地と重なっている。四丁目は晴海運河に面して都有地が広がり、五丁目に関してはその大半が都有地となっている。

　東京都は行政の立場として晴海地区まちづくり協議会には参加しているものの、地権者として晴海をよくする会には入っていない。

東京都では水を活用した開発を展開していくことで晴海としての特色を持たせていこうとしている。晴海運河に面した二丁目や四丁目には広大な都有地が存在しているが、水域に面している貴重な土地を有効に使うことに関して、現実には事業が進んでいない状況になっている。また五丁目の広大な都有地に関しては、水とともに晴海の特徴を一番つけやすいエリアであるために、晴海をよくする会や東京インナーハーバーエリア連絡会議から土地利用の提案を受けている。

しかし東京都としても遊休地の活用方法を模索している状態にあるため、晴海をよくする会では、今後も東京都に対して事業推進組織へ積極的に参加するよう促していくことが重要である。東京都が地権者として自ら事業を行うことよりも、現在構想段階である開発会社等への出資や土地の賃貸などを通じて開発に関わっていくなどいくつかの方法が考えられる。

また水域活用に際しても東京都をはじめとした行政の積極的な参加が必要とされている。開発とその後の管理運営を一体的なものとして考え、東京インナーハーバーエリアにおけるマネジメント組織である行政同士の活用懇談会(仮)などにも参加がなされていくことが望まれる。

### (3) 都市基盤整備公団

以前の住宅・都市整備公団から都市基盤整備公団へと組織が変わるにあたり、住宅整備は最低限整ったため都市基盤の整備を中心に行っていくこととなり、上物整備に関しては賃貸住宅までを扱うことになった(表3)。都市基盤整備公団へと組織が変わってからは、再開発事業や土地有効利用事業などを通じて市街地の整備などを中心とした事業を行うとともに民地のコーディネート業務に注力して行うようになった。民間の再開発事業に公団がコーディネーターとして入ることは以前から行われていたが、以前よりその比重を強めている。

晴海三丁目西地区のように公団施行として都市計画決定がなされているものから、晴海二丁目のように地権は持っていないもののコーディネート役として関わっている地区まで様々な形があり、その面積はかなり広い範囲になる。これ以外にもある程度の関与がなされている地区は多数ある。民間地権者の立場からすると、公団が事業に加わることにより、事業遂行にあたっての担保的な意味を持つことや、資金を集める際にやりやすくなることがあるために、多く

表3　公団の組織変更とその役割

| 組織 | 主な目的 | 主な業務 |
|---|---|---|
| 住宅・都市整備公団 | 住宅のさらなる安定した供給と質の向上を目指すとともに、都市の整備も行っていく | 分譲・賃貸住宅の建設・運営 |
| | | ニュータウン建設 |
| | | 再開発事業等 |
| 都市基盤整備公団 | 都市の基盤整備を中心に行い、都市空間の質の向上を目指す | 再開発事業等 |
| | | 防災都市づくり |
| | | 土地有効利用事業 |
| | | 賃貸住宅の建設・運営 |
| 都市再生機構 | 民間による都市づくりがスムーズに行われるように民間の機能補完を行う | 民間の機能補完 |
| | | 防災都市づくり |
| | | 土地有効利用事業 |

の地区で共同事業やコーディネートが行われている。

　地区の開発事業が動き出して完成するには10〜20年以上という長い期間を要するので、個別地区のコーディネート業務や地区のプロモーション活動等に対して投資する費用等を民間企業で回収することは、大きなリスクでほぼ不可能である。そこで今までのまちづくりの経験より、行政や民間の行動原理やそこから生じてくる問題点、さらには制度上の隙間などを解決し、長期的な採算で考えることができ、エリアマネジメントの機能を補完する様々な権限を持たせた組織が必要である。そこで都市再生機構が今後そういった機能を持った上で、マネジメントの業務を強化していくことが必要ではないかと考える。

## 4 ── 段階的な都市づくりに関する課題

　これまでに晴海をよくする会の活動や行政の動きを通じて晴海地区における段階的な都市づくりについて見てきたが、現状の再開発法は事業そのものに対する規定しかされておらず、組合清算の問題に見られるように、都市完成後の地域管理までは考えられていない。また晴海一丁目で見られた、価値の高い開発を行うための一計画二施行による事業では様々な問題も生じた。地域管理までを視野に入れると、再開発事業は新たな問題を生じている。これらの課題に対処するために時間軸を持った広域的なエリアマネジメントの展開や政策としての位置づけ、行政としての取り組みが必要である。

晴海地区における開発の現状を踏まえて、今後エリアマネジメントのさらなる展開を行っていくための課題として以下の3点を挙げる。
①開発会社による都市づくり
　晴海をよくする会のようなNPO的な活動を行う一方で、外部から集めた資金やノウハウを地域内へ投資することによって地域の価値を向上させ、開発後の地区の維持管理やプロモーションまでを視野に入れる開発会社を設立することである。晴海をよくする会においても考えられているが、例えば晴海地区全体としての開発会社を設立した場合、都は開発会社へ都有地を賃貸することで一体的開発への可能性は広がるであろう。再開発法の改正により、開発会社による再開発事業の施行も可能となり、その可能性が期待される。
②都市再生機構の新たな役割
　公団は独立行政法人への組織変更に伴い、民間が中心となったエリアマネジメント組織に対する機能補完的な業務を重点的に行っていくことが重要であると考えられる。今までの都市づくりの経験を踏まえ、ノウハウ提供や人的・資金的援助を行っていくことにより、民間だけでは賄いきれない不足を補うとともに、公的セクターが事業に参加していることによる信頼性の向上なども重要な意義を持つ。
③都市再生特別措置法の活用
　2002年7月に晴海地区は都市再生緊急整備地域に指定され、資金的な援助を受けつつ自由な都市計画提案が可能となり、都市計画決定までの時間も短縮されるなど開発における可能性が広がった。例えば、水域に面している土地の開発等に見られる、現状の規制をはずした都市づくりも可能となる。都市再生の意義をもう一度問い直した上で、時限立法である都市再生特別措置法と様々な様態の権限が混在する段階的な開発との関係を踏まえることが継続的な都市づくりの要点となる。

[石川宏之]

(注)
1) 2002年6月から施行された都市再生特別措置法は、近年における急速な情報化、国際化、少子高齢化等の社会経済情勢の変化に対応した都市機能の高度化および都市の居住環境の向上を図るために制定されたものである。この法律では、都市再生の推進に関する基本方針等を策定するとともに、政令で指定された都市再生緊急整備地域における市街地の整備を推進するための民間都市再生事

業計画の認定制度を創設し、都市計画の特例等の特別措置が講じられている。
2) 晴海アイランドトリトンスクエアとは、東京都中央区晴海一丁目に「働く、ふれあう、暮らす」をコンセプトにオフィス棟、文化・商業施設、住宅棟からなる新しいまちづくりを目的とした総面積約10万㎡、建物延床面積約60万㎡の大規模再開発事業のことである。
3) 特定建築者制度とは、市街地再開発事業において、本来、施行者が自ら建設すべき施設建築物を民間事業者等施行者以外の者にその技術・経営能力を活用して建築させることができる制度である。施行者にとっては、保留床の処分先を早期に確保するというメリットがあるとともに、特定建築者としても、施行者による権利調整等が整えられた段階から事業に参画することで、事業リスクを軽減しつつ、自らのノウハウを活かした建築物の整備・取得ができるというメリットがある。

（参考文献）
- 大村高広「晴海一丁目地区第一種市街地再開発事業」『再開発コーディネーター』92号、2001
- 茅野秀真・大村高広「再開発地区計画の活用による一体的な広場・歩行者空間の実現—晴海アイランドトリトンスクエアにおける実践例」『再開発研究』18号、2002
- 木村健一「職・遊・住を楽しむ新しい都市の誕生—晴海一丁目市街地再開発事業」『都市計画』232号、2001
- 栗原徹「業務代行方式に関する一考察—晴海一丁目地区における適用事例を踏まえて」『再開発研究』14号、1998
- 「晴海のまちづくり—晴海アイランド計画2001」『再開発コーディネーター』93号、2001
- 晴海をよくする会「晴海アイランド計画」1986
- 晴海をよくする会「新・晴海アイランド計画」1990
- 晴海をよくする会「晴海アイランド計画2001」2001
- 渡辺裕之「段階的な都市づくりにみるエリアマネジメントの実際に関する研究—晴海地区における開発マネジメントを中心に」（平成14年度横浜国立大学大学院修士論文）2003.3

# 04 大手町・丸の内・有楽町地区

　大手町・丸の内・有楽町地区（以下、大丸有地区）は第3章の地区特性別分類から見ると「成熟市街地型」に位置づけられる。そして、最もエリアマネジメント活動の歴史が長く、また特に近年、様々な都市づくりと地域管理を一体として意識してエリアマネジメントを進めている地区であり、その意味では、大丸有地区は地元意識、自治意識に支えられた「自治醸成タイプ」であるといえよう。
　本稿では大丸有地区について、1950年代から現在までの開発計画から地域管理までの幅広い範囲を対象に、エリアマネジメント活動（都市づくりと地域管理）の展開、エリアマネジメントの内容と組織間関係の展開、そして組織の活動財源等の特徴とそれらの課題と対応について紹介したい。

## 1 ── 地区の成り立ち

　本地区は、江戸幕府の成立を機に江戸城を中心とした諸大名・旗本のための武家地として整備が進められた。明治維新により行政・軍事等の新政府の中枢機関が置かれ、その後、1889（明治22）年の「東京市区改正設計」において、丸の内は経済地区として整備されることとなった。翌90年に陸軍省用地が民間に払い下げられ、日本初のオフィス街の整備が始まった。馬場先通り沿いに並んだ長さ概ね200mに及ぶ赤煉瓦のビル街はその西欧風のたたずまいから「一丁ロンドン」と呼ばれた。1914（大正3）年、東京駅完成後の大型オフィスによる街並みは「一丁ニューヨーク」と呼ばれた。1923（大正12）年の関東大地震による被害は軽微であり、本地区は、震災復興の拠点としての役割を果たし、その後の発展により、東京のビジネスの中心地としての地位を確立した。
　戦後の経済復興を経て高度成長期の旺盛なビル需要に応えるべく、昭和30～40年代には丸の内から有楽町を中心に近代的大型ビルへの再整備が進んだ。その過程で建物の共同化などが進み、街区も広く、全体として整然とした街区群や街並みが構成され、現在の仲通りも形成された。
　一方、1957年の「国の庁舎の使用調整等に関する特別措置法」制度により、大手町地区等の中央官庁の大部分が霞ヶ関へ移ることとなり、その跡地は民間

図1 大手町・丸の内・有楽町地区の位置 (出典：大手町・丸の内・有楽町地区まちづくり懇談会「大手町・丸の内・有楽町地区まちづくりガイドライン」パンフレット)

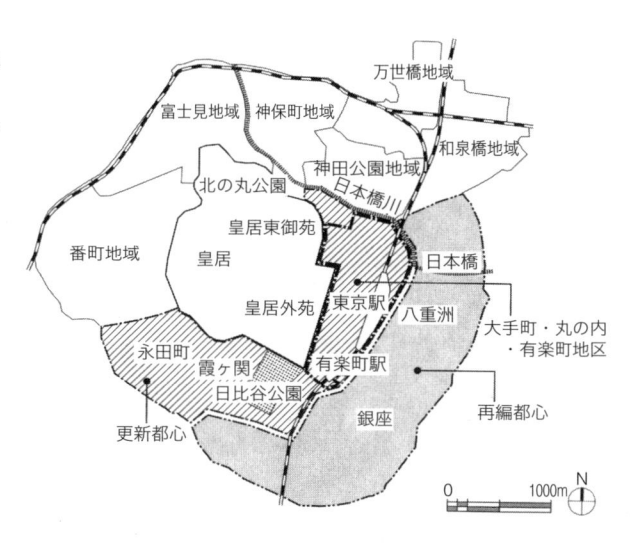

へ順次払い下げられ、報道機関や金融機関の本社が立地していった。その後、大手町地区では大規模・高層のビル群が形成され、金融機関や通信・情報関連企業の集積が進んだ。この地区は、1986年、東京都が東京都（区部）都市再開発方針において、東京駅周辺再開発誘導地区を指定した約111haの地区である。

## 2 — 関連政策

東京都は経済の高度成長期以降、一貫して続いた都心への一極集中の都市構造を打ち破るために、1984年の多心型都市構造調査に基づき、1986年の東京都の第二次長期計画により一点集中型から多心型都市構造への転換を図った。都心へこれ以上の業務機能の集中を抑制する都心抑制策をとりつつ、都心と副都心において機能分担が図られた。そのため、東京都は多心型都市構造の根幹となる副都心について、「副都心の育成・整備に関する調査」(1990年) を行い、副都心整備計画 (1997年) を策定・発表した。

しかし、バブル期以後、日本の経済の状況の変化により、行政の都心に対する認識は少しずつ変化して、都心の再整備を進めるような社会・経済的な要求が高まってきた。国土庁では、1995年「東京都心のグランドデザイン」をとりまとめた。東京都では、1994年「業務商業施設マスタープラン」で都心での業務商業施設の整備の必要性を説き、1997年に「区部中心部整備指針」で初めて

都心の区域を明示し、CBDからABC（Amenity Business Core）[1]へという整備目標が示された。割増容積率の上限も1,200％から1,300％に変更されたが、都心3区及び区部中心部においては、現在指定されている容積率以上には、業務機能を誘導しないこととし、容積率の緩和を行う場合にも、原則、容積率の緩和部分は事務所用途とはしないことなど都心部の抑制は依然としてあった。

そのような都心抑制政策は東京都心の再構築を遅延させ、結果として魅力と競争力を失わせるものであるという問題認識が生まれ、東京都の都心再生の流れが大きく加速する「危機・突破戦略プラン」（1999年）と「東京の新しい都市づくりビジョン」（2001年）が策定された。都市づくりビジョンでは、大丸有地区について、経済グローバル化に対応する国際ビジネス拠点として、歴史と文化を生かした緑豊かで風格のある首都のランドマークを構成する将来像が示された。一方、国は大丸有地区について2002年に第一次都市再生緊急整備地域として指定するなど、都心部の都市再生に本腰を入れ始めた。

大丸有地区は日本経済の中枢を担うビジネス街として、諸外国の代表的な都市に比肩する質の高い市街地の形成を目標に、様々なまちづくりの努力が積み重ねられてきており、日本経済の成長とともに世界に誇る日本の顔としての発展を遂げ、歴史性を感じさせる街並みを形成してきた。しかしながら、近年東京は国際的な経済競争、都市間競争における競争力を徐々に失いつつあるという危機感が出ている。企業や人々がボーダレスに世界中を移動する時代にあって、東京が厳しい都市間競争に勝ち抜いていくためには「都市の魅力づくり」が必要不可欠である。そのためには東京の中心である「都心」の将来像を描き、再構築を推進し、魅力ある都心づくりを進めることが最も重点をおいて取り組むべき課題である。また、耐震性の向上、情報通信機能を活かした業務機能の高度化、就業環境の向上、多様な都市機能の拡充など、様々な観点からも本地区における建物やインフラ等の更新の必要性が高まっており、現在、多くの建て替え計画・構想が顕在化してきている[2]。

また、東京の中心に位置する本地区の再構築が、神田地区をはじめ周辺地域における経済やまちづくり活動などに波及効果を及ぼし、東京のまちづくりをリードしていくことも期待されている。

表1 大丸有地区関連政策および計画の展開

| 区分 | | 1970年代以前 | 1970年代 | 1980年代 | 1990年代 | 2000年以降 |
|---|---|---|---|---|---|---|
| 行政施策 | 国 | 建築基準法公布(1950)<br>建築基準法改正(容積地区制導入、1963)<br>都市計画法公布(1968) | | 東京駅周辺地区総合整備基礎調査(1987) | 東京都心のグランドデザイン(1995) | 都市再生特別措置法(2002)<br>第一次都市再生緊急整備地域指定(2002)<br>都市計画法および建築基準法改正(2002) |
| | 都 | | | 東京駅周辺再開発誘導地区指定(1986) | 業務商業施設マスタプラン(1994)<br>副都心整備計画・区部中心部整備指針(1997)<br>危機突破・戦略プラン(1999) | 東京構想2000(2000)<br>首都圏メガロポリス構想(2001)<br>東京の新しい都市づくりビジョン(2001) |
| | 区 | | | 有楽町・日比谷地区地区計画(1985) | 21世紀の都心(1996)<br>都市計画マスタプラン・景観まちづくり条例(1998) | 大手町・丸の内・有楽町地区地区計画(2002)<br>美観地区ガイドプラン(2002) |
| 関連計画 | | 丸の内総合改造計画(1959)<br>常盤橋地区再開発(1961)<br>有楽町駅付近再開発(1963) | 東京都シティホール建設基本構想(1971) | 丸の内インテリジェントシティ計画(1983)<br>丸の内再開発計画(マンハッタン計画、1988) | 街づくり基本協定締結(1994)<br>ゆるやかなガイドライン(1998) | まちづくりガイドライン(2000)<br>丸の内一丁目1街区開発計画(2000) |
| 関連組織 | | 丸の内美化協会(1966) | | 再開発推進協議会(1988) | まちづくり懇談会(1996) | エリアマネジメント協会(2002)<br>企業・地域防災組織(2003) |

(出典:『丸の内百年のあゆみ』(三菱地所社史)1993、『都心再構築への試み』(造景別冊3)2001を参考にして再整理)

## 3 ── エリアマネジメント活動の展開

　ここでは、大丸有地区における地域の開発計画と整備の過程を指す「都市づくり」と整備後の当該エリアの継続的な発展を目指す活動を指す「地域管理」活動を中心に検討する。その中で、大丸有地区のエリアマネジメント活動において重要な位置づけにある関連組織の設立の背景とその活動について整理する。

### (1)「都市づくり」の過程

　戦後、大丸有地区の開発は1959年に丸の内総合改造計画（赤煉瓦地帯建物改築計画）の推進に始まった。そして、1961年の常盤橋地区再開発、1963年の有楽町駅付近再開発等の個別地区における物理的な環境を改善する計画が立

てられ、新しいビジネス街をつくり上げ、高度成長期を迎えた経済の発展に大きく寄与してきた。以後、丸の内は、名実ともにニューヨークのウォール街やロンドンのシティと並ぶ世界三大金融センターとして重要な役割を果たすようになった。さらに、88年には、丸の内地区最大の地権者である三菱地所㈱が丸の内再開発計画（通称、マンハッタン計画）を発表し、丸の内一帯に高さ200m程度（容積率約2,000％）、40〜50階の超高層ビル約60棟を建設して、国際業務機能に特化した世界有数の国際金融業務センターにする計画を打ち出したが、世論等の反対で廃止された。

　1986年には東京都が東京都（区部）都市再開発方針において、東京駅周辺再開発誘導地区を指定した。この東京都の方針を受けて、地域の地権者が具体的なまちづくりを考えるため、千代田区の街づくり方針に則り1988年に「大手町・丸の内・有楽町地区再開発計画推進協議会」（以下、再開発推進協議会）を設立した（図3）。1994年に再開発推進協議会の全地権者が「街づくり基本協定」を締結した。このような動向は、前節の「関連政策」で述べた1990年代に入って東京都等の都心関連政策の変化に対応するものである。

　さらに都心に相応しい魅力あるまちづくりを進めるため、公民で協議する場として1996年に東京都、千代田区、JR東日本㈱、再開発推進協議会の四者で構成する「大手町・丸の内・有楽町地区まちづくり懇談会」（以下、まちづくり懇談会）を設立し、大丸有地区の将来像や整備に関する基本的な方向性を示した「ゆるやかなガイドライン」（1998年）と「まちづくりガイドライン」（2000年）を策定した。このガイドラインの策定により、公民の協力・協調によるまちづくりが推進され、ガイドラインの整備手法と都市開発諸制度の活用によるまちづくりの誘導・調整を図っている。そして、丸の内1丁目1街区開発計画（2000年）では総合設計制度および連担建築物設計制度の適用により、街区一体として良好な市街地環境の創出に努めている。

　また、2002年に地区計画と特例容積率適用区域の都市計画が決定され[3]（図2）、公共空間についても丸の内広場、八重洲広場および東京駅南部通路等の都市基盤施設の整備が決定された。それとともに丸の内地下広場は周辺ビルの整備と併せて一部を先行して着手し、その後丸ビル竣工と同時に完成したが、公的空間についての積極的な活用はこれからである。

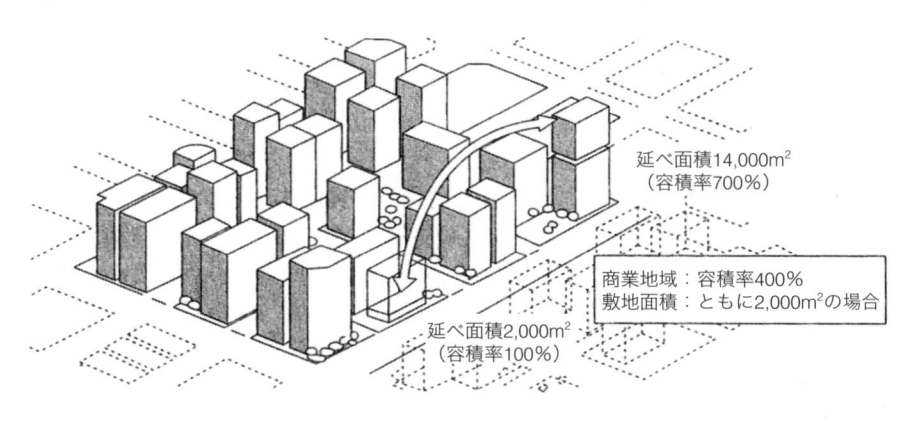

延べ面積14,000m²
（容積率700%）

商業地域：容積率400%
敷地面積：ともに2,000m²の場合

延べ面積2,000m²
（容積率100%）

図2　特例容積率適用区域制度の適用例（出典：国土交通省のホームページ）

## (2)「地域管理」の実際

　大丸有地区における地域管理は1950年代初めの防災・防火活動を行う自治組織から始まった。以後、熱供給や駐車場の管理等が地域管理として行われてきた。一方、仲通りを多様なイベントの場として活用するため、地権者が中心になって1966年に「丸の内美化協会」（以下、美化協会）が設立され、その後、大丸有地区全体の計画的な植樹や花壇の手入れ等が行われ、当地区の地域管理の本格的なスタートとなった。その他にも三菱地所㈱が中心になって通信・情報の特定目的会社が設立されたが、それはまだハード面が中心のものであった。
　しかし、2000年のまちづくりガイドラインでは公的空間の整備や個々の開発

表2　エリアマネジメント関連重要組織の概要

| 組織 | 美化協会 | 再開発推進協議会 | まちづくり懇談会 | エリアマネジメント協会 |
|---|---|---|---|---|
| 設立 | 1966年3月 | 1988年7月 | 1996年9月 | 2002年9月 |
| 構成員 | 地権者で構成(法人41社)、事務局は三菱地所㈱ | 地域の民間地権者と法人90社(民間地権者組織)、事務局は三菱地所㈱ | 東京都、千代田区、JR東日本㈱、再開発推進協議会の四者 | 地域企業、団体、就業者、学識者、弁護士、市民等 |
| 特徴 | 地権者による初めての地域管理組織。都・区と管理協定締結 | 民間による再開発組織、協議会会員全体の街づくり基本協定締結 | 公共と民間の協力・協調によるまちづくり（PPP：Public Private Partnership） | NPO法人による地域管理組織 |
| 主な活動 | 都・区と協力し、三菱地所㈱の呼びかけで設立。都・区道の植樹帯の低木、地被類の整備、仲通りの管理 | 千代田区街づくり方針を踏まえ、適正な都心機能のあり方の検討を行い、東京駅周辺再開発誘導地区において、一体的な再開発を推進（ハード部分） | 当地区の望ましい発展を実現するために、地区の将来像を設定し、それを実現するために必要なルールと手法を議論。街づくりガイドラインの運営 | 都市環境や就業環境等の環境改善、イベント等による地域の活性化、多様なコミュニティの形成を通じた地域の活性化（ソフト部分） |

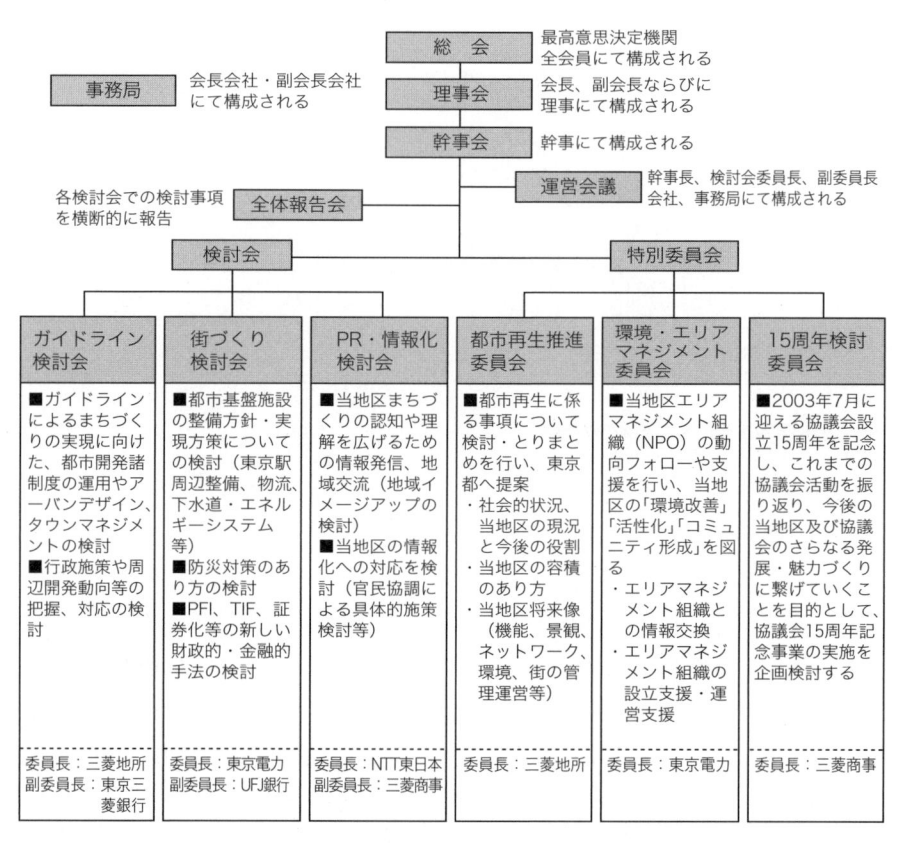

図3 再開発推進協議会の組織と業務内容（2004年2月20日現在）（出典：再開発推進協議会のホームページ）

**組織構成：**

- 総会：最高意思決定機関、全会員にて構成される
- 理事会：会長、副会長ならびに理事にて構成される
- 幹事会：幹事にて構成される
- 運営会議：幹事長、検討会委員長、副委員長会社、事務局にて構成される
- 事務局：会長会社・副会長会社にて構成される
- 全体報告会：各検討会での検討事項を横断的に報告

**検討会：**

**ガイドライン検討会**
- ■ガイドラインによるまちづくりの実現に向けた、都市開発諸制度の運用やアーバンデザイン、タウンマネジメントの検討
- ■行政施策や周辺開発動向等の把握、対応の検討

委員長：三菱地所
副委員長：東京三菱銀行

**街づくり検討会**
- ■都市基盤施設の整備方針・実現方策についての検討（東京駅周辺整備、物流、下水道・エネルギーシステム等）
- ■防災対策のあり方の検討
- ■PFI、TIF、証券化等の新しい財政的・金融的手法の検討

委員長：東京電力
副委員長：UFJ銀行

**PR・情報化検討会**
- ■当地区まちづくりの認知や理解を広げるための情報発信、地域交流（地域イメージアップの検討）
- ■当地区の情報化への対応を検討（官民協調による具体的施策検討等）

委員長：NTT東日本
副委員長：三菱商事

**特別委員会：**

**都市再生推進委員会**
- ■都市再生に係る事項について検討・とりまとめを行い、東京都へ提案
  ・社会的状況、当地区の現況と今後の役割
  ・当地区の容積のあり方
  ・当地区将来像（機能、景観、ネットワーク、環境、街の管理運営等）

委員長：三菱地所

**環境・エリアマネジメント委員会**
- ■当地区エリアマネジメント組織（NPO）の動向フォローや支援を行い、当地区の「環境改善」「活性化」「コミュニティ形成」を図る
  ・エリアマネジメント組織との情報交換
  ・エリアマネジメント組織の設立支援・運営支援

委員長：東京電力

**15周年検討委員会**
- ■2003年7月に迎える協議会設立15周年を記念し、これまでの協議会活動を振り返り、今後の当地区及び協議会のさらなる発展・魅力づくりに繋げていくことを目的として、協議会15周年記念事業の実施を企画検討する

委員長：三菱商事

---

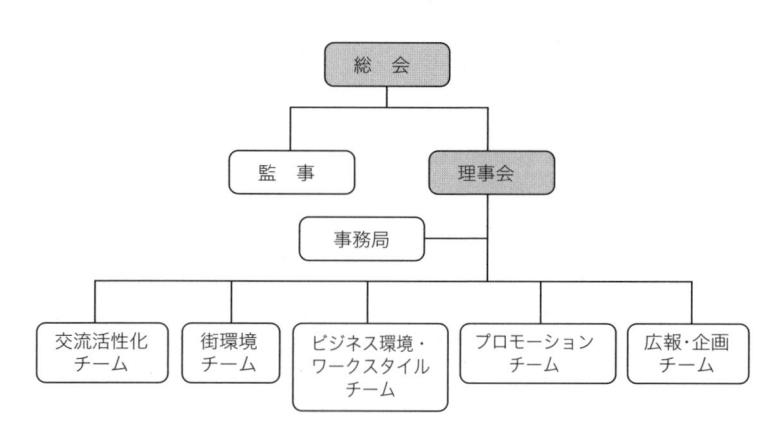

図4 エリアマネジメント協会の組織図

- 総会
  - 監事
  - 理事会
    - 事務局
      - 交流活性化チーム
      - 街環境チーム
      - ビジネス環境・ワークスタイルチーム
      - プロモーションチーム
      - 広報・企画チーム

に対する誘導・調整だけでなく、これに施設の維持管理や広報活動、文化活動等のソフト部分を含めた幅広いまちづくり活動が含まれていた。その後、再開発推進協議会の議論を経て、2002年にNPO認証を取得して「NPO法人大丸有エリアマネジメント協会」（以下、エリアマネジメント協会）が設立され、地区のまちづくりに就業者などが参加して、環境整備・地域活性化・多様なコミュニケーション形成のために様々なイベント等活動を行っている（図4）。そのような多様な地域管理活動はエリアマネジメント協会と再開発推進協議会が、地権者をはじめ警察、行政等様々な主体と協力し実現している。

また、地域問題を解決するために、防災、下水道、駐車場整備、物流システム、情報化などの多様な分野について、公民パートナーシップによる地域管理が展開されている。防災については2003年に再開発推進協議会のサポートにより大手・丸の内町会内に「企業・地域防災組織」が設立されて活動を始めた。

最近では、従来のオフィス街としての固定化したイメージに加えて、劇場、ホール、美術館、ショップ、レストラン等が多数立地し、年間を通して様々なイベントが開催されるなど、周辺部も含めて都市観光の場となり得る場所が数多く存在していることを活用して地域活性化を図っている。さらに、大丸有地区の中心としての「丸ビル」では土日にも人が集まる仕掛けづくりを行うとともに、社会人向け大学を積極的に誘致し、ビジネスキャンパスの拠点として新しいイメージを打ち出し、情報発信拠点として、また異業種のビジネス交流拠点としての機能も有するに至っている。

## 4 ── エリアマネジメントの活動内容の展開 [4]

大丸有地区の地域管理の活動内容を、①地域交流・安全、②エリアサービス、③エリアメンテナンス、④ソフトマネジメント等で分類し、活動主体については、①自治組織、②民間地権者、③企業市民、④就業者等で分類した [5]。それらの活動内容と主体の展開は、図5に基づいて表3の通り、四つのタイプに分類した。

### (1) 自治組織中心の地域交流・安全（1950年代前後）

1950年前後、防犯・防災・防火組織等が警察庁や消防庁主導で全国の自治体に設置され、自治組織中心の地域交流と安全という基礎的な活動を行政が支援

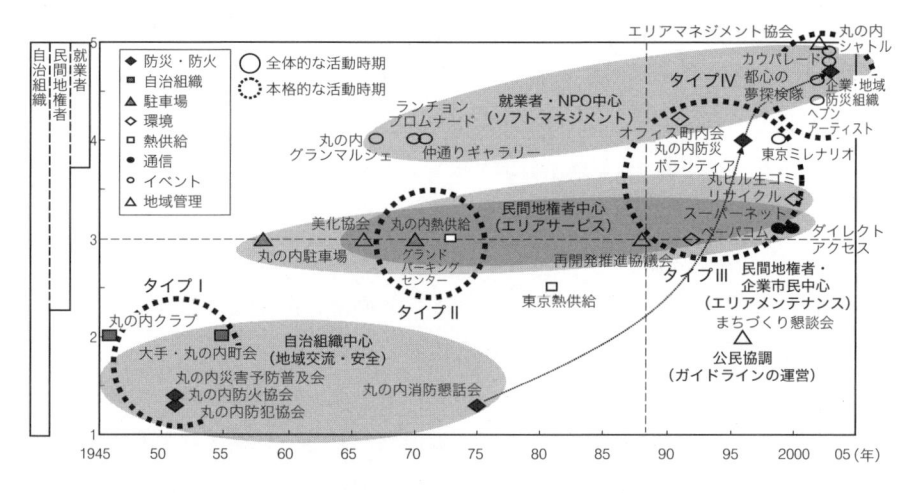

図5 時期別地域管理内容および主体の展開

表3 地域管理活動内容と主体による分類タイプ

| タイプ | 「自治組織」中心の「地域交流・安全」 | 「民間地権者」中心の「エリアサービス」 | 「民間地権者・企業市民中心」の「エリアメンテナンス」 | 「就業者・NPO」中心の「ソフトマネジメント」 |
|---|---|---|---|---|
| 時期 | 1950年代前後 | 1970年代 | 1990年代 | 2000年代初め |
| 主体 | 自治組織（行政の主導） | 民間地権者と特定目的会社 | 民間地権者と企業市民 | 就業者とNPO組織 |
| 内容 | 自治活動、防災、防火、防犯 | 駐車場建設・管理、熱供給、通信 | 植栽、街路樹剪定、緑化、リサイクル | イベント、イルミネーション、観光 |

したが、この地域にも同様な活動が見られた。1995年には阪神淡路大震災を踏まえて、「丸の内防災ボランティア」という新組織が発足し、2003年には大手・丸の内町会に「企業・地域防災組織」が設立された。

(2) 民間地権者中心のエリアサービス（1970年代）

代表的な民間地権者である三菱地所㈱を中心に駐車場建設・管理、熱供給、通信等の地域に必要なサービスを直接に供給するため特定目的会社を設立してサービスを提供している。

1958年丸の内駐車場が設立・運営されたことからエリアサービスが始まった。1950年代までビルの暖房は個別の建物単位で行われており、それが大気汚染の一因となっていたため、熱供給方式をビルごとの個別方式から集中（地域）方式へ移行することが検討され、1973年丸の内熱供給㈱が設立されてエリアサー

ビスが展開された。

1980年代の政府主導の丸の内インテリジェントシティ計画は各ビルごとの整備と管理が中心であったが、1990年代には三菱地所㈱が中心になってスーパーネットとダイレクトアクセスを設立し、地域情報サービス提供のためのインフラを構築し、様々な街の情報化対応と交流空間の形成を図り、最先端のIT環境を整えた。

(3) 民間地権者・企業市民中心のエリアメンテナンス（1990年代）

地域の維持管理のための活動は、物理的な環境の改善から始まり、ゴミ回収、紙リサイクルや生ゴミリサイクルまで時代によって活動内容が変化してきている。1966年の美化協会の計画的な植樹や花壇の手入れの活動をはじめ、近年ではサイン事業を行ったり、街のアート環境も改善され始めた。

ゴミ回収とリサイクルについては1990年代に始まって、オフィス町内会による古紙分別回収、三菱地所㈱によるゴミリサイクルを活性化するためのペーパーコム運動[6]や丸ビル生ゴミリサイクル等も始まり、多様なエリアメンテナンス活動を展開している。

(4) 就業者・NPO中心のソフトマネジメント（2000年代初め）

地域のソフトによるまちづくり活動は1960年代のイベントから始まって、今まで多様なイベントが開かれているが、本格的に展開されたのは、2002年エリアマネジメント協会の設立前後であった。そして、協会は就業者等の活発な活動と行政と企業からの協賛によって、東京ミレナリオ開催期間には来街者に写真撮影や道案内のサポートを行っている。2003年には就業者と子供たちが親子で一緒に街を探索する親子散策会、世界的なアートイベントであるカウパレード等のイベントを開催し、さらに、エリア内を循環する電気バス「丸の内シャトル」の運行等の支援を行い、都市観光と広報活動などのエリアマネジメント活動を展開している。

以上のように、大丸有地区の地域管理活動の内容とその主体は、自治組織が中心になって就業者の安全等を確保することから、地域地権者が中心になって地域の物理的な環境と就業環境を改善する活動へと展開され、さらに、地域の持続的な発展のため、地権者中心から就業者も含めた活動となり、エリアマネジメント活動を行っている。そして、エリアマネジメントの活動内容は地域の

基礎的な課題の解決を図ることから、地域の活性化のために人々の楽しみを高める方向へと進んでいる。

## 5 ── 関連主体と組織間の関係、役割分担

### (1)各組織間の連携関係

各組織間の連携関係については、1950年代から現在までの行政、民間企業やNPO組織の展開を中心として4段階で区分し、各組織の関係は新規組織の設立等にあたって行政、民間企業やNPO組織がいかに連携（支援または出資）しているかという視点から整理した（表4）。

第1段階は、行政と民間地権者が各地区ごとに個別に事業ベースの組織活動を行っていたため、活動の持続性がなかった。第2段階は、地区が一体に組織化された点が一番大きい変化である。1988年に三菱地所㈱の強力なリーダーシップによる再開発推進協議会が設立されて、大丸有地区全体を考慮する計画と開発が始まるようになった。第3段階は、再開発推進協議会をはじめ、JR東日本㈱、東京都と千代田区も参加したまちづくり懇談会が設立され、これまでの民間中心から公民パートナーシップの関係が形成された。第4段階は、2002

表4 段階別組織と組織間関係の展開

| 段階 | 第1段階(1950〜87) | 第2段階(1988〜95) | 第3段階(1996〜2001) | 第4段階(2002〜現在) |
|---|---|---|---|---|
| 主体 | 個別地区・事業（民間地権者） | 民間地権者 | 再開発推進協議会、都、区、JR東日本㈱ | 市民、NPO法人 |
| 主要団体 | ― | 再開発推進協議会(1988年) | ＋まちづくり懇談会(1996年) | ＋エリアマネジメント協会(2002年) |
| 特徴 | 地区・事業別組織型 | 三菱地所㈱のリーダーシップ型 | 公民パートナーシップ型 | 市民参加型 |
| 組織概念図 | | | | |

組織概念図の番号：①丸の内駐車場㈱（1957、民出）、②丸の内美化協会（1966、民・行支）、③㈱グランドパーキングセンター（1970、民出）、④丸の内熱供給（1973、民出）、⑤オフィス町内会（1991、行・民支）、⑥東京熱供給㈱（行・民出）、⑦丸の内スーパーネット（1999、民出）、⑧丸の内ダイレクトアクセス（2000、民出）、⑨企業・地域防災組織（2003、再支）がある。(行) 行政、(民) 民間地権者、(再) 再開発推進協議会、(支) 支援、(出) 出資。例：(民出) は民間地権者が出資した組織である。⑤と⑥は大丸有地区に限定したことではない。⑥東京熱供給㈱は、1981年、東京都と他の9団体が出資し設立したが、大丸有地区では96年、東京フォーラムが竣工後、フォーラムに熱供給を始めた（有楽町事務管理所）。

年、再開発推進協議会の議論を経て、NPO法人エリアマネジメント協会が設立され、都市づくり(ハード)から地域管理(ソフト)までの様々な地域管理組織が活動を始めた。

そして各組織間の関係は、再開発推進協議会と美化協会は三菱地所㈱が事務局となり、エリアマネジメント協会は2人が専任で、事務局長等2人は再開発推進協議会と兼任するなど、組織間の連携だけでなく、スタッフ間の交流もある。そして、行政と民間地権者が地域に必要なサービスのため、出資・支援により時代に応じた組織を作り、さらに特定目的会社を設立して地域管理活動を行っている。行政による出資と支援はあまり大きくはないが、民間地権者の場合は地域サービスに必要な新規会社に出資したり、他の組織を支援する傾向が強い。特に、美化協会と東京熱供給の場合は行政と民間が一緒に支援している。

## (2) 各組織の役割分担

前項では各組織と組織間の関係を紹介したが、大丸有地区における重要な役割を担っている三つの組織(まちづくり懇談会、再開発推進協議会、エリアマネジメント協会)の具体的な関係と役割分担について説明する(図6)。

公民協調のまちづくり懇談会は公的空間整備とアーバンデザインに対してガイドラインの運用を担い、再開発推進協議会は地域の一体的な再開発推進(ハード)を担い、さらにエリアマネジメント協会は都市環境と就業環境の改善等による地域の活性化(ソフト)を担っている。

また、各組織間の連携については、イベントを例として述べれば、第一に、

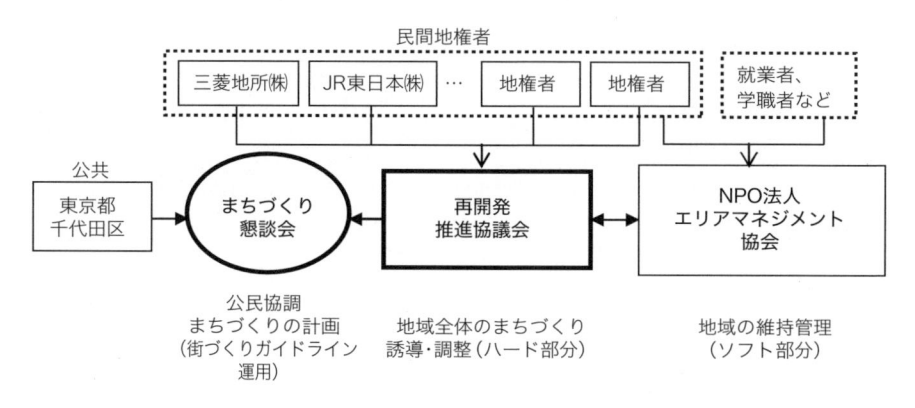

図6　各組織間の役割分担

まちづくり懇談会と再開発推進協議会間の場合には、まちづくり懇談会はイベントの場所である公開空地を活用するために行政と協議し、再開発推進協議会はその公開空地を活用してイベントを主催する。第二に、再開発推進協議会とエリアマネジメント協会間の場合には、再開発推進協議会はイベントを主催し、エリアマネジメント協会はイベントの支援を行う等の連携が成り立っている。

このような大丸有地区においては活動領域と性格が違う各組織がお互い連携し、公民協調やまちづくりの誘導・調整や地域管理について役割分担して活動している。特に、三菱地所㈱のリーダーシップによる民間地権者の活発な支援、公民パートナーシップによる行政と民間の協調・協力、そしてNPO組織による市民参加型等の地域管理が積み重なって、地域活性化という共通の目標に向けて、様々な組織間の連携と協力が成り立っている。

(3) 主要組織の活動財源調達

ここでは大丸有地区でエリアマネジメント活動に関係する組織の活動財源を中心として、表5に三つの組織について年間予算と財源調達の実態を示す。

具体的な各組織の年間予算規模を見ると、再開発推進協議会は約3,000万円、エリアマネジメント協会は約1,000万円、美化協会は約400万円である。そして、組織の財源の調達方法は、再開発推進協議会の場合は所属会員(民間地権者)の自己負担によるが、NPO組織であるエリアマネジメント協会においては会員会費や協賛や事業収益、美化協会は会費と助成金となっている。以上のよ

表5　組織の活動資金の調達方法（2003年度基準）

| 組織 | 資金調達 | 会費等負担原則および内容 | 予算 |
|---|---|---|---|
| 再開発推進協議会 | 会員会費 | 会長会社（1社）：360万円、副会長会社（3社）：各180万円、理事会社（33社）：各45万円、他の会社：各20万円等（役職に応じて） | 約3,000万円 |
| エリアマネジメント協会 | 会員会費 | 正会員（学生、個人、法人）：各3,000円、1万円、5万円以上、賛助会員(個人、法人)：各5,000円、4万円以上等（会員資格に応じて） | 約1,000万円 |
| | 寄付・協賛 | 野球大会実施協賛、企業協賛 | |
| | 事業収入 | 環境改善、イベント、広報、視察・セミナー、リサーチモニター | |
| 美化協会 | 会員会費 | 会費制（地権者の敷地面積に応じて） | 約400万円 |
| | 助成金 | 東京都公園協会が1988年から交付 | |

注）大丸有地区以外でも活動している組織と特定目的会社は除外。

うに表5の三つの組織の活動財源のほとんどは会費で充当しているが、負担原則は役職や資格や建物面積に応じて組織ごとに違う方法で負担している。

行政（国、都、区）からの財源の支援は、東京都公園協会から美化協会への助成金交付が1988年から始まったが、最近は金額が少しずつ減っている。1996年までは約100〜130万円であったが、2003年からは30万円に減額された。また、エリアマネジメント協会は環境改善、イベント、広報、視察・セミナー等の事業収入を目論み、またリサーチモニター[7]を通じて新しい収入確保も図っている。

しかし、会費だけで運営が難しいエリアマネジメント協会と美化協会の場合は事業収入や助成金の割合もあまり高くない。また、地域管理活動の主体が行政主導の自治組織および民間地権者から就業者等も含めた活動となり、活動を持続させるためには、安定的な財源確保がより重要な課題になっている

## 6 ──エリアマネジメントの特徴と課題

### (1) エリアマネジメントの特徴

大丸有地区は長期間にわたってエリアマネジメント活動を行っている地域として、次のような特徴がある。

第一に、都市の競争力と魅力を高めるため物理的な整備の都市づくり（ハード）活動だけでなく、多様な地域管理（ソフト）活動を行い、それらは様々な組織が役割を分担し、相互連携や協調によって実現している。

第二に、その活動内容と主体は、自治組織が中心になって就業者の安全等を確保することから、地域地権者が中心になって地域の物理的な環境と就業環境を改善する活動へと展開されている。さらに、地域の持続的な発展のため、地権者中心から就業者も含めた活動となっている。

第三に、三菱地所㈱のリーダーシップによる民間地権者の活発な支援、公民パートナーシップによる行政と民間の協調・協力、そしてNPO組織による市民参加等により、地域活性化という共通の目標を向けて、連携と協力が成り立っている。

したがって、大丸有地区では地域管理の活動内容が明確であり、主体として活動組織も確立しており、これからも具体的なエリアマネジメントの活動の活

表6 エリアマネジメント活動の評価とこれからの可能性

| 区分 | 活動内容 | 組織 | 人材 | 財源 | 総合評価 |
|---|---|---|---|---|---|
| 都市づくり | ◎ | ◎ | ◎ | ◎ | ◎ |
| 地域管理 | ◎ | ◎ | ○（△） | ○（△） | ◎（○） |

注)◎（高）、○（中）、△（低）、（ ）は現状から見たこれからの可能性である。

発な展開が期待される。

### (2) エリアマネジメントの課題

しかし、長期的な観点から見ると、人材と活動財源の確保にはいくつかの課題を残している。

人材において、再開発推進協議会と美化協会は三菱地所㈱が事務局を担い、エリアマネジメント協会は2人が専任で、事務局長等2人は再開発推進協議会と兼任するなど、今は三菱地所㈱に依存する傾向が強いので、これからの地域管理のための専門的な人材の育成と確保が必要である。

財源において、再開発推進協議会は大手企業の本社が主に負担しており、財源確保の問題はないが、美化協会は行政からの助成金の減少、エリアマネジメント協会は活動内容の拡大に応じて長期的な活動費が大きくなる可能性があり、それぞれ課題を持っている（表6）。

### (3) 課題に対する対応策

上述したような人材と活動財源の確保の課題は、まだ明確な解決策が提示されていないが、外国の事例を参考に考えると、イギリスにはタウンマネージャーの制度を活用して地域管理の専門家を確保している事例がある。タウンマネージャーは技術的な資格よりも、人や組織間を結びつける役割が大切であり、そのためのガイドラインも設定されている。

活動財源については、東京都は「東京の新しい都市づくりビジョン」（2001）の中で、日本版BIDの必要性を謳っており[8]、また2003年に「東京のしゃれた街並みづくり条例」の制定により、「まちづくり団体登録制度」を活用し[9]、公開空地等を活用する活動によって収益確保を図る仕組みがあるが、適用は今後である。しかし、外国ではアメリカのBIDとTIF[10]、イギリスのロッタリーファンド[11]とBID等が地域管理のための多様な財源確保方法として確立しており、日本でもBIDのように制度として地域管理組織に資金を徴収する権限を付与す

ることも必要と考える。

[李　三洙]

（注）
1) ABC（Amenity Business Core）は、多様な魅力的な諸機能を備えたアメニティ豊かな業務地区をいう。
2) 大手町・丸の内・有楽町地区まちづくり懇談会「大手町・丸の内・有楽町地区まちづくりガイドライン」2000.3
3) 特例容積率適用区域の適用によって国の重要文化財である東京駅丸の内駅舎の未利用容積の一部を建て替え中である東京ビルに移転した。
4) 李三洙・小林重敬「大都市都心部におけるエリアマネジメント活動の展開に関する研究―大手町・丸の内・有楽町（大丸有）地区を事例として」『都市計画』39号、2004
5) 自治組織は行政（警察庁、消防庁など）からの要請に応じて地権者とテナントが参加する形態であり、企業市民は企業が市民と同様にゴミリサイクル活動などの社会活動を行う形態を示す。
6) ペーパーコムとは、紙ゴミをオフィス内から分別して回収するシステムという。ペーパーコム（Papercom）は、ペーパーコミュニティ（Paper Community）、ペーパーカムバック（Paper Comeback）、ペーパーサークルオブマナー（Paper Circle of Manner）の愛称である。
7) リサーチモニターは、日本のビジネス街を代表する大丸有地区から、ビジネスシーンで活躍するモニターがビジネスの先行指標や行政・政策に関する指針を提供する事業である。この事業の収益は、地域環境の向上や日本のビジネスシーンを担う人材の育成に用いられる（http://www.marunouchi-research.com）。
8) 実際に大規模プロジェクトが進行する汐留地区では、中間法人を設立し日本版BIDを模索した。
9) 大丸有地区に「まちづくり団体登録制度」を適用するため、団体の法人格と活動の内容の与件を検討しており、近日中に申請の予定である。
10) TIF（Tax Increment Financing）は、「税収増加ファイナンス」と訳される。税収増加ファイナンスという言葉が示す通り、TIFは、米国の地方政府がある一定地区において再開発プロジェクトの事業資金の一部を再開発効果に伴う固定資産税（Property Tax）の税収増加分により賄う仕組みである。
11) ロッタリーファンド（Lottery Fund）は、1993年に全英で開始された1ポンド（約160円）の国営の宝くじ基金である。国の法律では1ポンドのうち28ペンスが五つの社会的・公益目的（Good Course）に使われている。五つの「Good Course」とは、アート、スポーツ、チャリティー、ヘリテイジ、ミレミアムである。

（参考文献）
・李三洙・小林重敬「大都市都心部におけるエリアマネジメント活動の展開に関する研究―大手町・丸の内・有楽町（大丸有）地区を事例として」『都市計画』39号、2004
・浅井孝彦・森田佳綱他「大都市都心部におけるエリアマネジメントの実態に関する研究」『都市計画』37号、2002
・日本開発構想研究所「新しい経済社会状況に対応した官民パートナーシップに関する研究」2002
・㈶都市みらい推進機構「わが国のエリアマネジメントのあり方に関する調査報告書」2003.3
・『丸の内百年のあゆみ』（三菱地所社史）1993
・大手町・丸の内・有楽町地区まちづくり懇談会「大手町・丸の内・有楽町地区まちづくりガイドライン」2000.3
・大手町・丸の内・有楽町地区再開発計画推進協議会「設立からの活動概要」2003.10
・『都心再構築への試み』（造景別冊3）2001
・福澤武『丸の内の経済学』PHP研究所、2000

# 05 その他の事例

- 大阪ビジネスパーク(OBP)地区
- 天王洲アイル
- 六本木ヒルズ
- 東五反田地区
- 大街区地区

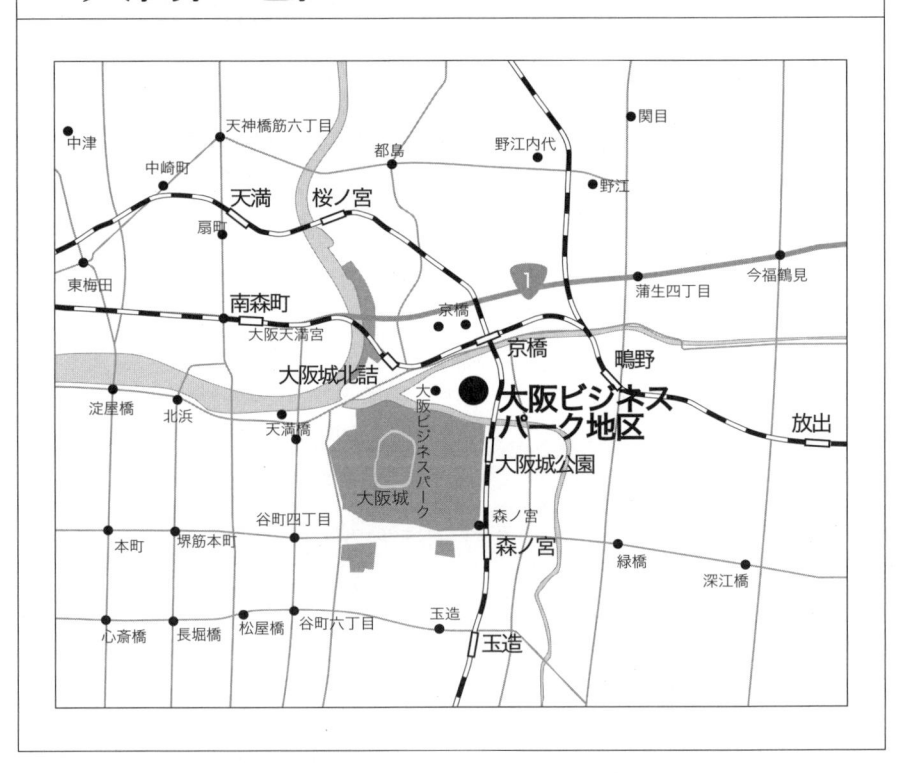

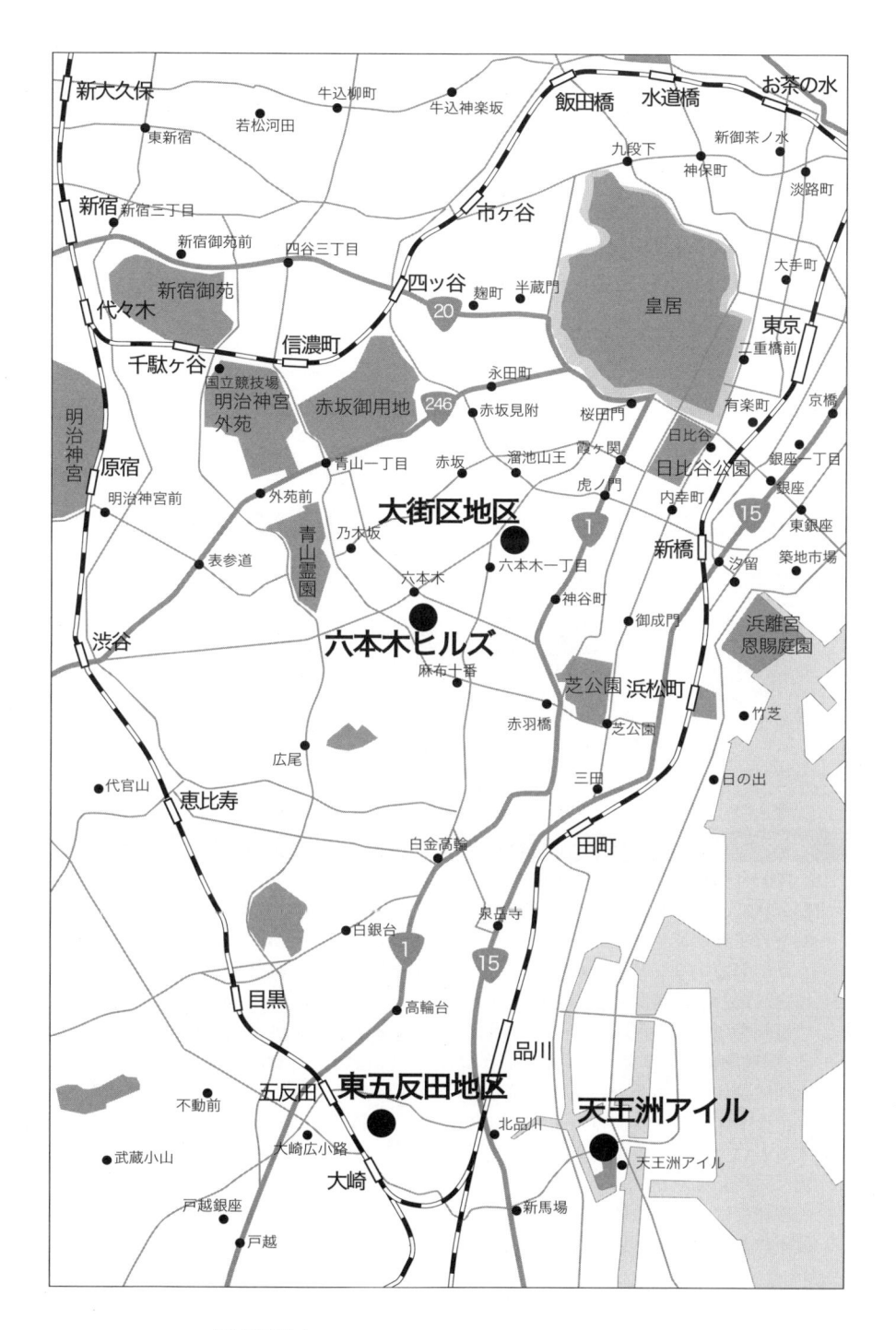

CHAPTER 4　大都市都心部における大規模プロジェクトを核としたエリアマネジメントの実態

# 大阪ビジネスパーク（OBP）地区

| 類型 | 大規模跡地型 |
|---|---|
| 所在地 | 大阪城北の旧大阪砲兵工廠跡地の払い下げによる民間企業の大規模開発。<br>図1　位置図 |
| 規模 | 施行区域：26ha（宅地面積、約18ha）、延べ床面積：約98万㎡（事業費：約3,200億円） |
| 機能・施設 | 民間企業の本社ビルやホテル、コンサートホールなど |
| 計画人口 | 就業人口：約38,000人、昼間人口：約150,000人、居住人口：0人 |

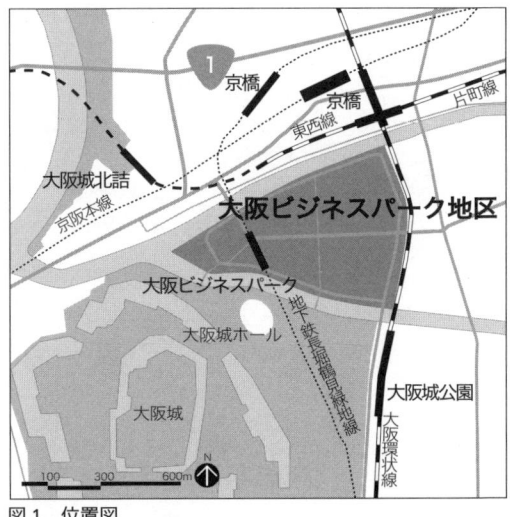

## 地区およびプロジェクト経緯

　1968年に住友生命、松下興産㈱、㈱竹中工務店、東洋工業㈱の4企業による「KB協会」で、OBPの開発構想が立案されたことを契機に70年に、この地域に土地を所有する企業が「大阪ビジネスパーク開発協議会」を結成し、共同してまちづくりに努力することを決定している。開発手法は、土地区画整理事業および建築協定、総合設計制度などである。

　区画整理による各宅地の開発自由度の確保とあわせて、地区全体としての空間的・環境的まとまりを形成する手法として、「建築協定」が採用されている。それも地区全体の協定とブロックの協定の二段階構成である。これに加えて、質の高い都市空間を形成し、あわせて土地の有効利用を図るために総合設計制度を併用するという、近年の再開発地区計画制度と同様の狙いと効果とを複数の制度の併用で実現している。

　現在では、70年に開始された整備事業は数ヶ所の建築敷地を残してほぼ完成の段階に入っている（当初予定では98年に終了する予定だったが、バブル崩壊の影

響もあり、まだ 20 ％程度が残されている)。99 年の地区内の就業者数は約 25,000 人、事業所数は 500 を超えている。

図2　開発後（出典：都市公団関西支社「UDC2003」パンフレット）

| 地権者 | 民間 11 社 |
|---|---|

### 地区コンセプト・プロジェクト概要

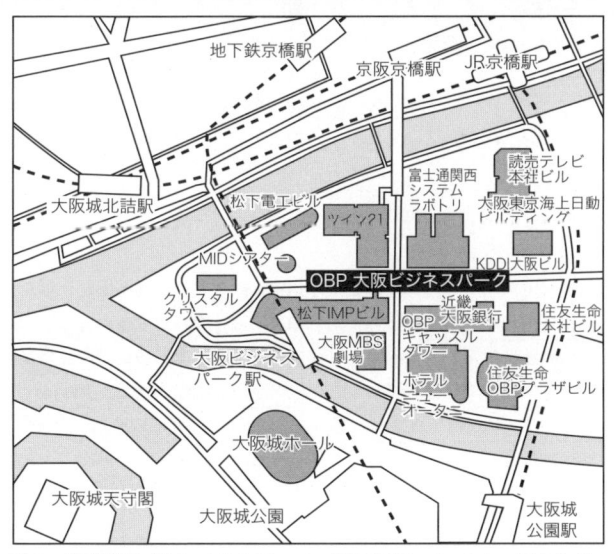

図3　施設概要（出典：大阪ビジネスパーク開発協議会のホームページより作成）

緑と水の豊かな大阪城の北という絶好の場所に位置し、総開発面積は26haで、街の骨格として、スーパーブロック方式を採用し、最大5.6ha～最小1.3haの大きな街区で区分されている。
　　OBP地区内には、当初のマスタープランにイメージされているように、情報関連企業が多数立地し、地区内をCATV網が走るなど、情報産業や、情報受発信施設が数多くそろっている。その上、文化を創造するイベント関連施設として様々な規模のホールが集中し、日本最大級の規模を誇る大阪城ホールを始め、MIDシアターやIMPホール、クラシック音楽専用のいずみホールなどが稼働している。大阪城ホールのイベントなどの観光客がパークアベニューをそぞろ歩き、ビジネスの場だけでなく市民の憩いの場ともなっている。
　　さらに、各種商業スペースやホテルなどが設けられ、あらゆる都市機能が凝縮された、活気あふれる24時間都市として大阪の文化・情報発信を担っている。

| エリアマネジメント概要 | |
|---|---|
| マネジメント組織 | 大阪ビジネスパーク開発協議会 |

◆活動内容
　①地域環境の維持・改善
　　歩行者専用道（大阪城京橋プロムナード）の管理（路面清掃）、迷惑駐車・駐輪対策等
　②地域プロモーション
　　協議会HP作成、イベント開催（天神祭前夜祭、新春音楽祭、文化祭）、イベント連絡会での調整、各企業のイベント支援、コンベンション誘致
　③その他、地域を対象とした社会的活動
　　開発に対する協議、調整、高度情報化研究等
◆活動財源
　協議会の予算は各土地所有者の土地面積比割合で負担。開発にかかる費用（土地区画整理事業等）の負担から始まり、現在は年間約4,500万円の予算で地域管理を行っている。

表1　開発の経緯

| 1970. 1 | 大阪ビジネスパーク開発協議会発足 | 1990.11 | 北地区建築協定変更認可 |
|---|---|---|---|
| 1973. 8 | 大阪市新用途地域指定 | 1994. 7 | テレビ電波障害対策施設の移管 |
| 1975.12 | 土地区画整理事業許可 | 2000. 3 | 高度情報化研究会発足 |
| 1980.12 | 土地区画整理事業起工式 | .10 | OBP内光通信網構築 |
| 1984.12 | OBP地区および北地区建築協定認可 | 2003. 2 | OBP環境連絡会発足 |
| 1987. 3 | 土地区画整理事業終了 | . 5 | 建築協定ワーキングチーム会議発足 |

［李　三洙］

# 天王洲アイル

| 類型 | 大規模跡地型 |
|---|---|
| 所在地 | 東京都品川区東品川2丁目全域。十数年前まで、東京湾臨海部の一大流通倉庫街であった総面積22haの人工洲。 |

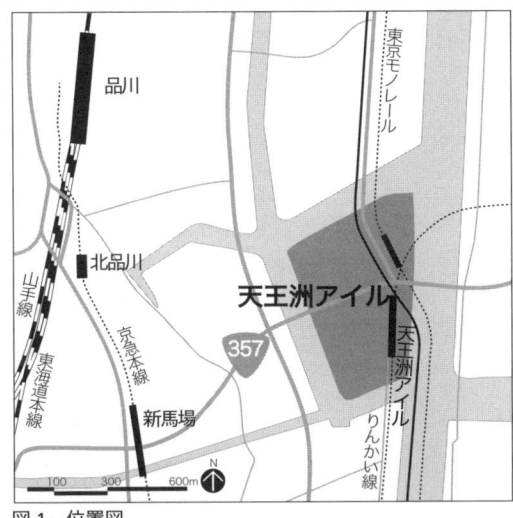

図1　位置図

| 規模 | 施行区域：22ha、延べ床面積：約50万㎡ |
|---|---|
| 機能・施設 | 業務・商業施設、ホテル、劇場など |
| 計画人口 | 就業人口：約30,000人、居住人口：約1,400人（以上、2004年現在） |

## 地区およびプロジェクト経緯

　東京ウォーターフロント開発の先駆けといえる複合市街地として、現代的デザインのビル群が林立する。天王洲開発の発端は、オイルショック後の長い不況の中で、企業に臨海部の土地利用転換の動きが出てきたことだった。そこに1984年、たまたま東京都から、天王洲の中央部分に清掃局のごみの積み出し場を移転するという話が持ち上がり、従来、町会を通じて親密な人間関係を築いていた地権者22社（現在29社）は、これに対する反対運動を引き金に結束し、85年、運動の方向に修正を加えて、天王洲の再開発を推進する「天王洲総合開発協議会」を発足させる。その後マスタープランの作成に着手し、浜松町と羽田を結ぶ東京モノレールと新駅設置の覚書を締結。86年にはごみの積み出し場も加えた「東品川二丁目（天王洲アイル）マスタープラン」を策定し、費用の大部分を地元負担することで都や品川区を動かして、民間主導の開発に乗り出す。
　時代はバブル崩壊を迎え、ウォーターフロント開発も計画の見直しや中断が相次ぐなか、天王洲では96年までに現在のビル群のすべてが竣工し、モノレール羽

田線「天王洲アイル駅」の設置も行われ民間主導のプロジェクトとしては異例の早さで開発が進められた。

| 地権者 | 民間29社 |
|---|---|

**地区コンセプト・プロジェクト概要**

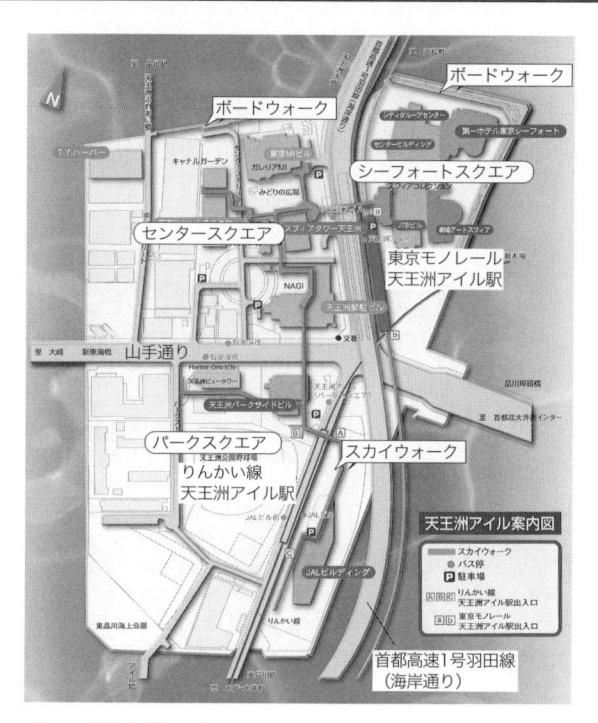

図2　施設概要（出典：天王洲総合開発協議会「天王洲アイルガイド」パンフレット）

　オフィス、店舗、住宅、アメニティ空間を擁したビル群は、天王洲を十字に走るモノレールと環状6号線によって三つの区画（シーフォートスクエア、センタースクエア、パークスクエア）に分断されながら、各区画が相互に機能・空間を共有する工夫を凝らし、24時間、仕事と生活に密着した「市街地」を形づくっている。「天王洲ビュータワー」の2階部分がモノレールの駅と解放感のあるスカイウォークで結ばれ、このスカイウォークは天王洲アイルの大部分の建物の2階部分を連絡する計画であった。

　さらに、運河に囲まれた島状の地形を活かし、運河沿いに全域を囲むボードウォークを整備、ビルの足元や共有スペースの要所には中庭、広場などを設け、水と緑を効果的に取り込んだパブリックスペースを配置した。これにより一般の歩

行者にも快適なまちづくりを実現している[1]。

| エリアマネジメント概要 | |
|---|---|
| マネジメント組織 | 天王洲総合開発協議会 |

◆活動内容

協議会は開発を中心にして活動を行ったが、地区の完成後には活発な動きは見えない。
　・地区計画マスタープランの作成
　・地域の開発に関する民間地権者の意見調整
　・歩行者動線の整備のためのスカイウォーク整備計画
　・案内看板の設置および管理、イベント支援など

◆活動財源

協議会の予算は民間地権者から一律的に負担（各者年間10万円）。年間予算は290万円。予算は、駅の案内看板の設置および管理、イベントの支援などに使っている。

表1　開発の経緯

| 1985 | 天王洲総合開発協議会設立 |
|---|---|
| 1986.10 | 東品川二丁目（天王洲アイル）マスタープラン策定 |
| 1987. 5 | 協議会事務局にて地域冷暖房計画を策定 |
| 6 | 地区計画の策定と用途地域、容積率の変更につき協議会より品川区長宛てに要望書を提出 |
| 1988. 2 | 地元での熱供給会社設立を前提に協議会内部で地域冷暖房部会を設立 |
| 3 | 東品川二丁目（環状6号線以北）地区地区計画ならびに用途地域、容積率の変更の都市計画決定 |
| 6 | モノレール駅設置の許可 |
| 12 | 熱供給会社（天王洲エリアサービス）設立 |
| 1989. 6 | モノレール駅施設の建設許可 |
| 1991. 3 | 東品川二丁目（環状6号線以南）地区地区計画ならびに用途地域、容積率の変更の都市計画決定 |
| 1994. 4 | 臨海高速鉄道「天王洲アイル駅」誘致決定 |
| 1996.10 | 人道橋（天王洲ふれあい橋）竣工 |
| 2001. 3 | 臨海高速鉄道りんかい線一部開通（天王洲アイル～新木場間）。「天王洲アイル駅」竣工 |
| 2002.12 | りんかい線全線開通。大崎駅まで延伸。JR埼京線相互直通運転開始 |

［李　三洙］

1)『東建日報』2000年8月号

# 六本木ヒルズ

| | |
|---|---|
| 類型 | 混在市街地型 |
| 所在地 | 東京都港区六本木六丁目（六本木通りと環状3号線の結節点）に位置し、また地下鉄日比谷線六本木駅が都営大江戸線の開通によりターミナル化される等、都心の交通の要所となる地区。 |

図1　位置図

| | |
|---|---|
| 規模 | 施行区域：11ha、延べ床面積：69万㎡（事業費：約2,800億円） |
| 機能・施設 | 業務・商業施設、ホテル、文化施設、放送センター、住宅 |
| 計画人口 | 就業人口：約15,000人、居住人口：約2,000人 |

## 地区およびプロジェクト経緯

　六本木ヒルズは1986年11月に東京都から「再開発誘導地区」の指定を受けて、87年に港区が「第1種市街地再開発基本計画」を策定したことがきっかけになって、森ビル㈱と㈱テレビ朝日が再開発を呼びかけた。特に、500人を超える地権者の意見を調整するために地域自治会（町会）が中心になって、88年に街づくり懇談会、89年には街づくり協議会が設立された。そして、90年には地権者と借地権者によって事業実施準備組職である「再開発

図2　開発後（出典：森ビル㈱「六本木ヒルズ」パンフレット）

準備組合」が設立された。その後、港区によって「市街地再開発事業推進基本計画」が策定された。そして、95年4月には第1種市街地再開発事業として都市計画が決まり、98年には市街地再開発組合が設立され、2000年に権利変換計画認可を受けた。再開発誘導地区の指定から15年が経過した2000年に着工して、2003年4月に竣工された。

| 地権者 | 森ビル㈱、地区内町会・自治会（5町会）：権利者約500人 |

## 地区コンセプト・プロジェクト概要

六本木を、「様々な人々が1日を通じて働き、住み、憩う、東京の新しい都市像としての"文化都心"」へ再生するというものである。地区を3街区に分け、北街区には六本木ヒルズのメインゲートとして、地下鉄日比谷線六本木駅と地下連絡通路で直結する駅前プラザを整備し、店舗や学校などで構成される複合ビルを配置した。

そして中央街区には、ランドマークタワーとなる54階建ての業務棟が位置された。その最上階に文化発信源のシンボルとして、世界のアートを展示する展望美術館を設置するほか、商業施設、放送センター、ホテル、劇場、学校、寺院などの施設が計画されている。

また、元麻布の閑静な住宅地につながる南街区には、多様な年齢層やライフスタイルに対応すべく、賃貸を中心に超高層から中・低層棟を建設した。

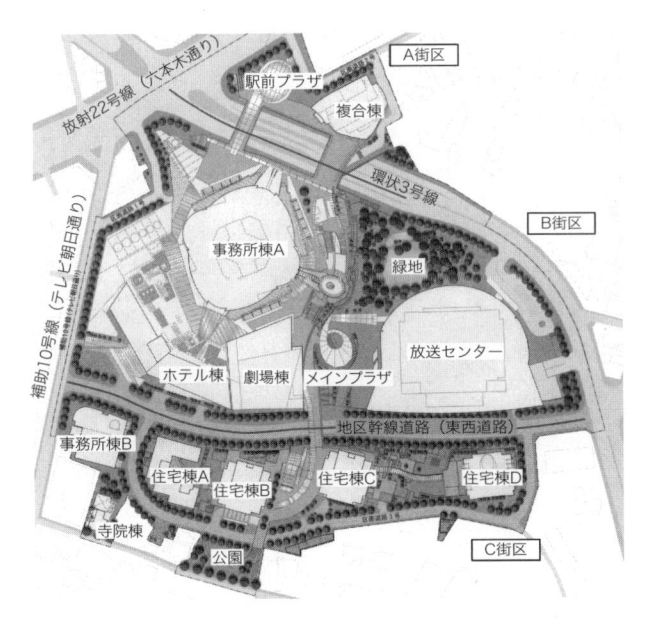

図3　施設概要（出典：六本木六丁目地区市街地再開発組合「六本木ヒルズ」パンフレット）

また、六本木通り（放射22号線）と環状3号線を平面接続するほか、地区内を東西に走る道路を整備してテレビ朝日通り（補助10号線）と環状3号線を接続、交通渋滞を緩和し、歩行者動線を確保している。
　さらに、旧毛利邸跡地の池や緑地をパブリックスペースとして整備するほか、計画敷地の過半をオープンスペースとし、各建物の低層部にはゾーンごとにテーマを持った商業施設空間を配置している。

| エリアマネジメント概要 |
| --- |
| マネジメント組織　森ビル㈱六本木ヒルズ運営本部（統一管理者） |

◆活動内容
〈街の一体的管理業務〉
　六本木ヒルズ全体を一体的に管理することにより、街としてのトータルコントロールの中で安全性、快適性の実現を図る。これにより、資産のイメージアップ、資産価値の維持・向上に大きく寄与することとなる。
①環境美化
　・外構等の清掃、ゴミの回収、喫煙場所の設置
②治安・防犯警備
　・地区内巡回、防犯対策、セキュリティ、浮浪者対策、警察との連携
③外構施設等の管理
　・植栽管理、照明・音響、水景施設の管理
④交通処理
　・ループ車路ほかの管理（道路交通法適用）
　・車両誘導、駐車・駐輪対策
⑤物流管理
　・街の物流（配送、宅配等）のコントロール
　・建物内のセキュリティ
　・路上での荷降ろし等の抑制
⑥行政、地域その他との連携・調整
　・警察：交通、防犯
　・区・都：公開空地、道路、地下横断歩道などの管理方法
　・保健所：衛生
　・消防：地域防災
　・営団地下鉄

〈街の一体的運営業務〉
　六本木ヒルズ全体を街として一体に運営することで、複合計画の魅力を引き出し、新しい都市生活空間として六本木ヒルズならではの特色を作り出すことが可能になる。運営費用は、環境演出・PRなど多額の費用が必要だが、その内容によって大きく変わってくる。
①街の環境づくり
　・プランター、ポットの配置等、植栽の装飾、ポスター、バナー、オブジェ等による装飾
　・照明演出、賑いづくり（イベント、キオスク等）、イベントプラザ

・パブリックアート、パブリックファニチャーの維持管理
・映像装置の運営、季節の演出
②広報・PR
・プレスリリース、イメージPR（広告・出版）、撮影許可・著作権等管理
・ホームページ運営、視察対応
③インフォメーション・サイン（案内・誘導）
・施設案内、誘導サイン、タウンマップ、フリーペーパー等の作成
・混雑時の誘導人等の配置
④インフラ・バスサービス
・観光バス乗降場所の指導、ITを活用した情報サービス、リムジンバスの誘致
・街の窓口機能
⑤コミュニティづくり
・コミュニティサークル等の活動支援、コミュニティイベント

◆活動財源
①街の一体的管理業務の費用は建物所有者が負担する。
②街の一体的運営業務の費用は建物所有者、施設運営体（アート、ホテル、商業施設ほか）、共用部収入、協賛金などで負担する。

表1　開発の経緯

| | 行政の動き | | 地元の動き |
|---|---|---|---|
| 1986 | 東京都 | 六本木六丁目地区「再開発誘導地区」指定 | |
| 1987 | 港区 | 「再開発基本計画策定計画」 | |
| 1988 | 港区 | 再開発基本計画説明会開催 | 「街づくり懇談会」（5地区）発足 |
| 1989 | 港区 | 市街地再開発事業推進基本計画策定調査 | 「街づくり協議会」設立 |
| 1990 | | 事業推進基本計画説明会開催<br>市街地再開発事業に伴う交通施設基本計画調査 | 「六本木六丁目地区再開発準備組合」設立<br>専門研究委員会活動開始 |
| 1991 | 港区 | 再開発事業に関わる説明会開催 | |
| 1992 | 港区 | 市街地再開発事業推進計画策定調査（初年度）<br>再開発地区計画の概要説明会開催<br>市街地再開発事業推進計画策定調査（2年度）<br>「六本木六丁目地区再開発地区計画」都市計画原案公告・縦覧 | 「施設計画案66PLAN」発表 |
| 1993 | 港区<br>東京都 | 市街地再開発事業推進計画策定調査（3年度）<br>「六本木六丁目地区第一種市街地再開発事業」<br>都市計画案公告・縦覧 | 環境影響評価手法手続き開始<br>「環境影響評価書案」説明会開催（計10回） |
| 1994 | | | 「施設計画案66PLAN94」発表同見解書説明会開催（計7回） |
| 1995 | 東京都 | 都市計画決定告示（再開発地区計画、第1種市街地再開発事業他） | 「環境影響評価」告示・縦覧 |
| 1997 | 港区<br>東京都・港区 | 施行地区となるべき区域の告示<br>公共施設管理者同意 | |
| 1998 | 東京都 | 六本木六丁目地区市街地再開発組合設立認可 | 「六本木六丁目地区市街地再開発組合」設立 |
| 2000 | 東京都 | 権利変換計画認可 | |
| 2000.4 | | | 着工 |
| 2003.4 | | | 竣工 |

［李　三洙］

# 東五反田地区

| | |
|---|---|
| 類型 | 混在市街地型 |
| 所在地 | 東京都品川区のJR山手線の大崎駅と五反田駅間の内側に位置する。 |

図1　位置図

| | |
|---|---|
| 規模 | 施行区域：29ha、延べ床面積：69万㎡（事業費：約2,800億円） |
| 機能・施設 | 住宅、商業・公共公益施設など |
| 計画人口 | 就業人口：約15,000人、居住人口：約2,000人 |

## 地区およびプロジェクト経緯

　東五反田地区は、目黒川の水運を利用する工場が集積し、工場地帯として栄えたが、高度成長期になると工場機能の郊外や地方への移転が進み遊休地が増え、地域の活力が低下している。東五反田地区は都市基盤が脆弱でこれまでほとんど開発されなかったため、山手線沿線で最も開発余地が大きく潜在的ポテンシャルが極めて高い。しかし、個別に開発が進められたのでは地域の環境が悪化することが懸念されている地区である。

　1982年の東京都長期計画の中で、副都心の一つに指定され、87年には「品川区大崎駅周辺地区市街地整備構想（テクノスクエア構想）」により、業務、研究開発、住居、商業、文化、工業等の「高次複合地区」に指定された。89年に行政機関・地元地権者・学識経験者等による地区更新計画策定委員会が設立され、92年に地区更新計画の建設大臣の承認を受けた。また97年の東京都の区部中心整備指針では東五反田地区が複合市街地ゾーンと指定されている。

　一方、地元でもまちづくりの機運が高まり、1987年は地元の権利者と行政との間で再開発に向けた開発動向連絡会が設立され協議が進められた。その後、地区

内で開発熟度の高い、5街区の開発協議会により、93年に東五反田地区街づくり推進協議会が結成され、各地区の開発事業者が協調して開発を進めていく体制が整えられた

1996年には地区更新計画に基づいて街づくり協定を決定し、人の住む副都心の創造をテーマに、地域の骨格となる①道路ネットワーク、②歩行者ネットワーク、③緑のネットワークを整備することを定めている。また地区内の開発動向把握から、まちづくりのルールづくりを検討し、併せて、街のコンセプトやアーバンデザイン等の検討も行われてきた。

東五反田地区では、道路の骨格は残しながら再開発に伴って順次道路を拡幅・整備していく。単なる工場跡地の一体開発ではなく、街区単位での共同化、協調化を基本とした既成市街地における段階的でかつ長期的なまちづくりである。

| 地権者 | 民間 |
|---|---|

### 地区コンセプト・プロジェクト概要

東五反田地区の再開発の第一段で今後の開発を先導するリーディングプロジェクトである東五反田二丁目第一地区が2001年に竣工した。

「住みたい街、働きたい街、行ってみたい街」をまちづくりの基本コンセプトに、業務機能と住居機能のバランスのとれた防災性の高い複合市街地を形成した。土地の高度利用を支える基盤整備として、幹線道路と開発地区を結ぶ地区幹線道路と公園を整備することで、安全で良好な市街地環境を形成している。

地区幹線道路は、幅員約12mの公道部分と幅約6mの敷地内のセットバックを一体的に整備し、電線類を地中化することで豊かな公共空間の創出を目指している。地区幹線道路の整備工事は、都市公団により直接施行している。施設計画の特徴としては、魅力的な都市型住宅を供給するためアーバンデザインに

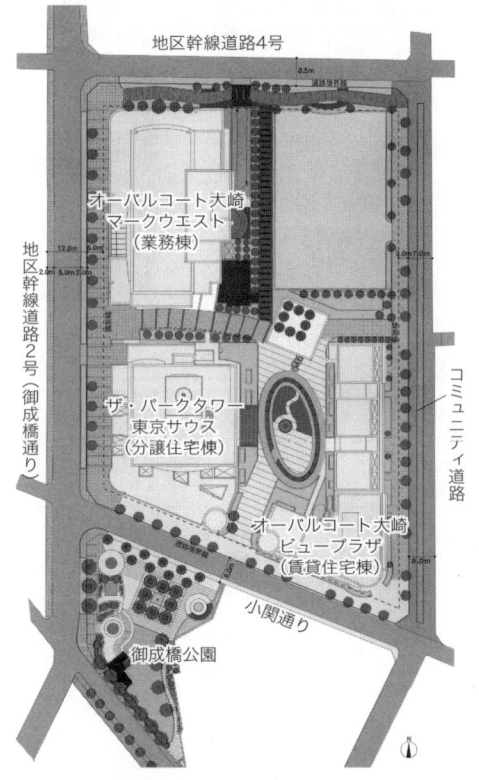

図2　施設概要（出典：東五反田二丁目第1地区市街地再開発組合「オーバルコート大崎」パンフレット）

よる建物と外構が一体となったデザインを採用し、ヒューマンスケールの街をつくるために建物は低層部が張り出した形態で、街区の内部には広場を配している。

## エリアマネジメント概要

| マネジメント組織 | 東五反田地区街づくり推進協議会、三井不動産㈱ |
|---|---|

◆活動内容
　①地区内の開発動向の把握
　②まちづくりのルールの策定
　　・セットバックによる公開空地と道路空間との一体的整備、電線類の地中化
　　・アーバンデザインの実施
　③将来的な街の運営、管理体制の確立
◆活動財源
　会員の会費、市街地再開発区域からの負担金。

表1　開発の経緯

| | |
|---|---|
| 1982 | 東京都長期計画により大崎副都心に指定 |
| 1987 | 東五反田地区開発動向連絡会設立<br>東五反田地区開発構想調査委員会発足 |
| 1989 | 東五反田地区更新基本計画策定調査（品川区）<br>街のあり方基本構想（東五反田地区開発動向連絡会） |
| 1990 | 東五反田アーバンマネジメント基本計画（品川区） |
| 1991 | 東五反田アーバンマネジメント事業推進計画策定調査（品川区） |
| 1992 | 東五反田地区更新計画の建設大臣承認<br>タウンマネジメント基本構想（東五反田地区開発動向連絡会） |
| 1993 | 東五反田地区街づくり推進協議会設立 |
| 1994 | 東京都による副都心育成・整備指針～大崎副都心育成・整備の基本的考え方～ |
| 1995 | 東五反田地区歩行者動線検討委員会発足<br>東京都住宅マスタープラン「特定促進地区」指定 |
| 1996 | 東五反田地区街づくり協定締結 |
| 1999 | 東五反田アーバンデザイン・ガイドライン（東五反田地区街づくり推進協議会） |

［石川宏之］

# 大街区地区

| 類型 | 混在市街地型 |
|---|---|
| 所在地 | 大街区とは、外堀通り、放射1号線、桜田通り、補助4号線（外苑東通り）に囲まれた約75haの地区を指す。 |

図1　位置図

| 規模 | 施行区域：約75ha |
|---|---|
| 機能・施設 | 住宅、業務・商業施設など |

## 地区およびプロジェクト経緯

　大街区構想は1970年に始まり、先行して開発が行われたアークヒルズが適地調査を受け、大街区の中での位置づけを行ったことにヒントを得て82年頃から始まった。

　もともと御屋敷町である当該地区は、82年に大規模な土地所有者を中心に連合して互いに街を考えていこうという発想から連合会を発足させた。その名称は「虎ノ門・赤坂・六本木地区再開発協議会連合会」（以下、大街区連合会）で、その会則には、「本会は、第三条（東京都港区虎ノ門・赤坂、六本木の一部の地域）に定める当地域において、各協議会等が独自に行う事業間の共通する問題について、権利者・地域住民・関係各方面の意向を尊重しつつ、協議調整、検討し、当地域全体の総合的効用を高め、よりよいまちづくりを行うための計画案を作成すると共に、その実現に向けて、行政機関等と協議・調整していくことを目的とする」とされている。

| 地権者 | 民間 |
|---|---|

## 地区コンセプト・プロジェクト概要

　大街区連合会は、アークヒルズ開発の経験を踏まえ、当該地区が道路整備等の都市基盤が極めて弱く、「スーパーブロックでの構想の方が国際拠点、複合都市を目指しやすい」という㈶都市計画協会の提案を参考に意見交換を行いながら道路整備のあり方や開発イメージを組み立てていった。都市基盤の整備は共同建替えや再開発事業で段階的に行っていく手法を採用。進捗状況、事業の熟度に応じながら、全員合意で地区計画等を活用し、地区の維持管理を考慮した計画を進めている（図4参照）。環状2号線の第二種再開発事業以外は壁面線を後退するなどして歩道上空地を確保することを基本に、城山ヒルズ、神谷町プロジェクト、六本木一丁目東地区が平行して着工、竣工に至っている。

　基本的には、拘束力がある構想ではないが、街の将来像を描きながら、部分的かつ段階的に都市基盤を整備していく計画。例えば、大街区の周辺に幹線道路を整備、その中の最も高い海抜20mの所に尾根道を背骨として、また、肋骨的に東西を結ぶ道路を整備し、さらにそれらをネットワークするリング道路および緑地やオープンスペースを整備していくことがイメージされている（図2）。

　もともと土地地権者等の民間だけで大街区連合会を構成していたが、手続を進める立場から、行政側が関与し、地区更新基本計画や市街地総合再生計画、地区計画を策定している。そして1991〜92年には、民間と行政がお互いに具体的に協力しながら進めていく段階との認識から、民間と行政が調整しながらプロジェクトを進める趣旨で、従来の大街区連合会の構成員に港区が加わった「大街区開発協議会」、国・東京都・港区が加わった「大街区まちづくり懇談会」が設立された。

図2　六本木・虎ノ門地区市街地総合再生計画整備構想図
　（出典：㈶日本開発構想研究所「新しい経済社会状況に対応した官民パートナーシップに関する研究」（2002）研究会資料から作成）

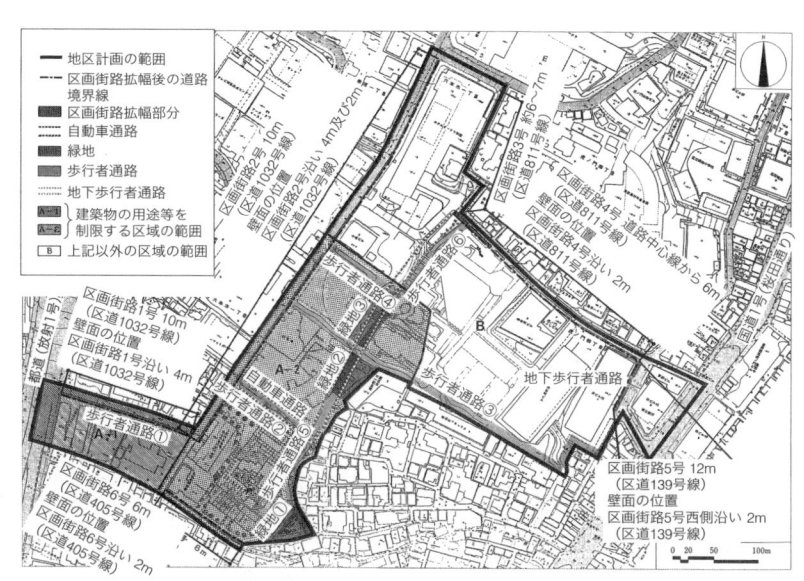

図3 六本木・虎ノ門地区整備計画図 (出典：港区「地区計画によるまちづくり」パンフレット)

| エリアマネジメント概要 | |
|---|---|
| マネジメント組織 | 虎ノ門・赤坂・六本木地区再開発連絡協議会連合会、大街区開発協議会 |

◆活動内容
　開発事業の調査および計画・ルール作成、各事業管理、協議調整

表1　開発の経緯（1994年時点）

| 1987.4 | 虎ノ門・赤坂・六本木地区再開発協議会連合会設立 |
|---|---|
| 1988.3 | 地区更新基本計画作成調査委員会設置 |
| .12 | 大街区開発構想委員会設置 |
| 1989 | 幹線道路委員会、土地利用委員会設置 |
| 1991.2 | 大街区街づくり懇談会（国、東京都、港区、学識経験者、開発事業者大街区開発協議会（港区、開発事業者）アーバンデザインルール検討会、幹線道路検討会、開発負担ルール検討会設置 |
| 1993 | デザイン協定の検討道路計画、地下水道路事業化等の検討作業 |
| 1994 | デザイン協定の締結、デザイン調整会議の発足 |

CHAPTER 4　大都市都心部における大規模プロジェクトを核としたエリアマネジメントの実態

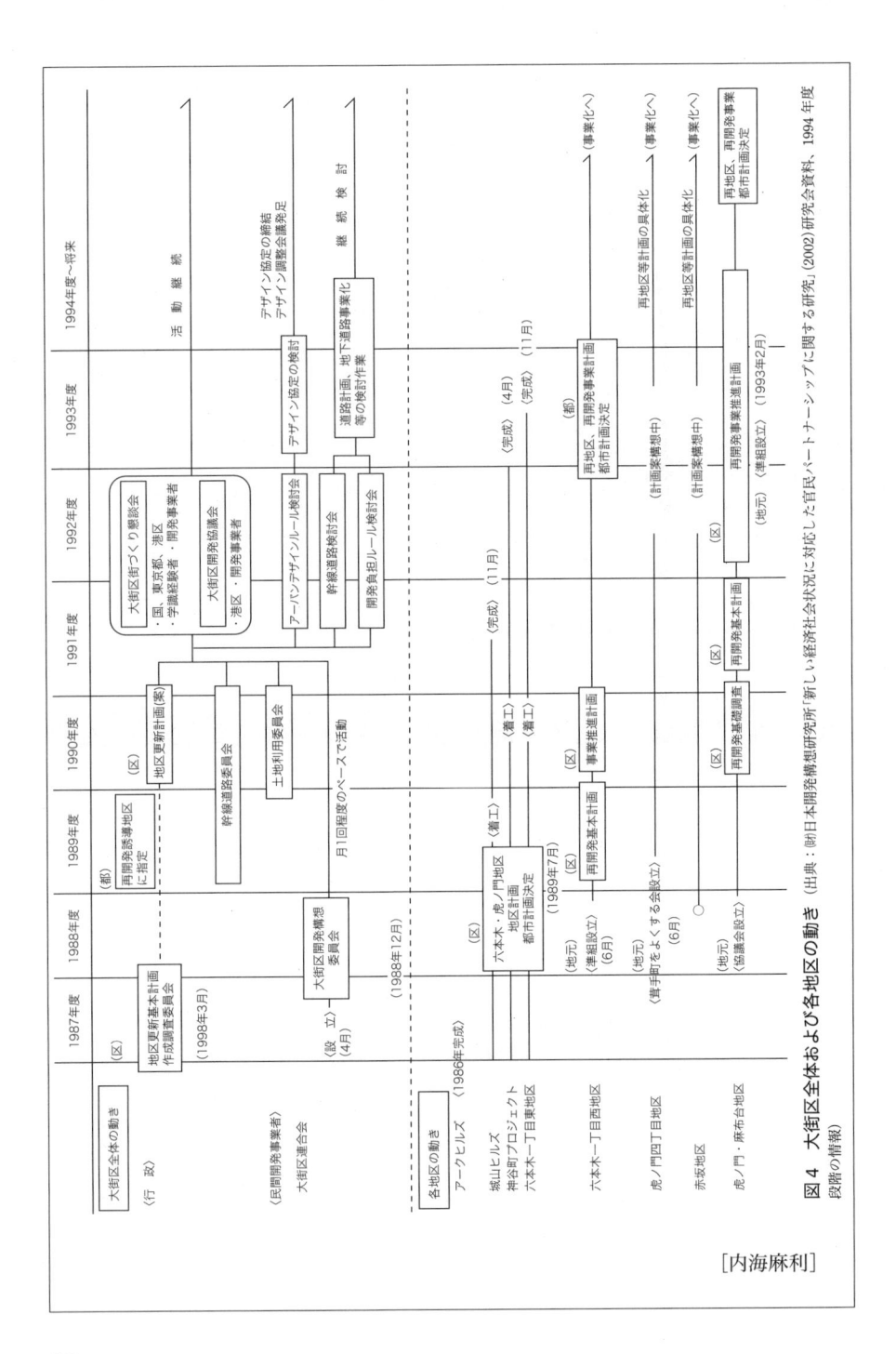

図4 大街区全体および各地区の動き (出典:(財)日本開発構想研究所「新しい経済社会状況に対応した官民パートナーシップに関する研究」(2002)研究会資料、1994年度段階の情報)

[内海麻利]

# CHAPTER 5
## 都市中心部既成市街地におけるエリアマネジメント

# 1 ── 中心市街地は元気か？

　中心市街地の衰退が問われるようになって久しい。空き店舗の増加、定住人口の流出、郊外型大型商業施設の与える影響など、様々な問題点が指摘されている。そもそも中心市街地とはどのような役割を担うところなのだろうか。R・エヴァンスが「中心市街地とは、従来、都市文明の中心というべきところであり、商業、小売り、文化、行政機能が多数存在し、これらの機能が特有の形態として集中しているところである」[1]と説明しているように、従来からの中心市街地の役割は、国に関係なく、文化・交流、商業など様々な機能を持つ賑わいと活力のみなぎる空間であった。

　しかし、これらの機能が中心市街地から外側に流出してしまっていることが世界各国で問題視されている。第2章でも述べたように、世界では中心市街地の衰退への対処として、様々なエリアマネジメントが行われている。わが国では、この役割を担う組織としてTMOに期待がされているが、活性化はそう簡単なものではない。わが国の中心市街地の中で、商店街の衰退に歯止めをかけ、活性化に成功したエリアがどれだけ存在するのだろうか。また、活性化を担う組織は必ずしもTMOだけではなく、様々な主体が、様々な取り組みを行っている。しかし、既成市街地のエリアマネジメントはその実態を把握することが難しいため、ここでは、全体的な傾向を明らかにするという観点から、「中心市街地活性化のための組織」であるTMOを手がかりに、その動向から現況を見てみたい。

# 2 ── 地方中心市街地の状況

　まずは、中心市街地の現況を把握してから、マネジメントの実際について説明したい。

　中心市街地活性化の推進を図るために、中心市街地活性化基本計画の策定を行う市町村が増加しており、2004年4月現在、全国で593市町村が614の計画策定を終了している。中心市街地活性化推進室では、その状況を把握するために、2003年2月10日時点で活性化基本計画の策定を行った530地区についてその取り組みの調査を行っている[2]。この調査で得られた中心市街地の現況を、

人口、空き店舗、商業売り上げの3点から見てみよう。

　第一に、人口ついてであるが、2002年の499市町村の流出入人口に限って見れば、311市町村がマイナス成長（62％）となっている。これは、中心市街地に限らず、こうした計画策定を行っている市町村で流入人口が減少しているものと理解できる。さらに、中心市街地内の人口動向は、データが136市町村に限られるものの、うち85市町村（63％）でマイナス成長となっている。つまり、中心市街地の人口だけではなく、市町村の人口が減少してきており、都市の縮小化が顕著になってきている。

　第二に、中心市街地の売り上げを1997年と99年で比較すると、データが得られた166市町村中、売り上げ増加につながった中心市街地は21％に過ぎず、大半は現状維持、または減少となっている。活性化基本計画を策定し、それに向けた取り組みを行っていながらも、商業売り上げには直接目立った影響が表れていない。

　第三に、空き店舗については、その状況が把握できたところが266市町村に限定されるものの、1997年から99年の間で空き店舗数が減少したところは、86市町村に過ぎない。つまり、全体の70％は空き店舗数をそのまま維持（10％）、または増加（60％）しているのである。

　こうした基礎データから考えてみれば、行政域全体としての人口増加が難しく、今後もその増加が見込めない状況下で、すでに郊外に商業施設が立地してしまっているところでは、シャッターの下りた中心市街地の商業活性化は容易ではない。仮に新規ビジネスが開業しても、売り上げにおいて他の施設との競争が激化する可能性もあるだろう。

　さらに、中心市街地衰退の状況は、異

表1　中心市街地の抱える問題点（複数回答）

| | |
|---|---|
| 空き店舗の増加 | 65 |
| 中心市街地での定住人口の減少 | 60 |
| 郊外部での大規模商業施設の立地 | 58 |
| 個店の後継者の不足 | 48 |
| 中心市街地の駐車場不足 | 32 |
| 購買力の市外流出 | 28 |
| 道路基盤の脆弱さ | 28 |
| 売上額の減少 | 26 |
| 大型店舗の閉鎖 | 22 |
| 高齢化の進行 | 16 |
| 公共交通ネットワークの悪さ | 8 |
| 土地の高度利用が図られていない | 8 |
| 空き地の増加 | 7 |
| 中心商業地の施設の老朽化 | 4 |
| 若年層の流出 | 4 |
| コミュニティの崩壊 | 3 |
| 事業所・事務所の流出 | 3 |
| 中心市街地での大規模商業施設 | 2 |
| 中心市街地の駐輪場不足 | 2 |
| アーケード等のデザインの陳腐化 | 1 |
| 工場の流出 | 1 |

なる問題が複層的に関係している。表1は、筆者が1999年11月に中心市街地活性化基本計画の策定を行った173市町村に衰退の要因について、活性化基本計画の担当部局に聞いたものである（回収率83％）[3]。データが若干古いものの、多くの市町村が、空き店舗の増加、定住人口の減少、郊外部での大規模商業施設の立地、後継者不足を衰退の大きな問題点として挙げていた。これらの市町村では、①空き店舗の増加がさらに中心市街地の活力のなさを助長していること、②ファミリービジネスで事業展開している小規模店舗が多いながらも、後継者に恵まれず、商店主自身が高齢化していること、③郊外部に土地付き一戸建てを求めて人口が流出し、購買層自体も失っていること、さらに、④郊外にワンストップ・ショッピング型の大規模商業開発があり、中心商業に大きな影響を与えていることが、共通の問題として浮かび上がってくる。

　他にも、例えば「中心市街地での大型店舗の閉鎖」という問題を抱える都市が多いことから、小規模小売り業に隣接する大規模店舗でありながらも、その閉鎖はさらに中心市街地の活力をそぐものと捉えることができる。こうしたことから考えれば、わが国では、中心部の市街地再整備という方向よりも、農地の転用や郊外の未利用地の利用により、新たな開発活動を行う方向にあり、外側に開発も人も流出することが中心市街地の活力の低下とリンクしていると言える。

## 3 ── 基本計画に見る中心市街地の活性化とTMO

### (1) 活性化の取り組み状況

　では、中心市街地はどのような方法で活性化しうるのだろうか。表2は、中心市街地活性化推進室が行った調査から、活性化の取り組み傾向を見たものである。これより、相対的にイベント開催、文化・交流・学習機能の導入、商業サービス向上などのソフト面での施策の多いことがわかる。また、ハード面では、街並み環境整備のための事業が多い。これより、街の顔づくりを修景で行い、例えば歴史的資源等があればその活用を実現し、ソフト面でのイベント等を行い、集客を図る方針にあるものと理解できる。つまり、中心市街地では、課題が複合的なことから、その課題の解決のためには、ソフトとハード事業の両面を、特定エリアの中で実現しうる仕組みが必要とされるのである。

## (2)期待されるTMOの役割

これを中心に進めるべき主体と位置づけられているのがTMOである。2003年現在、TMOは278地区で設立および設立予定にある。

表3は、前述した筆者が行ったアンケート調査で、地方自治体がTMOに期待する役割を聞いたものである。これより、空き店舗対策などの商業活動支援、中心市街地再生のための企画作成、関係者の意見の調整、イベントの開催など、ソフト事業をはじめとする欧米のエリアマネジメントの仕組みと類似したものが求められている。さらに、ほとんどの自治体が空き店舗の割合が高く、この問題が深刻であることから、商業活動への支援、テナント誘致に関わる事業をTMOに期待しているといえる。

TMOには中心市街地活性化の鍵となる組織として、異なる主体の意見を調整し、束ねる役割が期待される。それは、中心市街地活性化の事業主体に表れている。例えば、A市では、表4に示したように、TMOの果たす役割が最も多い。しかし、これまで欧米型のマネジメント組織を持ってこなかったわが国で、TMOの創設が中心市街地の活性化にすぐにつながるのだろうか。

欧米では、エリアマネジメントを実現する、日常業務を担うマネージャーと

表2 活性化の取り組み状況

| | |
|---|---|
| a. 核店舗の誘致・テナントミックス等 | 44 |
| b. 商店街の環境整備(パティオ・共同店舗整備を含む) | 55 |
| c. 商業のサービス向上(ソフト事業) | 62 |
| d. アミューズメント機能の導入 | 12 |
| e. 新規事業者の育成 | 45 |
| f. 文化・交流・学習機能の導入 | 65 |
| g. 福祉・健康増進機能の導入 | 17 |
| h. 情報関連機能の導入 | 34 |
| i. その他の公共機能の導入 | 17 |
| j. イベント等の開催 | 121 |
| k. 観光客へのサービス向上や観光資源開発 | 48 |
| l. 区画整理・再開発等の面整備 | 19 |
| m. 歩きやすい環境の整備 | 32 |
| n. 公園等憩いの場の整備 | 25 |
| o. 街並み・景観整備 | 65 |
| p. 自動車交通環境の向上 | 14 |
| q. 駐車スペースの確保等 | 21 |
| r. 公共交通の利便性向上 | 20 |
| s. 住宅の供給 | 6 |
| t. その他 | 35 |
| 合計 | 757 |

(出典:中心市街地活性化促進室調査(2003)より作成)

表3 自治体がTMOに期待する役割

| | |
|---|---|
| 空き店舗対策などの商業活動支援 | 118 |
| 中心市街地再生のための企画作成 | 112 |
| 関係者の意見の調整 | 105 |
| イベントの開催 | 104 |
| 広報誌の発行 | 74 |
| 個店支援 | 70 |
| 街並みの形成 | 50 |
| 中心市街地の管理・清掃 | 36 |

呼ばれる専門職、常勤スタッフが存在する。わが国でも既存の専門家派遣事業等を用いることも可能である。しかし、欧米型の常駐のマネージャーを持つ地域は限られる。筆者がアンケート調査を行った1999年時点で、「マネージャーがすでに存在する」と回答した市町村は8に限られ、「今後、マネージャーを雇用する方針がある」も18市町村であり、75％の市町村が「仕組みとして困難（16）」「わからない（61）」と回答していた。つまり、市町村にとって、中心市街地活性化のためのソフト

表4　A市における活性化施策実施の中心主体

| | | |
|---|---|---|
| TMO | 37 | 33% |
| 商店会 | 23 | 21% |
| ボランティア | 21 | 19% |
| 観光協会 | 9 | 8% |
| 市役所 | 6 | 5% |
| NPO | 4 | 4% |
| 商店街 | 3 | 3% |
| 商業者活動団体 | 2 | 2% |
| 地域活動団体 | 2 | 2% |
| 市民活動団体 | 1 | 1% |
| その他 | 3 | 3% |

戦略はTMOを中心に事業展開していくことが望ましいという共通認識がありながらも、その運営の方向性は模索段階にあったのである。とりわけ、TMOの鍵となるマネージャーが新たな専門職である以上、こうした職能を取り入れ、認知し、協力、育成していく体制が望まれる。

(3) TMO事業の評価

　ところで、欧米の中心市街地活性化では、エリアマネジメントの事業評価が行われている。自立型のエリアマネジメントを実現していくためには、協力者を増やし、投資を呼ぶ必要性がある。そのためには、進められた事業の評価を一定期間ごとに行っていく必要性があろう。現在、国では「市町村の中心市街地活性化への取り組みに対する診断・助言事業」などを通して、TMO診断を行っている。そこでは、専門家や学識経験者がTMOの事業、構想内容の評価を行うという方法をとっている[4]。その内容は、①地域住民等の意識やニーズ、②都市機能との関係、③TMO組織体制、④計画内容、⑤中小小売商業高度化事業活用上の留意点の五つについてアドバイスを行うというものである。つまり、この事業は、第三者としてのTMO活動の評価を行うことで、よりよい体制に指導するというスタンスにある。2004年度も全国で20地区が評価対象地区として選定される見通しにある。

　しかし、この選考から漏れてしまっても、独自に事業評価を行う必要がある。それが、計画の適正評価であり、次の投資を呼ぶことにつながる。方法としては、英国のTCMが行っているように、交通量、利用状況、売り上げなどの数

値データをとる方法[5]や、わが国でも中小企業庁が作成した「中心市街地活性化セルフチェックのすすめ」などを用いて評価する方法もあろう[6]。いずれにしても、各TMOに合った手法を用いて評価を行うことが望まれる。

## 4 ── エリアマネジメントの課題と問題点

では、日本型のエリアマネジメントにはどのような課題があるだろうか。そこには、組織体制、地域運営という大きな二つの課題があると考えられる。

### (1) 組織体制の課題

第一に、組織体制の課題から考えてみよう。欧米のエリアマネジメントにおいて、そこに求められるものは組織としての自立性だった。すでに前節で述べたように、中心市街地活性化には、箱もの整備を超え、ソフトとハードを結ぶことのできる主体が望まれていた。英国でBIDが取り入れられたように、わが国でもTMOの自立がより求められるようになるだろう。

例えば、表5はTMOの課題・問題点をアンケート調査から明らかにしたものであるが、ここからも、組織として自立するための継続的な活動資金の確保が最も大きな課題として挙げられている。続いて、先にも指摘したマネージャーなどの中心となる人材、関係者のTMOへの参加、関係者間のパートナーシップの構築という課題が続く。こうした点から考えれば、関連主体との連携の必要性は高いながらも、その実現は難しい。TMOには、まず運営の要となる人や、組織を支える人の確保が求められるのである。つまり、わが国において、中心市街地活性化のための事業制度を用いた整備を行いながらも、実際の運営において、人と人とのつながりをいかに図るか、というパートナーシップの構築が重要といえる。次章で紹介する取り組みでは、より多くの主体が組織に関わり、パートナーシップの構築が見られることから非常に参考になろう。

表5 TMOの課題・問題点（n=145）

| | |
|---|---|
| 継続的な活動資金の確保 | 89 |
| マネージャー、中心となる人の不在 | 56 |
| 関係者のTMOへの参加、参画 | 55 |
| 中心市街地関係者間のパートナーシップの構築 | 46 |
| 関係者の中心市街地活性化の必要性に対する理解 | 31 |
| 関係者へのTMO設立の理解 | 29 |
| 明確なビジョンづくりを行うこと | 26 |
| ノウハウのないこと | 16 |

### (2) 地域運営の課題

第二に、地域運営の課題があ

る。これは、TMOのカバーするエリアと、隣接する都市の中心市街地との関係の二つの議論があろう。まず、TMOのエリアから考えてみたい。わが国の中心市街地の規模は概して大きい。530中心市街地の規模は、最も小さな熊本県宮原町の6haから福島県郡山市の900haまで幅広い。その平均規模は、137.2haである。英国の中心市街地が大体20haと歩いて回れる規模と言われていることに比較すれば、極めて大きい。

図1は、中心市街地の面積規模と人口規模の関係を表したものである。中心市街地活性化基本計画を策定している市町村の人口規模の平均が14万4,000人であるが、図からも人口と中心市街地規模との間に相関は見えてこない。また、200ha以上の大きな中心市街地を抱えるところが多数見受けられることもわかる。中心市街地が広いことは、つまり、TMOが管理するエリアの大きさの広いことを意味する。TMOに期待される役割がエリア内の調整、関係主体とのパートナーシップであることを考えれば、カバーする面積が広ければ広いほど、そこに適した意思決定・運営方法の構築が求められる。

もう一つの議論である隣接する都市との関係についてであるが、わが国の中心市街地の活性化では、旧来からの中心市街地の再整備がある一方で、隣接都市との競争の議論も考えられる。この場合、人口集積が一定程度あり、商業集積が見込める地域とそうではない地域の存在がある。つまり、商業集積がある大きな都市と小都市との関係、ならびに隣接する小都市ごとの関係を考える必要がある。同一商圏内では、人の移動も大きいことから、各都市の機能を明確にした上で、それに合わせたマネジメントのあり方を考えることが必要であろ

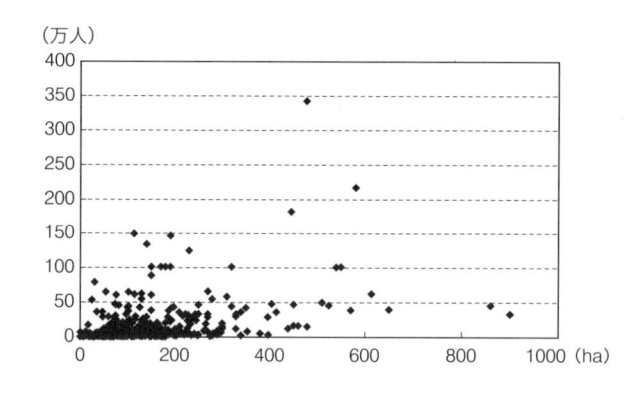

図1 中心市街地面積と人口の関係（出典：中心市街地活性化基本計画、2000年住民基本台帳人口より作成）

う。しかし、人口集積の限られるエリアなどでは、小都市が自立して活力あるまちづくりを行うことが、周囲のさらに小さな都市との関係上、重要になってくるのではないだろうか。

はじめにも述べたように、TMO 以外の組織については、全体像を明らかにすることは困難であるが、これまでに挙げた中心市街地の問題に対処し、パートナーシップを構築し、先進事例と言える組織がわが国でも広く見られるようになってきた。次章で述べるこれらの事例は、運営会議等の意思決定機関を持ち、パートナーシップを構築し、事業を進めている。そこには資金面の自立という課題はあるものの、最も難しい、パートナーシップを構築しているという点から、わが国型のエリアマネジメントができつつあると言えるだろう。

[村木美貴]

(注)
1) Evans, R., *Regenerating Town Centres*, Manchester University Press, 1997
2) 中心市街地活性化推進室「基本計画策定市区町村の現状・取り組み事例」2003
3) 村木美貴「地方都市における土地利用規制と中心市街地活性化に関する研究」(平成 11 年度土地関係研究支援事業、(財)土地総合研究所) 2000
4) 中小企業庁「TMO マニュアル Q & A」2001
5) ATCM, *Key Performance Indicators*, 1998
6) 中小企業庁「中心市街地活性化セルフチェックのすすめ」2003

# CHAPTER 6
## 都市中心部既成市街地におけるエリアマネジメントの事例

前章でも述べたように、わが国の都市中心部既成市街地でも、パートナーシップを構築しつつ、エリアマネジメントを行う事例が様々な地区で見られるようになった。ここでは本章で取り上げる事例を、①活動エリア、②運営方法、③自立性の観点から俯瞰してみたい（表1）。

**(1) 活動エリア**

　まず、活動エリアから見てみよう。これは、組織形態と大きく関係している。それは、新たなエリアマネジメント組織が、TMOだけではなく、株式会社、NPO組織も含まれるためである。カバーされるエリアは、①中心市街地、②独

表1　新たなエリアマネジメント組織の傾向

| | 活動エリア | 運営方法 | 活動内容 | 自立性 |
|---|---|---|---|---|
| ㈲PMO | 中心市街地 | 取締役4人＋常勤社員2人の下に三つのグループ | 市の施設管理、市の事業運営など | 自主財源51％＋市の事業受託料33％＋補助金16％ |
| ㈱福島まちづくりセンター | 中心市街地 | 取締役7人＋監査役2人の下に企画と総務。職員8人 | 駐車サービス券システム事業、ポイントカード、宅配サービスなど | 自主財源。一部事業を委託事業＋事業補助 |
| ㈱まちづくり三鷹 | 中心市街地 | 取締役＋監査役12人の下に総務、企画、事業。職員47人 | 施設管理運営、支援研究開発、受託事業など | 施設管理運営事業43.7％＋支援研究開発事業29.5％＋受託事業26.8％ |
| 横濱まちづくり倶楽部 | 独自エリア（旧市街地） | 会長＋世話人などコアメンバーの下に一般会員 | イベント、交流、学習など | 入会金・年会費50％＋事業収益10％＋補助・助成金10％＋協力金30％ |
| 都心にぎわい市民会議 | 中心市街地 | 商店会、市民団体、公共交通機関等 | 企画・調査・実施、意識啓発など | 市の負担金87.5％＋商工会議所の負担金12.5％ |
| ㈱御祓川 | エリア設定なし | 取締役6人＋監査役1人。職員14人 | まちづくり、人材教育、賑わいづくりなど | 調査・コンサルティング44％＋販売34％＋テナント家賃22％ |
| ㈱金沢商業活性化センター | 中心市街地 | 取締役11人＋監査役3人。職員14人 | テナントミックス、駐車場、ネットワーク事業、調査・研究など | 市の補助金30％＋市の委託事業20％＋自主事業14％ |
| ㈱飯田まちづくりカンパニー | 中心市街地 | 常勤役員2人＋職員3人 | 開発、物販、イベント、福祉サービスなど | 市の委託事業89％＋自主事業11％ |
| (NPO)長堀21世紀計画の会 | 独自エリア | 理事長、専務理事、監事、相談役、事務局長等の下に三つの本部 | 集客・交流事業など | 会費60％＋助成金25％＋自主事業9％ |
| 旧居留地連絡協議会 | 独自エリア | 総会、会長の下に活動ごとに委員会を設置 | イベント、交流、防災など | 会費＋協力金（合わせて39％）＋イベント収入＋市の助成金25％ |
| (NPO)まつえ・まちづくり塾 | 中心市街地 | 代表・副代表3人の下に四つの部会設置 | 空き店舗対策、バス運行、工房管理・運営など | 商工会議所の自己資金100％ |
| 高松丸亀町まちづくり㈱ | 中心市街地 | 取締役10人＋監査役2人＋専任スタッフ1人 | 設計、コンサル、清掃管理、イベントなど | テナント賃料 |

自に事業展開を行うところ、③特に事業エリアの設定を行っていないところの3パターンに分類できる。とりわけ②③に該当するところは、株式会社やNPOであるところが多い。例えば、㈱御祓川（七尾市）、(NPO)長堀21世紀計画の会（大阪市）、旧居留地連絡協議会（神戸市）、横濱まちづくり倶楽部（横浜市）がこれに該当する。また、第5章4節でも述べたように、日本の中心市街地の面積が広いことから、この中で活動エリアを限定している、㈱福島まちづくりセンター、㈱金沢商業活性化センターなども存在する。面積規模の議論から考えれば、民間事業者として、幅広いエリアの中でビジネスチャンスを作る組織と、エリアを限定することで活動の濃度を高めるところと理解することができる。

## (2) 運営方法

次に、運営方法について説明したい。株式会社形態をとっている㈱飯田まちづくりカンパニー、㈱金沢商業活性化センター、㈱御祓川、㈱まちづくり三鷹などでは、取締役会の下に事業実施部隊が複数設置されている。また、NPO組織も同様に、コアメンバーの下に事業内容別組織が設置されている。意思決定機関は、多くの場合、運営会議、理事会で方向性が決められる。ただし、ほとんどの場合、これらの組織にマネージャーといえる人は存在していない。これらの組織では、意思決定機関がマネージャーの役割を担っていると見ることができる。

## (3) 自立性

最後に、組織としての自立性についてであるが、100%自立している組織は限られる。自立性を財源に限って見れば、

① 資金的に独立した組織

これには、横濱まちづくり倶楽部、(NPO)長堀21世紀計画の会、高松丸亀町まちづくり㈱、㈱福島まちづくりセンターなどが該当する。会費と自主事業により自立した組織となっている。また、若干の助成金が入るもののほとんど自主財源で成り立つ組織（㈱御祓川）も存在する。

② 補助金、行政からの受託金の多い組織

これは、(NPO)まつえ・まちづくり塾、㈱飯田まちづくりカンパニーなどであり、公的色彩が強い組織が該当する。

③様々な資金を集めて運営している組織

これには、㈱金沢商業活性化センター、㈱まちづくり三鷹などがある。

組織としての自立性を考えれば、エリアに必要とされる事業展開が可能な①に該当する組織形態は望ましい。しかし、大半の組織は、補助金・助成金が収入の柱となっている。こうした場合、資金拠出を公的機関が行いながらも、マネジメント組織の知恵を活用するところと、公的機関が主導してエリアマネジメントを行うところの存在が考えられる。現況、マネージメント組織と公的機関の関係が望ましいものであったとしても、将来、補助金や助成金の減少という事態が起きる可能性もある。欧米が目指している組織としての自立性をわが国のエリアマネジメント組織も獲得する必要性があろう。

わが国の先進的なエリアマネジメント組織も様々な形態が存在する。こうした相違を念頭に、以下、各組織の活動内容を詳しく説明することにしたい。

［村木美貴］

# 01 ㈲PMO (Passage Management Office)

[公共空間の私的利用]

青森県青森市（人口：29万6,761人、市域面積：692.43㎢、2004年現在）

組織形態————有限会社（民間出資100％）
設立—————2000年6月16日（5年間の期間限定組織）
資本金————600万円（一口5万円×120口）
構成員————株主(23者)：地元商業者等/19、商店街振興組合/3、都市計画コンサルタント/1
所在地————〒030-0801　青森県青森市新町1-8-5

## 1——組織設立に至る経緯・沿革

　青森市は20世紀後半の人口の増加や交通網の整備、高度経済成長を背景に市街地を急速に南方に拡大してきた。しかし近年、少子高齢化、経済成長の鈍化、モータリゼーションの進展、都心地域の空洞化など都市環境が大きく変化するなかで、市行政の中でも今までの都市拡大が合理的なことかどうかに疑問を持つようになった。青森市は特別豪雪地帯にあり、都市の無秩序な拡大は除雪や下水道の整備などの費用がかさむ要因となっている。そこで限られた財源を中心市街地に集約し、雪や高齢化対策に充てる方が合理的と考えられた。このような理由から、市は都市づくりの方向をこれまでの拡大基調のものから、無秩序な郊外開発を抑制するコンパクトな都市づくりへと変更し、1996年に策定された長期総合計画である「わたし

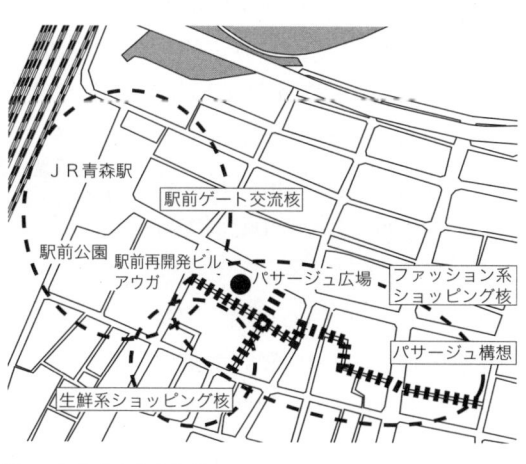

図1　青森市中心市街地 （出典：青森市中心市街地再活性化基本計画より作成）

たしのまち　青い森21世紀創造プラン」の中で「コンパクトシティ構想」を打ち出した。コンパクトシティ構想では、既成市街地のポテンシャルを高めるため、「まちなかの再生」が着目された。

「まちなかの再生」を行う上で重要なのは、市民に与える影響力が大きい中心市街地である。しかし、青森市の中心市街地は空洞化が進んでいたため、1998年には市が中心市街地活性化法に基づき「青森市中心市街地活性化基本計画」を策定し、「街の魅力・楽しみづくりの推進」「街暮らしの推進」「交流街づくりの推進」を再活性化の方針とするとともに、ぶらぶら歩ける街「ウォーカブルタウン（遊歩街）の創造」を目標に掲げた。これらを実現するための具体的方策として、パサージュ（通り抜け小径）の整備による新しい賑わい空間の形成（パサージュ構想）を掲げた（図2）。パサージュ構想では駅前再開発のインパクトを活かし、ファッション系ショッピング機能の強化に加え、アミューズメントや文化等の時間消費機能を導入すること、賑わいを線から面へ広げ、回遊構造の形成を図っている。

一方で、中心市街地では1972年に青森駅前の四つの商店街が集まり、青森市新町商店街振興組合が発足した。その後、街灯や舗装等の整備をするが、都心の空洞化やバブル経済の崩壊等により賑わいを失っていったために、89年、「街づくり協議会」を設けてその後の商店街のあり方について研究・検討を始めた。そして91年の特定商業集積整備法制定に伴い、それに基づく基本構想づくりに着手し、その中で街路整備計画を作成している。中心市街地活性化法施行から1年後の99年には、中心商店街の有志が「青森市まちづくりあきんど隊」を組織、さらに同年青森商工会議所に「TMO設立準備委員会」が組織化され、構想を練りながら商店街内のまちづくりに対する機運を高めていった。

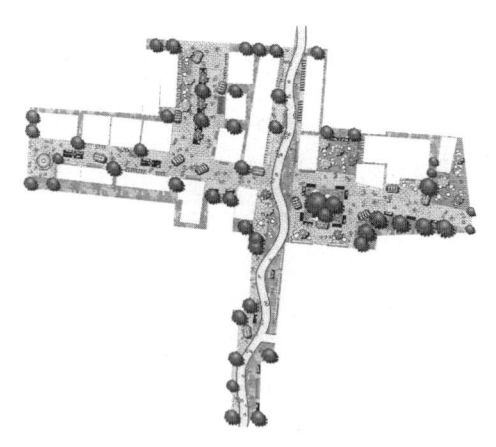

図2　パサージュ構想（出典：青森市中心市街地再活性化基本計画）

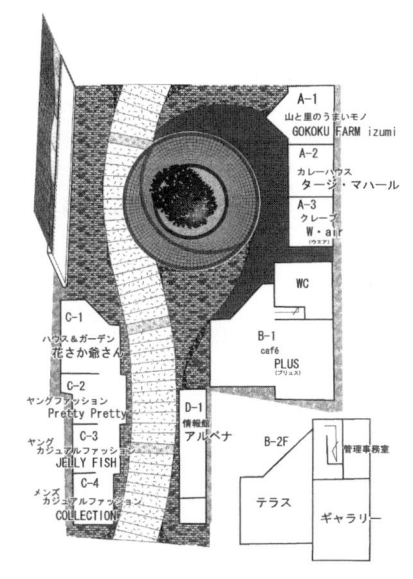

図3　パサージュ広場平面図 (提供：青森市)

図4　パサージュ広場 (出典：パサージュ広場のホームページ)

パサージュ広場概要

| | |
|---|---|
| 面積 | 894.78㎡ |
| 施設 | シンボルツリー（ドイツトウヒ）、ウォールアート、融雪歩道、水飲み場 |
| 建物 | 4棟（約107坪）、店舗9区画、ギャラリー、多目的トイレ |
| 総事業費 | 約5億6,500万円（用地費、建物リースを含む） |

そして2000年に市がパサージュ構想に基づき、青森駅近くの中心市街地の自治会館跡地に、用地を取得し、市民が憩う多目的広場として「パサージュ広場」を整備した（図3、4）。また「パサージュ広場」では、商店街再活性化の起爆剤として「商業ベンチャー支援事業」を5年間の期限付きのモデル的・実験的な事業として施行することとなった。商業ベンチャー支援事業にあたって、長年にわたり商店街活動の中心的役割を担ってきた商業者は、民間の活力とノウハウを導入することによって、効果的な事業展開を図ることが適切であると考え、TMO準備委員会で純民間会社の設立を提案したところ、地元商業者等から出資金が集まり、同年約3ヶ月の協議を経て、商業ベンチャー支援事業を運営する㈲PMO（Passage Management Office）が設立された。

## 2 ── 事業内容

### (1) 商業ベンチャー支援事業

パサージュ広場において、将来青森市の中心市街地で独立して開業を目指す人を対象に、少ない開業資金で一定期間商売を実践できる環境を提供する事業である。㈲PMOは出店者の募集および選考をし、出店者に対する経営アドバ

イス、コンサルタントによる支援、出店期間終了後の開業支援を行う。店舗面積は6坪程度で9店舗を募集、テナント費は6,000円／坪・月、共益費は10,000円／月・店と周辺地域の相場のおよそ3分の1程度に抑えている。また出店期間は、飲食系で5年間、ファッション系・情報系で1年間と定めている。なお㈲PMOはパサージュ広場を青森市から売却を受けたリース会社から賃借しているが、賃料は市が負担している。

(2) イベントの企画、開催

パサージュ広場では、夏にはビアガーデン、冬には同広場のキャンドルアートや新年のカウントダウンなど多彩なイベントを行っている。

その他にTMO青森の「タウンモビリティー事業」と連携し、レンタルサイクルの貸し出し拠点となっており、中心市街地に訪れた人の利便性や回遊性を高めている。

## 3 ── 運営体制

(1) 組織構成

取締役4名（地元経済人および都市計画コンサルタント）、常勤社員2名（元商業者）、計6名により構成。

事業内容により三つのグループが事務局長の下にあるが、各々が明確に分かれて組織化されてはいない。特に常勤社員2名の負担は非常に大きい状況である。まちづくり活性化事業受託業務においては、「まちまちプラザ」の運営や宅配サービス実施補助等も行う。事業企画や方針等の意思決定は取締役会を中心に行う（2001年）。

(2) 財源

組織運営、事業に要する費用のうち、51％をテナント家賃収入および商品の売り上げにより、33％を市の事業受託料により、16％

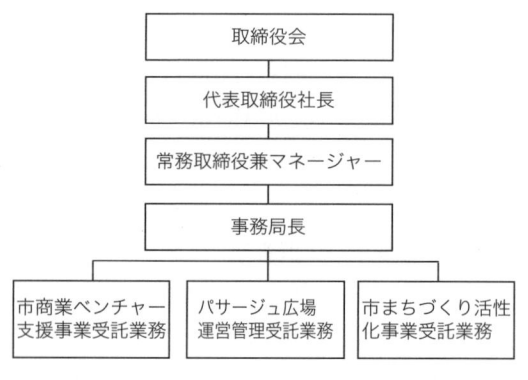

図5　組織図

を国やTMO、市等による補助・助成金により賄っている。事業ごとに見ると、商業ベンチャー支援事業では出店料と青森市からの業務委託料で賄い、キャンドルアートはTMO青森より、ビアガーデンはすべてビアガーデンの売り上げにより賄っている。㈲PMOは市の施策を「民」の主体性を活かして実行する組織として、市との協働を望んでおり、特に市からの財的支援は不可欠なものとなっている（2001年）。

### (3) 他組織との関わり

年間約60回の会合を通して、市やTMO、地元商店街と強い結びつきを持っており、この会合では、主として各事業の点検や改善、新しい企画の創出、各種勉強会を行っている。これにより相互の情報共有ができ、協力関係を築く基盤となっている。また、七つの中心商店街と連携して共通の販促活動を行っている。一方で㈲PMOとテナントでパサージュ広場活性化協議会を設けて、広場の公共的性格を担保に補助を受けやすい体制を整えている。

## 4 ── 課題と可能性

2001年に㈲PMOに対して行ったアンケート調査によると、組織として独自の収益事業を確立しないと濃密な運営ができないこと、スタッフの負担が大きくなることを問題点であると考えており、収益事業の確立を課題にしている。

［林　弘二］

(参考文献)
・『新都市』56巻6号、2002.6

[生活サービス向上の取り組み]

# 02　㈱福島まちづくりセンター

福島県福島市（人口：29 万 924 人、市域面積：746.43 km²、2004 年現在）

| | |
|---|---|
| 組織形態 | 株式会社（民間出資 58％、市出資 42％） |
| 設立 | 1995 年 7 月 31 日（TMO 認定 2000 年） |
| 資本金 | 6,000 万円（一口 5 万円×1200 口） |
| 構成員 | 株主(26 者)：地元商業者等 /21、金融機関 /2、福島市商店街連合会、福島商工会議所、市 |
| 所在地 | 〒960-8034　福島県福島市置賜町 7-6 アルプスビル 3 階 |

## 1 ── 組織設立に至る経緯・沿革

　福島市は福島県中通り地方の北端に位置し、行政、交通、教育、文化などの中心地として栄えてきた。しかし近年、モータリゼーションの進展による郊外型大型店の増加、公共施設の郊外移転、都心居住者の減少および少子高齢化、都心居住環境の悪化などにより、福島市の中心市街地では空洞化が進んでいる。さらに都市間競争の激化、消費者ニーズの個性化・多様化などにより既存の商業は大変厳しい環境に置かれている。この状況に対して、福島市は都心機能の強化、都心部の住宅供給と居住環境の整備などを図るため、1991 年に「福島市 24 時間都市構想」を策定した。さらに 92 年には「特定商業集積整備法による基本構想策定調査」を行うなど対策を講じている。

　一方で、1991 年に中心市街地の商

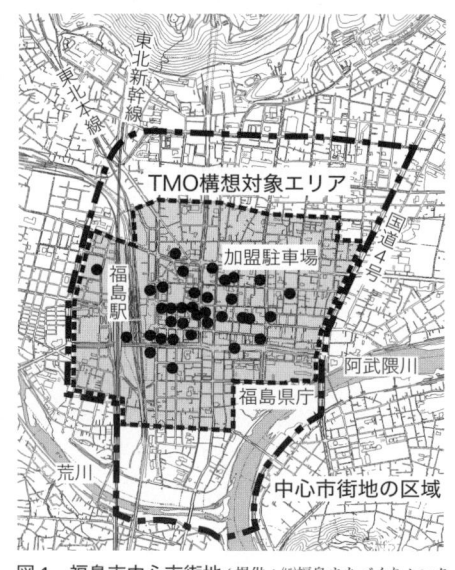

図 1　福島市中心市街地 (提供：㈱福島まちづくりセンター)

業課題と後継者対策、まちづくり会社や各種助成制度等を研究する任意団体として若手商業者20名により、「ザ・商人塾」が設立された。翌92年よりザ・商人塾メンバーを中心とした「まちづくり会社構想策定委員会」を発足し、「まちづくり会社」設立とその事業開発に向け、行政と関係団体の三者による研究を重ね始めた。そこで、商業機能の強化の他にも、まちづくりの観点から地域産業の健全な発展と市民のニーズに応える地域開発事業を推進していくため、民間と公共団体の共同出資による「まちづくり会社」による事業展開が最も効果的かつ、適切であるという判断に向かっていった。

1994年度にザ・商人塾の事務所として「まちづくりセンター」を設置、1995年7月に第三セクター方式によるまちづくり会社として「㈱福島まちづくりセンター」が設立された。福島まちづくりセンターは同年11月、「中心商店街共通駐車サービス券システム」を開始、97年9月には「ももりんポイントカード事業（福島共通ポイントカード）」を開始した。さらに98年には、国へ提出された福島市による福島市中心市街地活性化基本計画において、TMO機関として同センターが指定され、99年度福島市中小小売商業高度化構想（福島市TMO構想）を策定し、2000年に福島市よりTMO構想が認定されている。

## 2 ── 事業内容

### (1) 中心商店街共通駐車サービス券システム事業

中心商業地の駐車場対策の一環として、1995年11月に大型店、商店街等の共通の駐車サービス券システムの運営を実施する。現在42駐車場・収容台数3,500台（当初33ヶ所）と250店舗（当初117店）がシステムに加盟している（2004年3月末）。特徴として、中心部の全ての大型店が加盟しており、機械式の無人駐車場にも対応している点が挙げられる。駐車場利用者が当システム加盟店で、買い物・飲食・契約等をした際に、その金額に応じて共通駐車サービス券をもらい、その券を利用駐車場（当システム加盟駐車場）での駐車料金の支払いに充当するシステムである（図2）。

### (2) ももりんポイントカード事業

「ももりんポイントカード」は、1997年より開始された共通ポイントカードシステムである。現在、福島市内約140店舗（当初155店舗）が加盟しており、

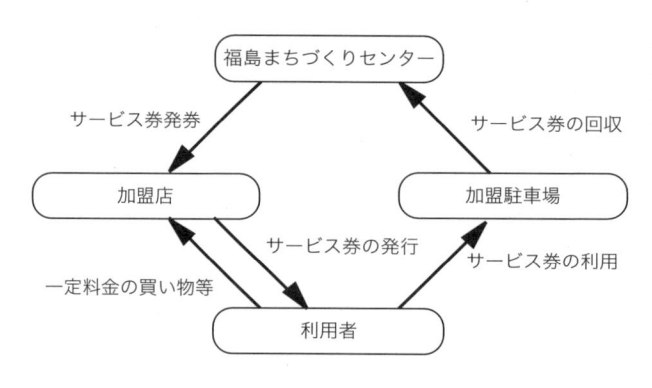

**図2 共通駐車サービス券システム**（出典：福島市共通駐車サービス券システムのホームページより作成）

店舗数・利用者数ともに順調に増え続けており、カード発行枚数は100万枚に達している（2004年3月末）。ポイントは、加盟店での買い物をはじめ、銀行預金、バス・電車、タクシーに使用可能である。また各種イベントにポイントカードを連動させるなど幅広く利用されている。

ポイントカード事業で採用されたうさぎのキャラクター「ももりん」は、福島市が観光キャラクターとして作ったもので、福島の特産品である桃と林檎をあわせた名前がつけられた。ももりんは福島まちづくりセンターの他の事業でも使用されている。また商工会議所のコミュニティバス「ももりんバス」や市のレンタサイクル「ももりん号」など様々な場所で使用され、福島のブランドとして認識されている。

(3) 商業人材育成事業

2000年より、中小小売・サービス事業および従業員の資質向上を目的とした支援事業の一環として、人材育成のあり方について調査・研究を行い、それをもとに経営技術をテーマとした短期セミナーコースと経営戦略をテーマとした中期セミナーコースを設け、独自事業として定期的に講習会、研究会を実施している。

(4) 街なか広場の管理運営事業

1999年度より、福島市が福島都心中央土地区画整理事業用地として取得した旧大型店跡地を暫定的にTMOが利用、TMOはイベント使用等の窓口となり、年間40～50団体が借りている。また、中心市街地の賑わいを創出するために、同施設でTMOが主体となって、連続してイベントを実施する「にぎわい座事

業」(福島市委託事業)も展開している。

### (5) 吾妻通り街と用地活用推進事業(チャレンジショップ事業)

2000年より、中心市街地の低利用地を活用して、インキュベータ施設「創業工房ももりんハウス」を開設することにより、既存事業の業態開発と創業者を支援し、商店街の具体的活性化の恒常的戦略として展開していた。ももりんハウスは2002年3月をもって終了している。

### (6) ふくしま宅配サービス事業

1998年から稲荷商店街が実施していた稲荷市FAX宅配サービスと2000年に行われたe街ショッピングモールを統合し2001年より運営を開始した。中心商店街の専門性を活かしつつ、交通弱者世帯(高齢者・障害者)や買い物にくい世帯(共働き・育児等)に対しFAXおよびインターネットによる共同受注と宅配を行い、きめ細かいサービスによる生活支援型商店街の構築を目指している。2002年度は福島市委託「人にやさしい商店街づくり事業」として実験的に「御用聞き」事業を行っている。具体的には、まちづくりセンターのスタッフが市内の住宅等を個別訪問し、注文を受けつけ、商業者および消費者の双方に対しシステムの優位さ、利点等について説明し事業の拡大を図るものである。

### (7) 福島市中小小売商業高度化事業計画(福島TMO計画)策定事業

2000年に福島市より認定された福島市中小小売商業高度化構想(福島TMO構想)をもとに、個別事業の調整や詳細な実施計画を策定している。

### (8) その他事業

タウン情報誌発行、会議室の賃貸、インターネットサービス事業、中心市街地商店街整備事業、テナントミックス簡易事業等を実施。

## 3 ── 運営体制

### (1) 組織構成

役員は、代表取締役社長、専務取締役、取締役7名(地元商業者等)による取締役会と監査役2名(地元商業者、商工会議所専務理事)の監査役会によって構成される。実務を行う総務部は企画課と総務課からなり、企画課は主に共通駐車サービス券事業や、ポイントカード事業の運営とTMO関連事業を含めた新規事業の企画を担う。総務課はそれ以外の事業実施や会社全体の事務を

担っている。総務部は常勤社員5名、非常勤社員2名、臨時常勤社員1名、計8名により構成（2001年）。

**(2) 財源**

組織の運営・事業の実施は基本的に自主財源で行っている。一部の事業は福島市から委託事業や事業費補助などの形で支援を受けているが、自立した組織として事業や活動を展開している（2001年）。

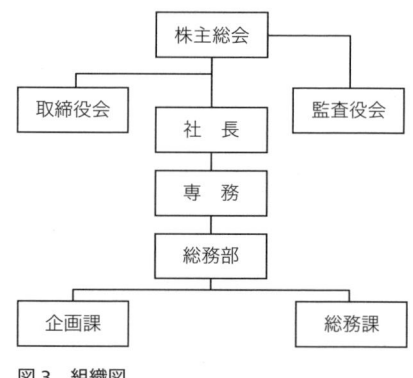

図3　組織図

**(3) 他組織との関わり**

事業推進をしていく上では福島商工会議所、市役所商工観光部との関わりが大きい。また商業者団体や商業者など事業への参加・協力主体との連絡を必要に応じ随時とっている。市から各種の事業委託や事業費補助（福島市TMO計画策定事業）を受けて事業を行う場合、所管部局との協議を必要に応じて行っている。

現状では、まちづくりに関わる組織等と特に連携は図っていない。

## 4 ── 課題と可能性

2001年に行ったアンケートによると、まちづくりの土台となる事務局組織を支える収益事業の効果的な展開が課題であるとしている。

［林　弘二］

（参考文献）
・タウンマネージメント推進協議会「タウンマネージメント」2001
・東北経済産業局「東北21」2004.4

# 03 ㈱まちづくり三鷹

[SOHO および新規事業育成による活性化]

東京都三鷹市（人口：17 万 3,352 人、市域面積：16.5 ㎢、2004 年現在）

組織形態————株式会社（第三セクター／市出資 98％）
設立—————1999 年 9 月 28 日（TMO 認定 2001 年 3 月 26 日）
資本金————2 億 7,250 万円　（一口 5 万円× 5,450 口）
構成員————株主(13 者)：市、商工会 /1、商店会 /1、農業協同組合 /1、金融機関 /1、商業者等 /8
所在地————〒 181-0013　東京都三鷹市下連雀 3-38-4

## 1 ── 組織設立に至る経緯・沿革

1996 年、市により「三鷹市産業振興計画」「三鷹駅前地区再開発基本計画」がそれぞれ策定され、三鷹駅前の約 17ha を再開発エリアとして、このエリアを中心に商工業振興と都市整備が進められた。

1998 年、市は中心市街地活性化法の施行により「中心市街地活性化基本計画」を策定し、三鷹産業プラザ（第 1 期）の建設や SOHO[1] 集積に向けた事業の展開を図ることとし、同法の施行および同計画の策定に伴いまちづくり会社の構

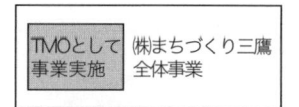

図 1　TMO の位置づけ

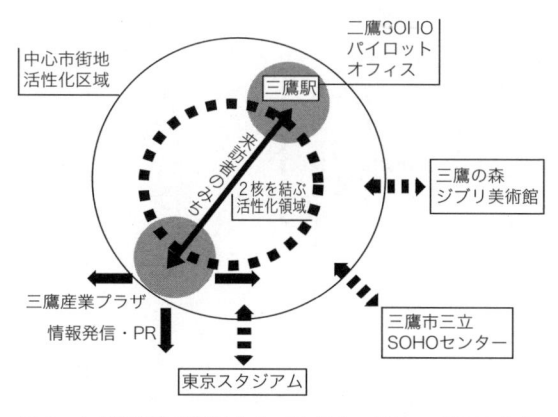

図 2　中心市街地の将来イメージ　(出典：三鷹 TMO 構想より作成)

想が生まれ、99年9月に㈱まちづくり三鷹が設立された。

2001年4月、同社のTMO認定に合わせ、1996年4月に設立された㈶三鷹市まちづくり公社と統合し、同公社の行ってきた、ワークショップ方式を活用した二つの公園のプラン作成等といった市民主体のまちづくりや、イベント等開催事業、三鷹駅前の駐輪・駐車場の管理、貸店舗、貸工場、市民住宅等の管理運営事業および「SOHO CITYみたか構想」の推進事業等を引き継ぎ、同社の柱とするSOHO育成や新規産業の創出等の事業を強化した。また、これにより市民に対する公平性を担保した事業展開をする組織となる。

同年10月には「三鷹市と㈱まちづくり三鷹との協働に関する条例」が施行され、市と協働、連携して総合的なまちづくりを行う組織として、市と協定を結んだ。

## 2 ── 事業内容

### (1) 三鷹市の核となる施設整備

①三鷹産業プラザ建設事業

都市型産業の集積およびSOHO等の情報産業支援を目的に、第1期は2000年に地域振興整備公団が建設、第2期は2003年に㈱まちづくり三鷹が建設を行った。機能構成としては、商業施設、情報化支援機能、商業インキュベーション機能、交流・コミュニティ機能、自転車駐輪場機能等が組み込まれてい

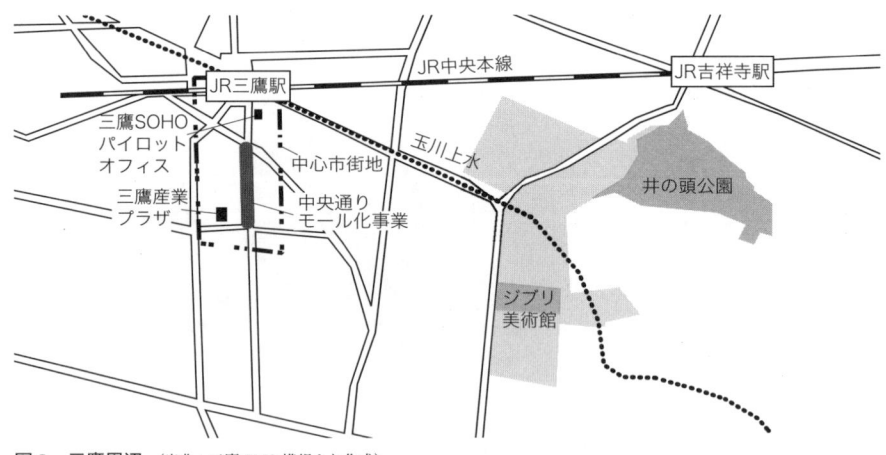

図3　三鷹周辺　(出典：三鷹TMO構想より作成)

る。情報化支援機能とはホームページ作成等の情報サービス事業推進のための相談機能や、商店街や個店の情報化を支援する情報関連業種の集積を図ることである。

(2) 来訪者を迎える空間づくり事業
①中央通りモール化整備事業

　集客力のある商業空間の創出のため、三鷹駅前の目抜き通りである中央通りのモール化事業を推進し沿道商店と一体的な街並みの形成を目指す事業である。整備は三鷹市が中心となって行うが㈱まちづくり三鷹や商店会がモール化に向けて、協力・支援を行う。ポケットパークやファニチャーの設置による滞留性の拡充やバリアフリー化、通行規制や三鷹の森ジブリ美術館等との連携なども現在考えられている。また同時に空き店舗の有効活用やイベントの開催など消費者のニーズを満たす商業機能の拡充も計画されている。

(3) 賑わいを作り出す商業活性化事業
①みたかモール事業

　商業者の情報化の推進や、ビジネスチャンスの場の創出・顧客開拓などを目的として、㈱まちづくり三鷹、三鷹商工会、三鷹駅前の商店会等が協力して立ち上げたバーチャルモール事業である（図4）。既存の全国型の大規模電子商店街との差別化のために、商品の質や地域性を前面に押し出した地域密着型の電子商店街を目指している。

②コミュニティバス運行事業

　従来は交通不便地域に対して主に行っていたコミュニティバス事業に、来街者の増加の促進や、市内の回遊性の向上も目的として、三鷹の森ジブリ美術館や山本有三記念館等の各施設を通るルートを設けた。バスやバス券も話題性のあるデザインで作られている。

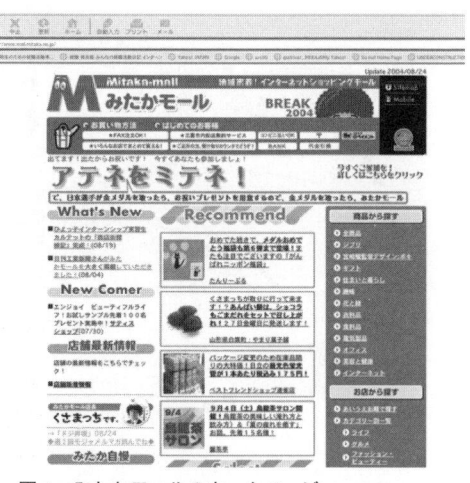

図4　みたかモールのホームページ

## (4) SOHO CITY みたか構想事業

### ① SOHO CITY みたか構想とは

「SOHO CITY みたか構想」は、三鷹産業プラザ・三鷹市三立 SOHO センター・三鷹市 SOHO パイロットオフィスの三つの拠点を中心として、光通信網を活かし情報関連産業の集積と SOHO などの創業支援を行おうという計画である（図5）。同時に市民の情報化へのリテラシーを高めるとともに市内事業者の情報化の推進も目的とする。㈱まちづくり三鷹は三鷹市と共にその主体を担う。

### ② 三鷹市 SOHO パイロットオフィス事業

1998年に SOHO の実証実験施設として開設され、2003年12月末に5年間の実証実験期間が終了し、04年4月に SOHO インキュベーション施設として5年間のノウハウの蓄積を活かしリニューアルオープンされた。

### ③ SOHO フェスタ等の開催事業

SOHO フェスタは、SOHO 事業者の PR をサポートするために経済産業省の支援を受けて、産業振興策の一つとして行っている SOHO 施策のためのイベントである。

SOHO CITY みたか構想の各インキュベーション施設の入居者を中心に SOHO 企業の展示・講演等が行われ、そこでは、SOHO という新しい事業形態の普及・促進だけでなく、参加している SOHO 同士の繋がりや来場者とのマッ

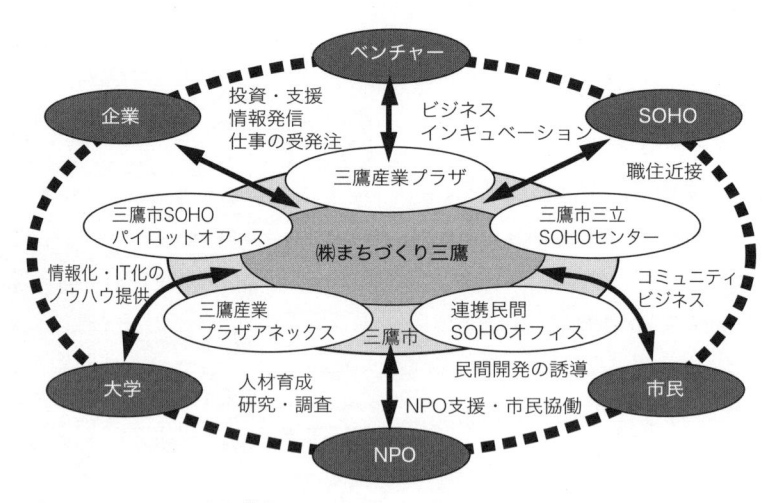

図5　SOHO CITY みたか構想　(出典：㈱まちづくり三鷹のホームページより作成)

チングなども盛んに行われている。

## 3 ── 運営体制

### (1) 組織構成

構成員総数は47名、運営に携わる常勤者は、三鷹市からの派遣社員6名、プロパー社員6名、契約社員13名の25名により構成される。

取締役および監査役は計12名により構成。そのうち3名が市の職員、その他は商工会や商店会関係者、民間企業（CATV）関係者等であり、大半を同社設立発起人かつ株主が占めている。

代表取締役社長を市助役が務め、同社の経営責任を負うが、その上位の株主総会との間に、学識経験者2名や民間企業経営者3名、市議会議員4名の計9名によって構成される経営委員会が設けられ、経営方針や事業内容について助言を与えるとしている（2002年10月）。

### (2) 財源

組織運営、事業に要する費用は、施設管理運営事業収入43.7%、支援研究開発事業収入29.5%、受託事業収入26.8%という大きく三つの収入源から充てられる。

なお、先の三つの収入源のすべてに市からの受託事業による受託料収入や都や国からの補助金が含まれており、全収入に対するすべての受託料収入の割合は44.2%、同じく補助金は7.9%である。

一方、自己収入といえる受託料、補助金以外の収入は同社の管理運営する施設の使用料や負担金、会員制施設の会費等であり、それらは全体の41.8%を占める。物販等による収入は、同6.1%である。

### (3) 他組織との関わり

特に「SOHO CITYみたか構想」を掲げることにより、企業やSOHO関連NPO法人と事業ごとの連携を組んでいる。その他、観光案内に関係するボランティア団体との交流もある。

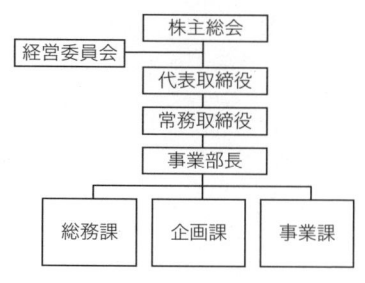

図6　組織図

また、TMO事業の実施は、TMO推進協議会を通じて市生活経済課や商工会と連携して推進している。

## 4 ── 課題と可能性

　事業を実施しようとすると、中心市街地活性化制度と既存補助事業の整合性がとれていないことが課題として挙げられている。

[神川裕貴]

（注）
1) Small Office/Home Office の略称。企業のテレワーカー、独立した小規模事業者、在宅、副業型ワーカーが活動の場とするオフィスやオフィス兼住宅を指す。

（参考文献）
- ㈱まちづくり三鷹のホームページ、http://www.mitaka.ne.jp/tmo/
- ㈱まちづくり三鷹のパンフレット
- 三鷹 TMO 構想のパンフレット
- みたかモールのホームページ、http://www.mall.mitaka.ne.jp/

# 04 横濱まちづくり倶楽部

[「古き横濱=インナーシティ横浜」の再生]

神奈川県横浜市中区・西区（人口：22万312人、区域面積：27.35km²、2004年現在）

組織形態――――任意組織
設立――――――2000年11月1日
資本金―――――0円
構成員―――――115者：地元商業者等/36、都市計画コンサルタント等専門家/22、一般/57
所在地―――――〒231-0801　神奈川県横浜市中区石川町1-40-1 近沢レース店内

## 1── 組織設立に至る経緯・沿革

横浜は1859年の開港以来、日本の近代化を支えつつ発展を続けてきた街である。この「古き横濱」（山手や野毛含む関内・関外地区）には、全国からそして世界から多くのチャレンジ精神に富んだ人たちが集まり、独自の「横濱文化」を築いてきた。しかし、バブル崩壊以後止まらない東京への一極集中や周辺都市での大規模開発などにより、横浜の魅力は相対的に低下し、横浜の発展を担ってきた「古き横濱」には新しい活力がなくなりつつある。

「古き横濱=インナーシティ横浜」の再生に向けて考えていく契機となったのは、1998年11月に開催された第2回横浜都市デザインフォーラムである。そこで、旧市街地である関内・関外地区のまちづくりのシナリオについて市民・商店街・専門家が議論し、それぞれの枠を超えて現状についての危機感と変革への決意を共有した。その後、地域会議の議論を継続し、具体的な提案と実現を目指し、市民・商店街・企業、そして専門家・行政関係者が自由に議論と提案を行いながら相互の連携を進める場として「関内デザインシップ」が同年12月に設立された。

2000年、市が策定した中心市街地活性化基本計画において、関内・関外地区のマネジメント組織、市民ボランティアや企業等とのネットワークづくり、また個々の既存組織では実現できない活性化事業の柔軟な展開などの必要性が示

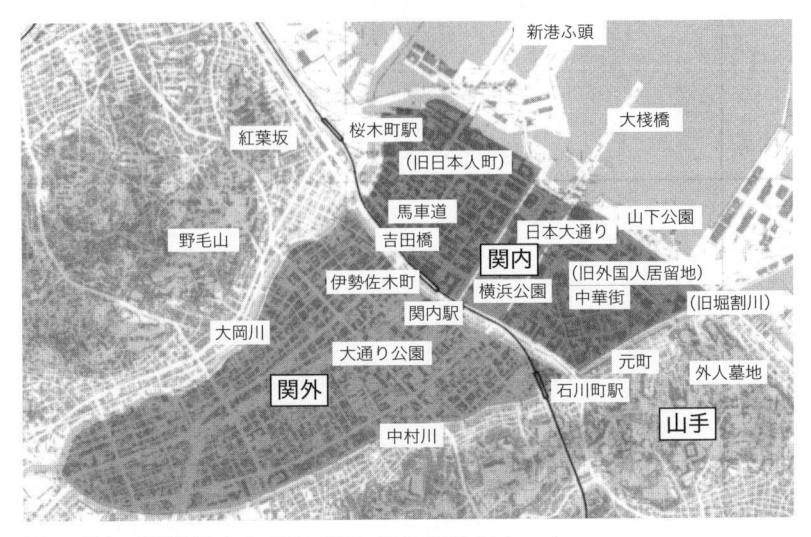

図1　関内・関外地区（出典：横浜市『港町・横浜の都市形成史』）

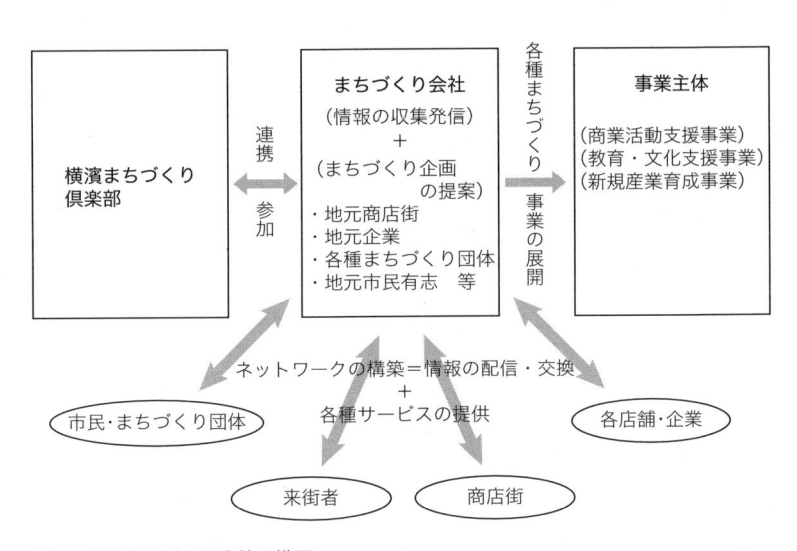

図2　横濱まちづくり会社の構図

され、まちづくり会社設立の重要性が論じられた。

　このような流れを受けて、同年11月には任意団体「横濱まちづくり倶楽部」が設立され、「横濱」を再生し、次の世代に引き継ぐべき「横濱」をつくるために、多くの人が様々な可能性を求めて参加している。そのなかで、集まった情

報や発想、協働する力を有効に運営するために、「横濱まちづくり会社」[1]を立ち上げようと試行している（図2）。

## 2 ── 事業内容

インターネットなどのIT技術を駆使して、会員相互あるいは横浜に関わる様々な地元組織・企業・市民団体・行政相互の「パートナーシップ」を築いていく。そこから「新しいホスピタリティの創造による、インナーシティ横浜の活性化」を進め、21世紀の活気ある横浜の発展に寄与することを目的とし、以下のような事業を展開している。

(1) ヨコハマスタイル部会

　石、鉄、ガラスによる高層建物が並ぶ均一な現代の都市にあって、横浜は新たな都市像を創造すべく、19世紀末に世界各都市で起こったデザインムーブメントに習い、独自のデザイン「ヨコハマスタイル」の提案を試みようとしている。その第一歩として、これからヨコハマスタイルを提案する人々のために、横浜の特徴あるスタイルを持つ建物、人物、風景などの写真を編集した『ヨコハマパッチワーク』を制作し、販売している。

(2) タウンスクール部会

　横浜の歴史的背景を踏まえて地域の魅力を再発見してもらい、関内を人と人との新たな交流の場とし、また新しい形の学習の場とすることを目的として、「横濱通養成講座」を2001年にスタート。老舗の商店主や大学の教授などを講師に迎え、一般市民を対象に年間6回程度開催している。

(3) 交流部会

　会員同士の親睦と理解を深め、また、さらに横浜を知ってもらうための会。1～2ヶ月ごとに夕食会を開催し、懇談や意見交換を行う。

(4) マイベストナウ部会

　横浜にある会員お薦めの様々な店で会員有志（毎回10名程度）が食事をし、店主等に取材した内容を、ホームページに掲載する。

(5) アートイベント部会

　横浜の歴史的な街並みを、現代アートというソフトでつなぎ合わせ、双方に新たな価値と拡がりをもたらすことを目指し、横浜中心市街地の老舗商店街を

アートで飾るイベント「街頭藝術横浜」を企画、実施した。商店街関係者、企業の支援を受け、多くのアーティストが作品を制作、披露した。2001、2002年10月に開催。

(6) 中心市街地活性化研究会

　全国各地で中心市街地活性化を担っている市民組織のあり方、活動などの実態を明らかにし、それを今後の横浜での中心市街地再生を促進する一助とすることを目的として行われている研究会。中心市街地再生は、日本の重要な政策課題とされている都市再生の一環である。2003年には、全国で都市再生を進めている地域組織への支援策が政府により用意され、当倶楽部の活動も支援対象となった。支援対象の活動内容として、他地域で中心市街地再生に努力している組織との交流も含まれている。

　1年目の2003年1月には「まちづくり市民組織フォーラム」を開催。近年、中心市街地再生に一定の成果を上げつつある地域の組織と、「組織の自立性と活性化に資する事業展開のあり方」「活性化・まちづくりにおけるパートナーシップのあり方」を検討した。

　2年目は、この研究会の中に「コンバージョン部会」を開き、2004年2月に「地域再生の実践—コンバージョン[2)]、SOHOをツールとして」というテーマのフォーラムを開催。すでに民間や公団などの事業者が空室を持つビルをコンバージョンしたり、新たにSOHOビルを建設したりして実績を上げている3地域（神田・秋葉原（東京）、御堂筋・船場（大阪）、関内・関外（横浜））を対象とし、その活動のキーワードであるSOHO、コンバージョン、地域再生などを巡って議論した。

# 3 ── 運営体制

(1) 組織構成

　毎月1回、総合打ち合わせ部会を行っている。事業運営に携わるコアメンバーと一般会員を交えて、各々の事業展開の方向性や実務に関する議論と検討、事業後の反省と将来に向けての方針について、意見交換を行っている。また、会員間の情報交換の場にもなっている。

　事業運営にあたっては、各々の部会を活動単位とし、実務的な方針決定とそ

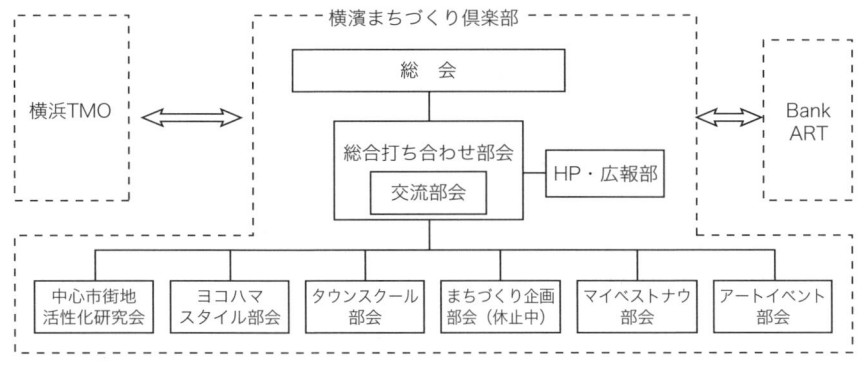

図3　組織図

れに基づく業務を行う。会員は得意分野を活かした部会に所属し、幹事役が擁立されて部会責任者となっている。

意思決定は2層に分かれ、全体方針を総合打ち合わせ部会にて、各事業については各部会において行う。

(2) 財源

主な財源は、入会金および年会費。その他、一部の事業からの収益および県・市からの補助・助成金、横浜TMO・民間企業・地元商店街等からの協力金、個人による寄付金を得ている。全体の約50％を入会金および年会費、約10％を事業収益、約10％を県・市からの補助・助成金、約15％を横浜TMOからの協力金、約15％を民間企業・地元商店街からの協力金により賄っている（2002年度）。

一部の事業は他組織からの協力金が不可欠な状態であるが、財政支援に過度に依存することのない協力関係を探ると同時に、今後新たな収益事業の展開を図り、自立を目指す。

(3) 他組織との関わり

横浜TMOに一部の事業の事務局機能の代行を依頼している。

総合打ち合わせでは、横浜TMOなどの公的機関とも意見や情報の交換を行い、随時協力を得ることができる環境づくりに努めている。

その他、活動の状況に応じて、商店街や民間企業に対しても協力を求めることがある。

これからの新しい動きとしては、BankART[3]に協力すると共に、より強固な関係を築いていこうとしている。BankARTの一室を借りて事業を行う計画も進行している。

## 4 ── 課題と可能性

　組織を構成するにあたって、商店街を中心とした商店主と、都市計画・建築家などの専門家集団の協力による「中心市街地活性化のための新規事業の立ち上げと投資」を目的としていたが、未だ新規事業の立ち上げには至っていない。これは商店主、専門家それぞれの認識の違いがあったためだと思われる。しかし、2004年になって「横浜の車（Y-car）」のデザイン開発に参加することになり、事業を立ち上げる可能性が出てきた。

[天明周子]

（注）
1) 「横濱まちづくり倶楽部」を実務面でサポートし、かつ、まちづくりのための「新規営利事業」を事業化する役割を担う。
2) 建築・住宅関連でコンバージョンという場合は、建物の用途転換を意味する。現在、日本で話題になっているコンバージョンは、主に都心部におけるオフィスから住宅への転換である。
3) 「BankART1929」は横浜市が推進する歴史的建造物を活用した文化芸術創造の実験プログラム。BankART（バンカート）は元銀行であった二つの建物（旧第一銀行と旧富士銀行）を芸術文化に利用するという意味を込めた造語で、これらはどちらも1929年に建てられた。世界恐慌の始まったこの年はニューヨーク近代美術館（MOMA）が設立された年でもあり、芸術にとっては記念すべき年といえる。

（参考文献）
・ 横濱まちづくり倶楽部のホームページ、http://www.e-hamaclub.com
・ 横濱まちづくり倶楽部通信

# 横濱まちづくり倶楽部への参加

近澤弘明／横濱まちづくり倶楽部

　私は生まれも育ちも横浜元町です。中学から大学まで東京に通っていたため若い頃は横浜をほとんど知らずに過ごしました。大学を出て親の経営する商店に入り、今まで東京しか知らなかった（遊んでいなかった）私は、横浜を覚えるのに3年以上かかりました。

　親しんでみるとなかなかに面白い場所だと実感しました。

　横浜は戦後長い間、関内牧場と呼ばれ、至る所に空き地があり、アメリカ軍の接収地がありとても都市と呼べる状態ではなかった時代が長く続きました。その後市役所を中心にハード面の整備が始まり、遅れて開発に入ったためかえって都市計画、都市デザインという面では先進的といわれる都市となりました。もちろんこの計画、開発にあたった行政マンの熱意、努力に負うところが大きかったのは言うまでもありません。

　こうしたハード整備の極めつけはMM21計画というみなとみらい地区の開発でした。こちらはちょうどバブルの崩壊にあたったということもあり、全体の完成までにはまだ時間がかかっています。

　こうしたハード整備先行の都市開発に疑問が出てきたのも同時期でした。私は25年ほど前に父を亡くしました。それ以来、わがふるさとであり仕事の中心である元町商店街のまちづくりに関わり第2期の整備計画で街路のデザインを担当しました。そこで多くの市役所の職員の方々とお話をしていくうちに、元町を考えることと、元町らしさを考えることは、横浜を考え、横浜らしさを強調していくことと同義語だと気づき、元町においてもハード整備と同時にソフト面の開発が欠かせないのと同様に、横浜においてもソフト面の考察が重要だと思うようになっていきました。

　その後、横浜の多くの方々と知り合いになり、横浜ファッション協会の立ち上げ時からいろいろ意見を言わせていただいたり（こちらは地場産業たる捺染業の復活を横浜中が応援するということで始まったのですが、なかなか初期の方向に行かずに私自身は挫折してしまいましたが）、横浜の特徴を持った商品づくりをしようとのことで「横濱001グッズ」の応援をしたりしているうちに横浜市が行ういろいろな審議会に呼ばれるようになりました。

　そこでは地元代表ということで中華街や伊勢佐木町、馬車道など周辺の商業者

とも知り合いになり、さらに都市計画の専門家である小林重敬さんとも親しくしていただいていくうちに、いっそのこと民間でまちづくりに関与する団体を作ってどんどん行動をしていこう、行政にも応援してもらおうという気運が高まり、現在の「横濱まちづくり倶楽部」を設立することになったのです。

　この会は将来、街に寄与する事業を行うことも見据えて入会金は事業会社の資本金とするためとっておき、倶楽部運営は年会費のみで行うというユニークなシステムを採用しています。これも会員のアイデアで実現しました。

　私の所属する商店街関係者に主にスポンサーとしての会員になっていただき、大学の先生、都市計画の専門家、建築デザイナーなど多くの優秀な、今まではバラバラに横浜の未来に夢を見てきた人たちが100人以上集まってくれました。

　我々の夢は画一的な都市づくりから脱却して、らしさを限りなく追求するまちづくり、そこから新たなデザイン、アートの発信ができるまちづくりを目指すというものです。

　今までの日本におけるハード整備は全国画一的な大量生産型の工業化社会におけるものでしたが、これからはその風景を競い主義主張をはっきり来街者に発信できる都市が賑わいを維持できると考えています。

　横浜をデザインする人たちのために『ヨコハマパッチワーク』という写真集を発行したり、ヨコハマ通を増やすために毎年「濱通講座」を開設したり、全国のまちづくりに取り組んでいる人たちを集めてお互いの情報交換をする「まちづくりフォーラム」を開催したりと忙しく動いています。

　今のところはまだ収益を生むような事業を見い出せないでいるので、どちらかというと大人の遊びといわれても仕方がない状況ですが、少しずつではありますが街が動き始めたと感じています。

　以前にヨコハマ発祥の会社、商店だけを集めてヨコハマをアピールしようという目的で「ヨコハマズベストコレクション」という会を作ったときに日産自動車㈱に声をかけてヨコハマオリジナルカーを作ってもらうようお願いしたことがありましたが、その節には（15年ほど前）時期も悪く断られてしまいました。しかし、今横浜市の音頭で仮称「Y-car」という日産のキューブを使ってのオリジナルカーを来年のトリエンナーレで発表しようということで我々倶楽部もお手伝いをしています。これだけたくさんの車が毎日走っていますが、ヨコハマにはヨコハマらしい車が走っているというのは、今までと違った意味での「らしさ」の表現だと思います。

　我々の仲間が今横浜市の計画として「ナショナルアートパーク構想」というものを立ち上げています。もちろん倶楽

部の多くのメンバーも一緒に参画してこれからヨコハマの水際線をアートというくくりで市民に開放していこうというプロジェクトです。

ここでは港の原風景を大事にしながら、中身はこれからのヨコハマ、これからの世界を牽引していけるほどの発想をたくさん詰め込んでいきたいと意気込んでいるところです。

街は人が集まらなければ衰退してしまいます。人がなぜ集まるのか？ たまには人がいない大自然に身をおきたいと思うこともあるでしょうが、人は賑わいが大好きです。刺激を受けることを喜びとしています。

ヨコハマはまず、我々のように住まう、働く人間にとって刺激的で、楽しく、多くの人と語らうことのできる街を、人に自慢できる街を目指して進んでいきたいと思います。それがひいては多くの来街者を招き入れ、賑わいを持続する道だと信じています。

そこからさらに新しいビジネスが生まれて倶楽部からいくつもの未来型のまちづくり会社が輩出されることを今後も目指していきたいと思っております。

# 05 都心にぎわい市民会議

[地域主導と実行力確保を目指した新たな組織へ]

静岡県浜松市（人口：60万3,770人、市域面積：256.88㎢、2004年現在）

組織形態————任意組織
設立—————1999年10月7日
資本金————0円
構成員————49者：市、商工会議所、金融機関/2を含む。地元商業者・民間企業/12、経済団体/2、組合組織/5、自治会組織/6、街づくり協議会/2、一般（NPO・市民団体）/4、学識者/2、公共機関/5、公益機関/4、その他/7
所在地————〒430-0933　静岡県浜松市鍛冶町124 マルHビル5F

## 1 ── 組織設立に至る経緯・沿革

1998年4月、市商工部に中心市街地活性化事務局が設置され、99年3月、「浜松市中心市街地活性化計画」が策定された。おおむね10年間の基本目標を「みんなで創る新世紀浜松センター」とし、市民、企業、商業者、行政が一体となって中心市街地活性化に取り組むことを目指す。この中で特に、基本理念として、中心市街地を公共エリアとし、市民の共有財産とする位置づけを明確にし、既存ストックの活用と新たな活力の導入によるその再構築、各々が主体的にまちづくりに参画する仕組みを構築していくことを謳っている。ファーストステージとして「鍛冶町メインストリートづくり」「東地区新拠点づくり」「来街・回遊システムづくり」「活性化のための協働型推進体制づくり」を四つの重点施策としている。

同年7月、協働型推進体制構築のための設立準備会を発足させ、9月まで3回にわたり組織のあり方などについて検討会議を開催した。中心市街地活性化事務局が中心となって働きかけた結果、関係団体、大規模小売店、都心事業者、市民団体等より参画意向を得て、中心市街地活性化の意識啓発や機運を醸成する意味を持ち、協議する場として、また、浜松におけるTMO設立までの暫定

組織として「都心活性化市民フォーラム」を発足させた。特に市と民間との調整、民間主体の活性化事業の研究・推進を目的とし、公募制による参加者の自由な議論と提案を期待したものである。

　同年10月、これに伴い、フォーラムの上位にあって総合調整を行うため、相互調整、企画や事業の意思決定機関である運営会議を核とした総合的なまちづくり組織「都心にぎわい市民会議」が設立された。運営会議のほかに、関係機関および部会等の実行機関、都心活性化市民フォーラムを内包しており、中心市街地における総合的なまちづくりの推進に関わる各々が共通認識を持ち、各々の自己責任と自助努力を促すことを狙いとした。

　以降、本組織を発展させた組織として浜松版TMOである「はままつDIO」の設立に向けての検討が進められてきた。しかし、「はままつDIO」の将来にわたる採算性の課題はもとより、活性化の中心的存在であった2核1モール構想の頓挫、さらには市町村合併や政令指定都市への移行など中心市街地を取り巻く環境が大きく変化してきていることから、新たな視点による活性化施策の展開が求められてきた。

　このため、2004年5月、新たな事業展開に向け、「都心にぎわい市民会議」を発展的に解消し、当会議の趣旨・目的を尊重した「都心再生戦略会議」を設立した。

## 2 ── 事業内容

　「都心にぎわい市民会議」では、市民、都心事業者・商業者、行政それぞれがまちづくりの主体者であることを自覚するとともに、良好なパートナーシップを築き上げ、英知とエネルギーを結集し、一丸となって中心市街地の活性化に取り組んでいくことを理念として活動していた。また、本組織が活動の対象とするエリアは、特に定まってはいない。

　現在は、組織を解消しており事業等は行われていないが、以下の5項目が「都心にぎわい市民会議」事業の柱であった。

①中心市街地のまちづくりに関する協議

　「循環まちバス事業推進協働会議」では、市民、商業者、事業者が連携・協働して循環まちバス事業の総合的な推進を図ることを目的とし、循環まちバス導

入実証実験の実施計画および検討、本格運行計画の検討を行っていた。また、公募による市民が参加する「まちなかYOU言うフォーラム」も開催された。
②中心市街地活性化のための共同事業に関する企画・調査・実施

　まちなかイベント事業委員会が設置・運営されていた。イベントを通じて中心市街地の活性化やまちづくりを考えることを目的とし、まちなかで行われるイベントの情報収集、まちなか活性化市民活動支援事業（市事業）対象イベントの審査を行っていた。また、カウントダウンイベント、イルミネーション事業、歩行者天国開催事業などに協賛した。
③人材の育成および団体等の意識啓発

　PR事業（リーフレット作成）、キーパーソンセミナーへの参加者派遣を行った。
④まちづくり機関に関する調査研究

　先進地事例調査や「はままつDIO」に関する検討を行った。
⑤浜松市中心市街地活性化委員会（行政の内部組織）との連携・調整

　「都心再生戦略会議」では、2005年の市町村合併・政令指定都市化に伴うビジョンづくりを行い、同時に「都心にぎわい市民会議」の中で活動していた循環バスなどの実行組織を継続させる予定である。市民、都心商業者、事業者の意見集約および意識啓発、民間事業および官民共同事業の推進、官民が行う活性化施策の調査・研究および企画立案、中心市街地活性化計画の改定に関する提言を行う。

## 3 ── 運営体制

### (1) 組織構成

　「都心にぎわい市民会議」は、図1のように構成されていた。

　核となるのは運営会議である。ここには、市内の商店界をはじめ、市民団体、公共交通機関等、幅広い組織の幹部が参画し、運営方針や事業について協議する。また、運営方針や事業の方向性等に関する意思決定を行う場でもある。組織設立の中心となった市が事務局を担当する。

　「都心再生戦略会議」の運営体制は、図2のように、都心再生戦略会議（本部）と都心再生タスクフォースの2層からなる。都心再生戦略会議（本部）は、主に政策面を担当し、活性化ビジョン、プロジェクト計画の作成を行う。都心

再生タスクフォースは、実行組織であり、実施計画の作成・事業体の設立・事業の実施を行う。

(2) 財源

「都心にぎわい市民会議」の維持運営・活動費用は、市および商工会議所の負担金によって賄われていた。負担の割合は、市87.5%、商工会議所12.5%であった。その中で組織維持運営に要する費用は、全収入に対する割合13.6%、活動・事業費用は同74.6%であった。ただし、事務所の賃料等は市が全額負担をしていた（2001年度）[1]。

市は、中心市街地活性化を都市政策の重要課題であるとして、支

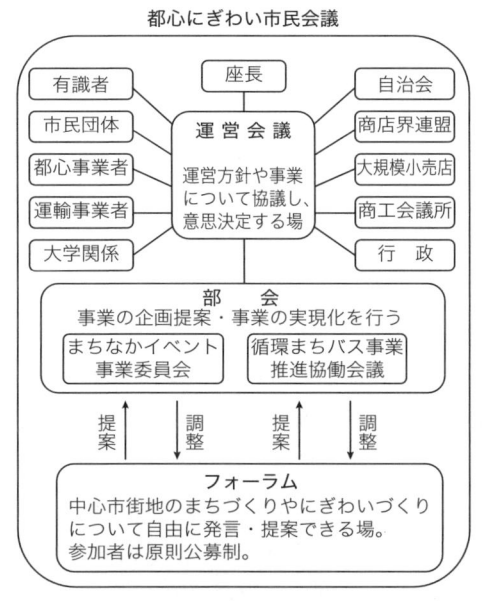

図1　都心にぎわい市民会議の組織図　(出典：都心にぎわい市民会議関係資料)

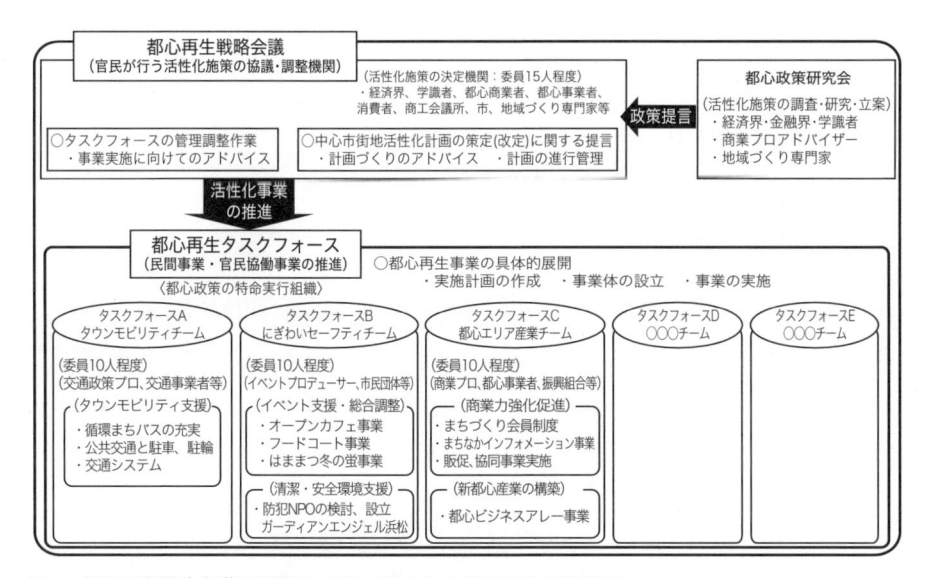

図2　都心再生戦略会議の組織図　(出典：浜松市中心市街地活性化事務局資料)

援については積極的な姿勢であった。

「都心再生戦略会議」においても、運営費は同じく市と商工会議所が負担する。都心再生タスクフォース段階での活動・事業費用は個々のプロジェクトごとに財源を確保する予定である。

(3) 他組織との関わり

「都心にぎわい市民会議」では、街づくり協議会をはじめ、観光・商業関連団体等、活性化を図る活動を行っている様々な組織が当組織の構成員となっていた。本組織はエリア内の組織と連携するのではなく、内包する形態をとっていた。

その他、フォーラムをはじめとして、中心市街地活性化に寄与するまちづくりを含む各種イベント、啓蒙活動等を通じて、幅広い市民が中心市街地活性化について関心を持ち、様々な形で活性化事業に関与することを重要と考え、市民のより一層の積極的な参画を目的としていた。

現在、浜松市では中心市街地活性化計画の改定を検討しており、「都心再生戦略会議」は、「市民との協働体制による中心市街地活性化計画改定スキーム」に組み込まれている。そして、都心再生戦略会議の事務局は中心市街地活性化委員会（行政機関）の事務局も担当している浜松市中心市街地活性化事務局が担当しており、市と協力・連携して活動を行っていく予定である。

再生戦略会議では官民パートナーシップを用いた事業実行担保力をつけていくことを重要視しており、民間の財源・人材を今後活用していく予定である。

また、都心再生市民フォーラム・電子フォーラムやその他のアンケート・ヒアリングによって市民の意見を集約する。

## 4 ── 課題と可能性

「都心にぎわい市民会議」では、構成団体の当事者意識が相対的に弱く、財源・人材面において行政への依存度が強いことが問題点であった。また任意団体であったため事業実行力にも限界があり、組織の認知度・知名度も必ずしも高くなかった。以上のような問題点から中心市街地活性化のモチベーションは高まっているとはいえない状況であった。

さらに、「はままつDIO」への発展的移行の検討が行われていたが、それに向けてはコンセンサスの形成と役割分担の明確化が必要であった[2]。しかし、

「はままつ DIO」は、第三セクター方式であったため、これからの活動方式として行政主導に過ぎるとの批判があり頓挫してしまった。

今後「都心再生戦略会議」を運営していくにあたっては、上記の問題点を踏まえて、①都心活性化基本スタンスを行政主導から地元主導に転換すること、②継続する組織とそのための人材と財源を確保することを大きな課題としている。

そこで、タスクフォースにおいて、官民パートナーシップを用いた実行担保力をつけていくことが重要である。現段階では、まずこの点に関して都心再生戦略会議で協議・検討を行い、徐々にタスクフォースを動かしていく予定である。実際に事業実行力をつけるにはタスクフォースの財源・人材が問題となり、財源面においては官民パートナーシップの財源の担保を協議・検討する必要がある。アメリカのような BID、地域ファンド[3] も検討する予定である。人材面においては、外部専門家（できれば地域内の人がよいが、地域外でも可）・地域事業者（プレーヤー）の両面からリーダーシップを発揮できる人材を確保する必要がある[4]。

[林　真木子]

（注）
1) 2002 年に横濱まちづくり倶楽部の中心市街地活性化を支援し活動する市民組織のあり方に関する研究会が行ったアンケート調査による。
2) 1) に同じ。
3) 地域ファンドとは、地元の人々が地域を活性化するために、ローリスク・ローリターンで地域再生プロジェクト等に投資を行うことである。
4) 2004 年 6 月に行った浜松市役所中心市街地活性化事務局へのヒアリング調査による。

（参考文献）
・浜松市「都心にぎわい市民会議の今後について」2004
・浜松市「市民との共同体制による中心市街地活性化計画改定スキーム」2004
・浜松市「都心再生戦略会議の設立」2004
・都心にぎわい市民会議「都心にぎわい市民会議のご案内」1999
・「平成 11 年度　都心にぎわい市民会議事業報告書」
・「平成 12 年度　都心にぎわい市民会議事業報告書」
・「平成 13 年度　都心にぎわい市民会議事業報告書」

# 06 ㈱御祓川

[官と民、二つのまちづくり会社の分業によるまちづくり]

石川県七尾市（人口：4万7,366人、市域面積：143.97㎢、2004年現在）

組織形態————株式会社（民間出資100%）
設立—————1999年6月23日
資本金————6,800万円　（一口5万円×1,360口…設立時5000万円、1999年8月に増資）
構成員————株主(20者)：地元商業者等/18、金融機関/1、都市計画コンサルタント/1
所在地————〒926-0804　石川県七尾市生駒町16-4

## 1 ——組織設立に至る経緯・沿革

　石川県七尾市は能登半島の中央部東側に位置し、古くから港町として栄えてきたが、戦後のモータリゼーションの波に押され、かつての賑わいを失いつつあった。この状況に危機感を感じ始めた㈳七尾青年会議所メンバーの地元商業者等が中心となり、1979〜85年頃にかけて講師を招いて「能登再生のための勉強会」や「市民大学講座」などを開催した。そこでは七尾がこれから進むべき道が模索され、七尾の財産である港に着目した「港を中心としたまちづくり」

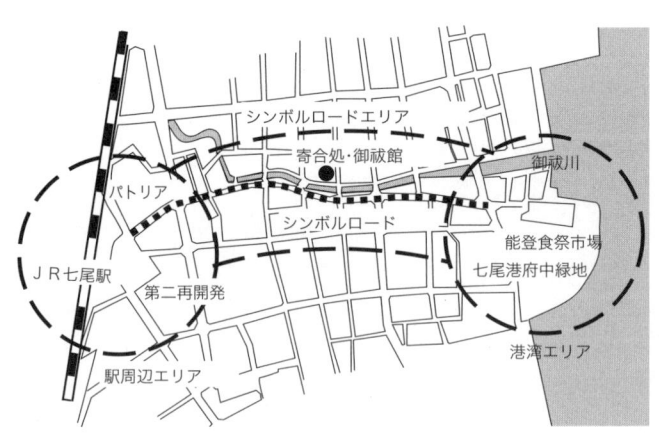

図1　都心軸整備計画
（出典：七尾都市ルネッサンス・都市軸整備協議会事務局「都心軸整備計画」パンフレットより作成）

図2　景観形成の方向性 (出典：七尾都市ルネッサンス・都心軸整備協議会事務局「都心軸整備計画」パンフレット)

図3　御祓川 (提供：㈱御祓川)

表1　七尾まちづくりセンター㈱の概要

| | |
|---|---|
| 設立 | ：1998年8月6日 |
| 出資金 | ：1,400万円（一口5万円×280口） |
| 株主 | ：七尾市　　　　　(140口) |
| | 　七尾商工会議所　(20口) |
| | 　大企業等　　　　(50口) |
| | 　その他　　　　　(70口) |
| 事業概要 | ：・シンボルロードの整備 |
| | ・地区計画による周辺の町並み整備 |
| | ・下水道整備、御祓川の水質浄化 |
| | ・御祓館の整備 |

というキーワードを得ることとなる。これを受けて86年に市が「七尾マリンシティ構想」を掲げ、翌87年には「七尾マリンシティ推進協議会」が設立され、構想の具現化へ向け議論を重ねていった。

「七尾マリンシティ構想」の第一歩として、1991年に七尾港に面して第三セクターの七尾フィッシャーマンズワーフ「能登食祭市場」が開業した。能登食祭市場は、現在市内外から年間90万人が訪れる交流拠点となっている。また95年には七尾駅前の再開発事業により、ショッピングゾーンと生涯学習施設からなる第三セクターの「パトリア」が開業し多くの市民で賑わっている。これら二つの核の集客力を旧来の商店街にも波及させ、街に回遊性をもたらすことを目的に、二つの核を結ぶ都心軸が検討され、御祓川に平行する道路が「シンボルロード」に位置づけられた（図1、2、3）。しかし、御祓川は生活雑排水や工場廃水による汚染がひどく、異臭を放っていたために、シンボルロードの整備と

並び、御祓川の再生が不可欠であった。

　1998年の中心市街地活性化法施行に伴い、TMOとして「七尾まちづくりセンター㈱」が認定され、七尾市が50％出資する第三セクターとして設立された（表1）。七尾まちづくりセンター㈱はシンボルロードの整備、地区計画による周辺の町並み整備、下水道整備、インキュベータ施設「寄合処・御祓館」（図5）の建設および整備等、中心市街地のハード部門の整備を行っている。

　これに呼応する形で1999年に、御祓川周辺で進められる基盤整備と連携し、統一したデザインコンセプトに基づくまちづくりと七尾文化を担いうる人材教育、御祓川の再生と界隈の賑わいづくりを目的として、当初からまちづくり運動に携わってきた企業経営者等が「㈱御祓川」を設立した。㈱御祓川は、本来TMOが担うべきソフト部門を実質的に行う組織として位置づけられ、事業の推進はTMOの七尾まちづくりセンター㈱と連携して行っている。

## 2 ── 事業内容

### (1) 御祓川の浄化

　御祓川の浄化を目指し、創知産業促進プロジェクト補助金を受けて七尾まちづくりセンター㈱が御祓川の浄化方策についてワークショップを開催した。また水質浄化技術を持つ企業へ呼びかけ、御祓川浄化方策の提案をしてもらい、これをもとにシンポジウムを開催した。この検討内容は県・市に提案され、ヘドロの浚渫など公共事業化につながっている。

　その他、県・市・NPO・企業・学校による共同研究体として「御祓川浄化研究会」が活動しており、七尾商業高校の生徒からの提案をもとに、曝気方式による水質浄化システムを御祓川で実験した。また初年度の成果を県・市に提案し、

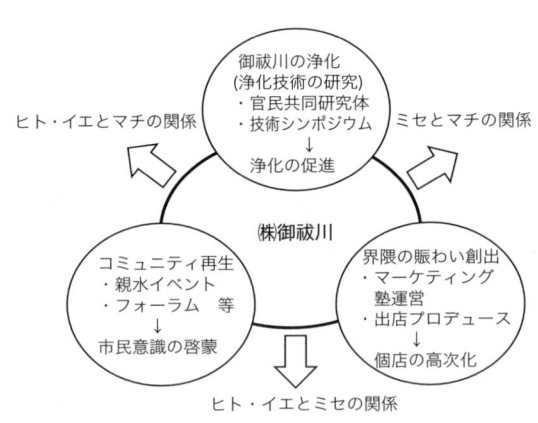

図4　㈱御祓川の事業内容　(提供：㈱御祓川)

2003年度は補助金を受けて曝気方式とビオパークによる実証実験を行っている。

### (2) 界隈の賑わい創出

七尾まちづくりセンター㈱との協働により御祓川1号館（寄合処・御祓館、図5）を整備し、工芸食器の展示ギャラリー「暮らしっく館・葦」と能登独特の調味料である「い

図5　寄合処・御祓館（提供：㈱御祓川）

しり」を使った飲食店「いしり亭」を直営し、能登の生活文化を発信している。また1号館の隣には㈱御祓川の自主事業として2号館を整備した。2号館ではテナント方式により、マーケティング塾修了生が出店している。これらは㈱御祓川がテナント内容のマネジメント、事業計画の検討など出店プロデュースをしている。このように御祓川沿いに魅力的な店を誘致、出店することにより賑わいの創出を図っている。

その他に、マーケティング塾による地元商業者を対象にした実践的な店づくりの指導、まちづくり大学の企画運営、各種セミナー・シンポジウムの企画運営など、地元商業者の人材育成にも力を入れている。

### (3) 川を中心としたコミュニティの再生

2000年に全国の都市河川を抱える街に呼びかけ、川づくりとまちづくりについて議論を交わす「ドブ川市民サミット」を開催し、「ドブ川市民サミット宣言」を採択した。この流れを受けて、「川への祈り実行委員会」が設立され、㈱御祓川で事務局業務を行っている。川への祈り実行委員会では、市民から集めた「川への祈りファンド」をもとに、御祓川と市民の関係を取り戻すための事業を展開しており、親水イベントとして、川掃除や川遊び、源流への遠足、ふるさとの川セミナー、川への祈りコンサートのほか、地元のコミュニティFMの協力により、川の話題を提供するラジオ番組を放送している。

その他にまちづくり塾を企画運営しており、商業者以外も対象にした塾によりまちづくりの仲間を広げている。

## 3 ── 運営体制

### (1)組織構成

取締役6名（地元経済人）、監査役1名（都市計画コンサルタント）、常勤社員1名、パート6名（一般）、計14名により構成されている。そのうち、活動に参加しているのは9名である。販売部門は物販、飲食の直営店の経営に、ソフト部門は調査事業、川の浄化等、開発部門はマーケティング等に、管理部門は主に総務関係に携わる。事業方針等の意思決定は役員会にて行っている（2001年）。

### (2)財源

ソフト部門の行政から受託したコンサルティング料の収入が最も多く、1,070万円と純売上高の44％を占める。次に多いのが、販売部門における直営店等の商品売上高であり、839万円で純売上高の34％、開発部門の家賃収入等は546万円で純売上高の22％となっている。このように、ソフト部門の収入がおよそ半分を占めており、コンサルティング業務の柱となる市からの受託事業が不可欠となっている（2001年）。

### (3)他組織との関わり

市より年間3〜4件の事業を受託し、年間6回程度、市商工観光課、商工会議所、TMO、㈱御祓川の四者による懇談会を行い、意見交換等を行っている。

その他、まちづくりを含む各種イベント、啓蒙活動等を通じて複数の地元組織等と交流を持ち、川の浄化を始め、環境美化活動や歴史的建造物の再生等において複数のNPOと協力関係を持つ。

特にシンボルロードの整備事業では、TMOの七尾まちづくりセンター㈱との連携が重要となっている。TMOが公的な補助事業の窓口となり、ハードの基盤整備を行い、㈱御祓川がソフト面で実際に運営する形で、二つのまちづくり会社で分業している。

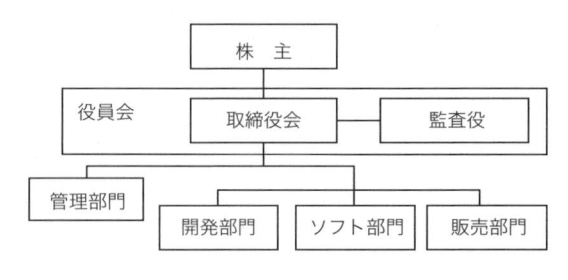

図6　組織図

また、事業ごとに適した組織が運営していくために、非営利の事業では川への祈り実行委員会などのNPOを事業主体にするなど、必要に応じて新たな組織を立ち上げている。

## 4──課題と可能性

2001年に㈱御祓川に対して行ったアンケートによると、課題として売り上げの確保、七尾まちづくりセンター㈱内部の活性化、非営利部門のNPO化、営利部門の自立、後継者の育成を挙げている。

今後の事業展開としては三つの方向性が考えられている。まず一つめに、店舗展開において、御祓川1号館、2号館に続き3号館など次期プロジェクトを推進する。それに加えてTMOによる地権者意向調査の結果に基づき、シンボルロード沿いにテナント誘致を行う。二つめに、ソフト事業の受託・実践において、まちづくりソフト計画・実践や市民活動のサポートを引き続き推進し、高次化する。三つめに、出店プロデュースを強化する。具体的には「暮らしっく館・葦」などの継続プロデュースや人材派遣を併せた既存商店の高次化、プロデュース店のネットワーク化による取り組みなどが考えられている。

［林　弘二］

(参考文献)
・『造景』30号、2000.12

# まちづくりのリーダーとは

森山奈美／㈱御祓川

## まちづくりが人々の心を変える

　私が、七尾市でのまちづくりに関わるようになって5年が経った。七尾マリンシティ運動からの25年くらいの歩みを振り返ると、このような活動が「まち」や「まちに住む人々の心」に与えた影響は計りしれないことだと思う。「こんな町なんて」と思っていた人が「この町も捨てたもんじゃない」と思い始め、いつしか「七尾が好き」と誇りを持って言えるようになる。この、どの統計書にも反映しがたい、定性的な人々の心理変化が多ければ多いほど、まちの活力は向上していく。もちろん、元々この町が好きな人も、現状の問題点を捉えて希望を持ってその解決に取り組んでいく。まちの中で一人一人が輝けるステージをつくっていく。

　「まちづくり」とは、このような多様な人生ドラマを包括した、身の回りのたゆみない改善活動である。身の回りの範囲は、状況に応じて変化するだろうし、改善という言葉が右肩上がりの印象を与えるならば、成熟過程と言ってもいい。最近は「まち育て」「まち直し」という言葉も聞かれるが、とにかく、我々の活動はおそらく一世代で終わることなく、連綿と続いていく取り組みになることは確からしい。

## まちづくりの二つのタイプ

　これまでの活動を振り返ってみると、まちづくりを推進する組織には、大きく二つのタイプがあることに気がついた。一つは、主体をはっきりさせ、自己責任の活動を志向する「まちづくり会社型」である。㈱御祓川はその代表だろう。出資者らは債務保証を自ら負いながらスピード感を持って川沿いの店舗展開を進めた。少人数による熱意ある取り組みが、まちを動かすエンジンとなったことは間違いない。

| A　まちづくり会社型 | B　ワークショップ型 |
|---|---|
| 主体がはっきりしている | みんなで |
| 自己責任 | 楽しむところから |
| 投資がともなう | ゆるやかな責任、充実感、満足感 |
| スピード感 | お金をかけず時間をかける |
| ダイナミックな事業展開 | 地味でも着実な成果 |
| リスクが大きい | |

もう一方は「ワークショップ型」である。前者に比べて多くの人が関わり、充実感や満足感を重視することが特徴だ。お金をかけるよりは知恵や汗をかき、地味でも着実に成果を上げていく。川への祈り実行委員会などの活動がこれにあたる。一口1,000円のFUNDは、私たちが川を汚したことへの賠償としては少なすぎる額かもしれない。しかし、ここでは川と関わる楽しさを重視する。一人でも多くの人々が活動に関わっていくことが重要なのだ。

まちづくりのテーマや状況に応じて、両方のタイプが必要である。スピードが要求される商業開発などは、「まちづくり会社型」が適しているだろう。まちの中に残る伝統的な建造物を保存するためには、時間をかけて多くの人が、その建物の価値を認識できる「ワークショップ型」の活動が必要だろう。ところが、ある重要な建物が取り壊しの危機に遭っているときは、たちまち「まちづくり会社型」に切り替えて、緊急にその建物を守らなければいけない場面が出てくる。

**多様化するまちづくりの主体**

七尾マリンシティ構想が動き始めた頃、まちづくりの主体は、主に青年会議所や七尾マリンシティ推進協議会であった。市民主導のまちづくりを掲げていた割に、当時、高校生だった私の耳には、同じ市民からの批判の声が聞こえていた。先頭を走るリーダーたちには、このような批判や無関心層にとらわれることなく、信念に基づいて強力にまちづくりを牽引する情熱が求められた。結果、能登食祭市場の実現など一定の成果を上げ、少しずつ、まちづくりの輪は広がってきたのだ。

今や、まちづくり活動は経営者や商店主など、一部の限られた人々のことではなくなった。担い手は、主婦やサラリーマン、学生など多種多様である。また、商店街や町会などの既存組織だけではなく、様々なミッションを掲げたNPOが活動を展開し始めている。まちづくりの主体が多様化し、さらにその構成員も多様な価値観を持つ人々になってきたと言ってよい。

こうなると、強いリーダーシップによってリードされる活動だけでは、収まりきれなくなる。私は、この状態こそ「活性化」だと思っている。人々が活動を通してまちとの関係を結んでいく。その関わりの糸が多くなるほど住民の公共感覚は磨かれ、コミュニティに活力が生まれるからだ。

しかし、多様な主体が同じフィールドで異なる活動を展開していくと、各活動がバラバラな方向に進んだり、コミュニティの力が分散してしまったり、という問題点もある。緩やかな方向性を示しつつ、それぞれの活動を尊重しながら、必要に応じて情報や人材をつなげて、新しい価値や活動を生み出す手助けをすると

いう、新しいリーダーがますます重要になる。

## つなぐ・寄り添う・後押しする

本書で紹介されている事例では、TMOはハード担当、㈱御祓川はソフト担当という役割分担があるように見えるが、その後は状況が変わってきている。というのは、2002年以降はTMOに専従スタッフが張り付き、本来果たすべきソフト施策が一気に加速してきているのだ。その中心となっているのがTMOの運営する「元気ななお仕事塾」である。仕事塾では塾生が、まちの問題について考え、直接その問題に関わりながら解決策を実践するという場を提供している。「活動するシンクタンク」とでも言うべきか。

塾長の内山博史氏は、全国公募で選ばれたまちづくりコーディネーターである。彼のもとで、様々な立場の市民がいくつかの活動を展開している。まちなかで定期市を開催したり、映画を上映したり、明治期の芝居小屋を再生する活動を展開したりと、テーマは様々である。塾の中に実行委員会をつくることもあるし、塾から新しいNPOを立ち上げたケースもある。また、塾長は塾以外で既存の団体がまちづくりに取り組もうとするときにも、必要な知識やネットワークを提供し、活動を活性化させている。先頭に立つというより、その活動に寄り添い、場合によっては後押しするという点で、従来のリーダーとは立ち位置が違っているようだ。

さて、改めてまちづくりのリーダーとは、と問う。主体が多様化するにしたがって、リーダーに求められる役割や資質も変化してきている。まちをステージに一人一人が主役となれる物語を綴り、演出する人だろうか。そのような人を育てるのもまた「まち」の魅力なのかもしれない。

# 07 ㈱金沢商業活性化センター

[2 地区連携の中心市街地活性化]

石川県金沢市（人口：45万7,929人、市域面積：467.77km²、2004年現在）

組織形態————株式会社（第三セクター／市出資50%）
設立—————1998年10月7日
資本金————4,600万円
構成員————株主(30者)：金沢市、金沢商工会議所、地元商業者等/21、大型店等/4、金融機関/3
所在地————〒920-0918　石川県金沢市尾山町9-13

## 1 ── 組織設立に至る経緯・沿革

　1998年1月頃から金沢市が主導し、石川県、金沢市、金沢商工会議所、中心商店街の代表者により中心部活性化へ向けた対応に関する協議を始めた。そして同年5月には、金沢市、金沢商工会議所、金沢中心商店街まちづくり協議会、武蔵活性化協議会により「TMO設立検討会」を組織し、以後5回の検討と、第三セクターの先進事例の視察を経て、同98年9月に、金沢市、金沢商工会議所、金融機関、中心商店街商業者によるまちづくり機関の設立合意に達した。

　同時期に、商店街振興組合理事長7名による株式会社設立発起人会を開催し、株式の募集および割り当てを行い、同98年10月7日、株式会社（第三セクター）として金沢商業活性化センターの設立に至る。また、翌99年3月にTMO構想が策定され、4月に、金沢市よりTMO構想認定を受けている。

## 2 ── 事業内容

　㈱金沢商業活性化センターは、中心市街地として香林坊地区（図1）と武蔵地区（図2）の2ヶ所を指定しており、それぞれでテナントミックス事業、ハード事業、ソフト事業が展開されている。

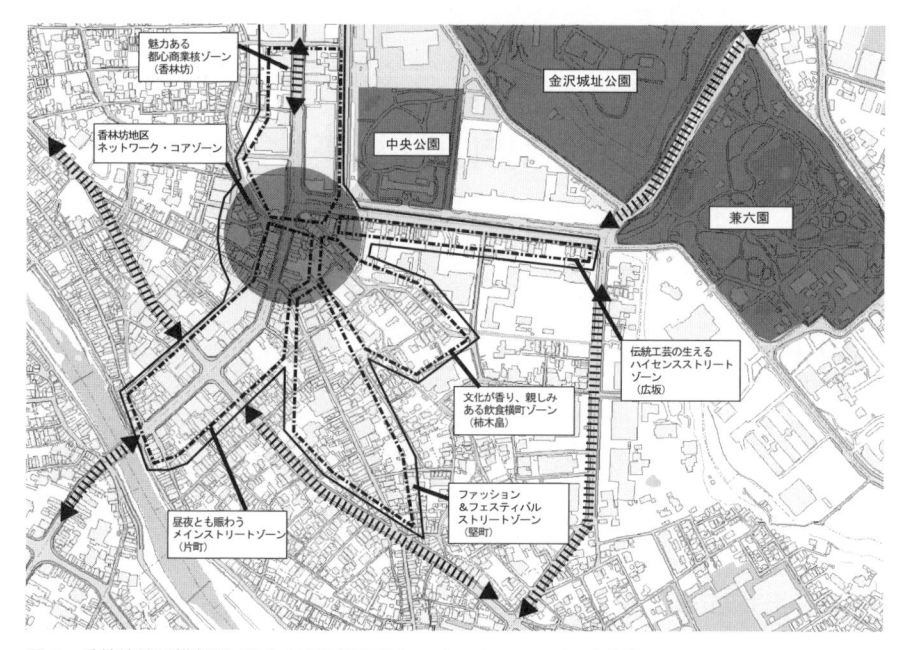

図1 香林坊地区構想図 （出典：㈱金沢商業活性化センターのパンフレットより作成）

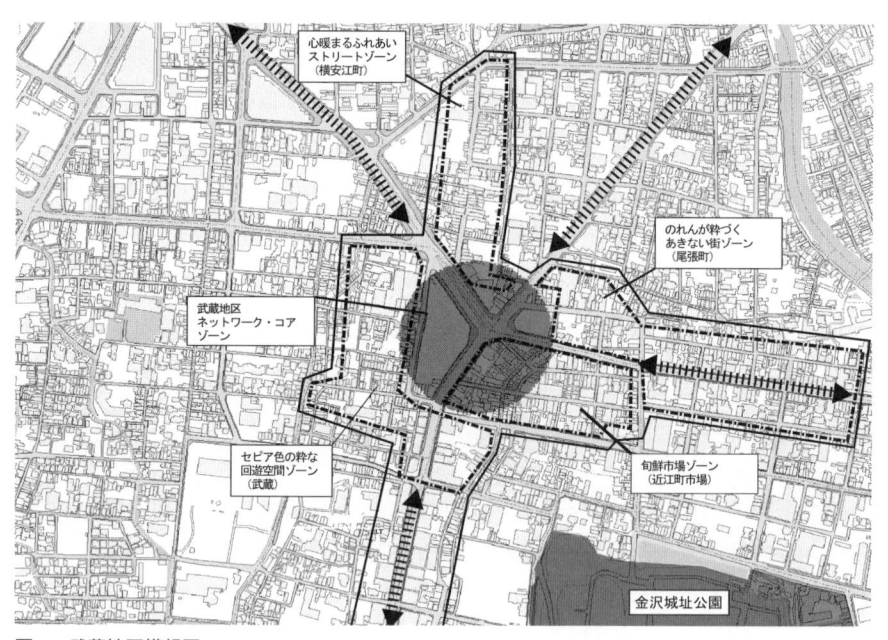

図2 武蔵地区構想図 （出典：㈱金沢商業活性化センターのパンフレットより作成）

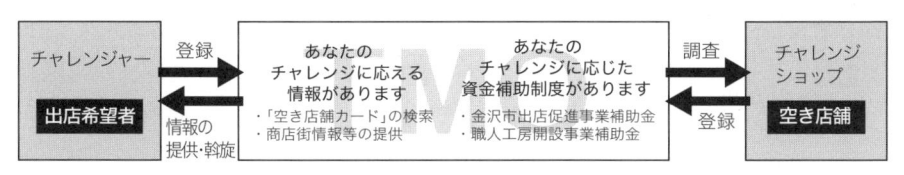

図3　チャレンジショップの流れ (出展：㈱金沢商業活性化センターのパンフレットより作成)

## (1) テナントミックス事業

### ①チャレンジショップ

　香林坊、武蔵地区商店街の商業活性化のために空き店舗情報などをプールし、中心市街地への出店希望者に提供することでサポートを行う事業である。出店希望者は従来のように目をつけた物件一つ一つについて不動産会社などをまわる必要はなく、「金沢TMO」で入手することができる。空き店舗に関する各種調査項目が「空き店舗カード」として整理されており、いつでも短時間で必要な情報を手にすることができる。また中心市街地の活性化を目的にしているため、情報提供料や斡旋料などの金銭的負担が出展希望者にはかからない。公的資金補助制度の活用のアドバイスも行っている。

### ②その他のテナントミックス事業

- テナント誘致の支援（核店舗の誘致活動）
- 大規模な空き地の暫定利用（イベントやオープンカフェなどへの暫定利用）
- むさし・レトロタウン（インテリジェントビルの空き店舗を活用したイベント）

## (2) ハード事業

### ①旧パルドゥ跡地活用テナントミックス事業—プレーゴ

　中心市街地の中でも特に商業の集積が高密な繁華街である竪町商店街に隣接し、13年間空き地とされていた土地の有効活用を求める地元商業者からの強い要望を受け、同地に北陸圏の中でも個性的なものを目指した商業施設とし、㈱金沢商業活性化センターが借地し、国、県、市の補助を受けて建設した。そこに魅力的な商

図4　プレーゴ内観 (出典：㈱金沢商業活性化センター「プレーゴ」パンフレット)

者を誘致し、施設の管理運営を行っている。

旧パルドゥ跡地活用テナントミックス事業によって建設された複合商業施設「プレーゴ」(図4)は、快適なパティオ形式による商業空間を創出するものとして、2001年3月に竣工した。最大限度額の補助金を、国、県、市より得て建設し、総工費に対する同社の負担割合は、0.6%である。本プロジェクトは企画から竣工まで2年弱を要した。

②香林坊ハーバー整備事業

香林坊地区旧映画街に残る旧プラザ劇場の建物を活用し、学生の交流・活動の場として整備することで、郊外に立地する大学等の学生を市街地に呼び戻すことを目的に行われた事業である。金沢大学・金沢工業大学・金沢美術工芸大学の学生らが企画・運営にあたり、2002年10月、香林坊ハーバー、としてオープンした。「金沢TMO」は学生を中心とした運営委員会に事業を委託し、管理を行っている。

③その他のハード事業
- アーケードの再建整備
- モール、駐車場の整備
- 上町開発（新しい集客の核となる施設）
- 百万石文化スクエア（カンカン跡地）の整備（歴史文化的核となる施設）
- 百万石老舗通りの整備
- 広坂工芸街の整備

(3)ソフト事業

①イベント実施事業
- まちなかパフォーマンスシアター：中心市街地の広場などで、市内外を問わず学生や社会人のパフォーマーを募り、アコースティック等のイベントを実施する。
- 金沢桜まつり開催事業：香林坊地区の五つの商店街が一体となり、桜の開花時期に行うお祭り。市庁舎前や歩行者天国において、食まつりや大道芸パフォーマンスが行われる。
- むさしまつり開催事業：武蔵地区において、地元の老舗や各店の味覚の披露や踊りなど参加型イベントが開催されるお祭り。歩行者天国ではミニコ

ンサートやフリーマーケット等が開催される。
②中心商店街駐車場ネットワーク事業

　これまで、各商店街、各個店がそれぞれ独自に実施していた駐車場割引サービスを、地域の商店街が連携してどの駐車場を利用しても割引サービスが受けられるよう、駐車場ネットワークシステムを構築し、来街者の利便性向上を図り、中心商店街の活性化を促進する事業である。

③その他のソフト事業
　・共通ポイントカードの発行
　・商品の無料宅配サービス

## 3 ── 運営体制

### (1) 組織構成

　代表取締役社長1名、専務取締役2名（商店街振興組合理事長）、取締役8名（金沢市経済部長、金沢商工会議所専務理事長、商店街振興組合理事長4名、大型店代表者2名）、監査役3名（金融機関代表者）の計14名で構成される（2002年12月）。

　その他、常勤社員が事務局機能を果たす。特に、非常勤の専務取締役理事長が、香林坊地区、武蔵地区各々を担当し、各地区との密接なつながりを保とうという姿勢が見受けられる。

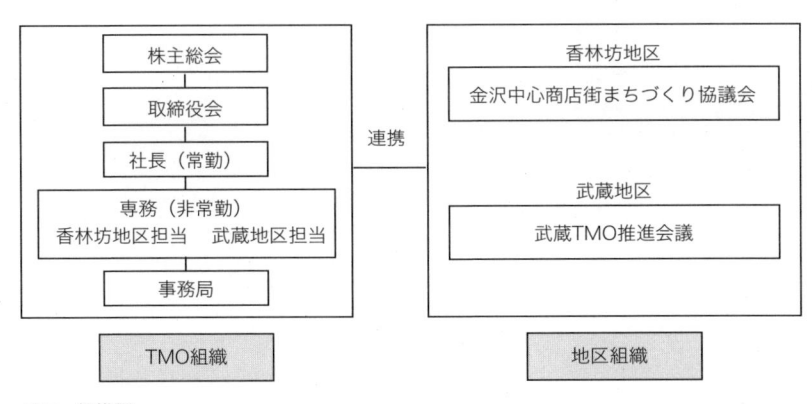

図5　組織図

(2) 財源

　組織運営、事業に要する費用のうち、30％を市による補助金、20％を市からの委託事業収入、14％を同社の自己資金により賄っている。特に、事業費のみについては、すべて市による補助金や委託料、商店街による負担金、TMO基金等で賄っており、同社の自己負担はない。同社のTMO事務局運営費用のみにおいては自己資金による負担があるが、その負担率は約49％であり、同費用の約50％を市による補助金および商工会議所負担金により賄っている。現在、市による補助金や委託料は不可欠であるが、将来的には自主運営を目指しており、収益事業の創出のための、調査・研究中である。

(3) 他組織との関わり

　香林坊地区の5商店街で構成される協議会および武蔵地区の4商店街で構成される協議会と連携して事業を行うほか、それらの組織構成員が同社の役員を務めることで、密接な関係を築いている。同社は市のイニシアチブにより組織化されたが、それらを通して、随時意見交換や協議を行っている。

## 4 ── 課題と可能性

　運営は順調であるが、株式会社としての性質上、収益を上げなければならず、中心市街地の活性化という仕事の性質上、収益事業が見つけづらいことが課題である。

[神川裕貴]

(参考文献)
- ㈱金沢商業活性化センターのホームページ、http://www.kanazawa-tmo.co.jp/
- プレーゴのホームページ、http://www.prego2001.net/
- 香林坊ハーバーのホームページ、http://www.k-harbor.com/
- ㈱金沢商業活性化センターのパンフレット
- プレーゴのパンフレット

# 08 ㈱飯田まちづくりカンパニー

[地元自らの手によるまちづくり会社設立]

長野県飯田市（人口：10万7,416人、市域面積：325.35㎢、2001年現在）

組織形態――――株式会社（第三セクター／市出資14.2％）
設立――――――1998年8月3日（TMO認定1999年8月3日）
資本金――――― 2億1,200万円（設立時1,000万円、1999年1月に市が出資し、第三セクターに。同年9月に日本開発銀行、商工会議所等により増資）
構成員――――― 株主(40者)：市、商工会議所、地元商業者等/19、金融機関/4、個人/15
所在地――――― 〒395-0043　長野県飯田市通り町1-18-1番地 岩間ビル1F

## 1 ――組織設立に至る経緯・沿革

　飯田市の中心市街地は、戦国時代末期に城下町として発展したことに始まる。この歴史的に都市基盤が蓄積している中心市街地は、町の人々から「丘の上」と呼ばれている。しかし、1980年代には人口が約20％も減少し、以後も郊外化が進んだ。そのなかで、1993年、中心市街地の改造を社会サービスの充実によって促進させるため、中心市街地での再開発を試みようと「丘の上」の一地区である「橋南」地区の本町1丁目、通り町1丁目、銀座3・4丁目に位置する1.3haを対象に研究会が発足する。同年、この再開発予定地である通り町1丁目に、市が出先機関として「まちづくり・サロン」（商工部商業観光課の出先機関）を開設する。市が再開発事業への積極姿勢を示すことによって、状況は前進し、本事業のためのまちづくり会社を設立する構想が生まれる。デベロッパーやゼネコンに頼るのではなく、自分たちのまちづくり会社が中心市街地に連続的に投資する仕組みをつくろうとした。

　翌94年6月に「橋南地区再開発準備組合」が設立され、以後、行政と地権者による研究を重ね、事業の具体化を進めていく。95年3月には「飯田市橋南地区市街地総合再生基本計画」が策定された。これには、①住宅立地を第一とする、②街全体を歩行者中心の交通システムとして見直す、③事業化について

は、全員同意と全員再入居の同意で行う、④駐車場の採算を考える、⑤「全域で着工」せず、全員同意の地区から順次着工する、⑥「歩く街」への転換によって再生を行う、⑦連続投資の形で各地域で続いて再開発が起きやすい枠組みをつくる、⑧「文化」というキーワードに包みこんだ魅力ある街にする、という8項目が「整備の基本方針」として列挙されている。この内容は、同年作成する事業の基本計画に反映される。事業を段階的に数ブロックごとに分けて進めてゆくこととし、第一段階として、97年6月に「橋南第一再開発準備組合」が設立され、翌98年7月に市街地再開発事業が都市計画決定される。

この事業化が決定されたことを契機として、事業運営を「まちづくり・サロン」から引き継ぐために、5名による出資を得て98年8月、㈱飯田まちづくりカンパニー」が設立された。99年1月には、飯田市が3,000万円の投資を行い、第三セクターとなった。さらに、同年8月にはTMO構想が認定された。

## 2──事業内容

### (1) 事業目的と事業領域

㈱飯田まちづくりカンパニーは中心市街地再生の調査、研究、企画等のシンクタンク部門と、自らが開発の事業主となる事業部門、そして民間の事業投資を支援するプロデューサー部門を併せ持ち、さらには自ら直営店を出店したり、イベントを企画、実施したりといった中心市街地活性化のためのマルチカンパニーとなることを目的として設立された。

中心市街地再生への視点として五つを挙げている[1]。

① まちづくりの原点に戻り、生活(住宅)と交流(商業・イベント)と仕事(オフィス)等の都市型機能を併せ持った、安全で便利で快適な、暮らしよい環境を目指す視点。

② 中心市街地全体が一つ

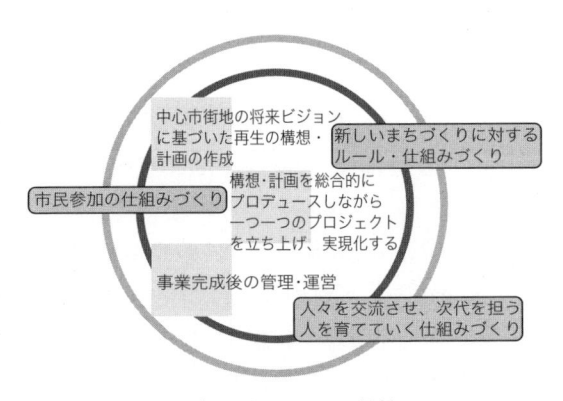

図1 ㈱飯田まちづくりカンパニーの役割 (出典:㈱飯田まちづくりカンパニーのパンフレット)

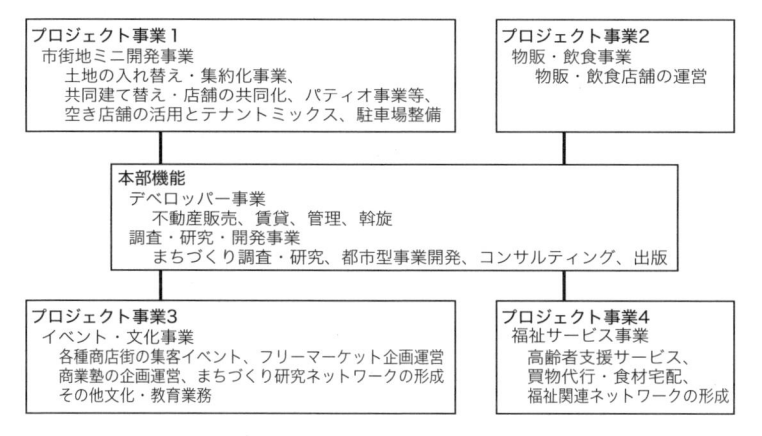

```
┌─────────────────────────────────┐   ┌─────────────────────────────────┐
│ プロジェクト事業1                │   │ プロジェクト事業2                │
│   市街地ミニ開発事業              │   │   物販・飲食事業                 │
│     土地の入れ替え・集約化事業、  │   │     物販・飲食店舗の運営         │
│     共同建て替え・店舗の共同化、  │   │                                 │
│     パティオ事業等、              │   │                                 │
│     空き店舗の活用とテナントミッ  │   │                                 │
│     クス、駐車場整備              │   │                                 │
└─────────────────────────────────┘   └─────────────────────────────────┘
           │                                           │
           └───────────────┬───────────────────────────┘
                   ┌───────┴────────┐
                   │ 本部機能        │
                   │   デベロッパー事業                       │
                   │     不動産販売、賃貸、管理、斡旋         │
                   │     調査・研究・開発事業                 │
                   │     まちづくり調査・研究、都市型事業開発、│
                   │     コンサルティング、出版               │
                   └────────┬────────┘
           ┌────────────────┴───────────────────────────┐
           │                                            │
┌─────────────────────────────────┐   ┌─────────────────────────────────┐
│ プロジェクト事業3                │   │ プロジェクト事業4                │
│   イベント・文化事業              │   │   福祉サービス事業               │
│     各種商店街の集客イベント、    │   │     高齢者支援サービス、         │
│     フリーマーケット企画運営      │   │     買物代行・食材宅配、         │
│     商業塾の企画運営、まちづくり  │   │     福祉関連ネットワークの形成   │
│     研究ネットワークの形成        │   │                                 │
│     その他文化・教育業務          │   │                                 │
└─────────────────────────────────┘   └─────────────────────────────────┘
```

図2　㈱飯田まちづくりカンパニーの事業領域図 (出典：㈱飯田まちづくりカンパニーのパンフレットより作成)

の共同体であり、公共性を持った市民財産であるという視点。

③中心市街地の土地、建物の所有と利用に関して、生活者の立場に立った、より合理的な権利関係の調整、マネジメントを行う視点。

④土地、建物の所有者およびそこに生活する人々の利益、つまり商業地、生活地としてのポテンシャルを向上させる視点。

⑤常に住民の合意形成を大切にした市民主導の視点。

事業領域は、住宅の販売・保留床の賃貸・売却、不動産管理・斡旋などのデベロッパー事業を中心に、図2のように六つの領域からなる。これらの事業は順次企画し、それぞれにプロジェクトを立ち上げ、中心市街地の価値創出を支援し、「丘の上」(中心市街地)への民間投資需要の喚起を図る。経済性よりも市民の主体性とニーズ、文化を重視したまちづくりに取り組んでいる。

(2) 実際に活動している事業

①橋南第一地区市街地再開発事業におけるデベロッパー業務

再開発ビル「トップヒルズ本町」

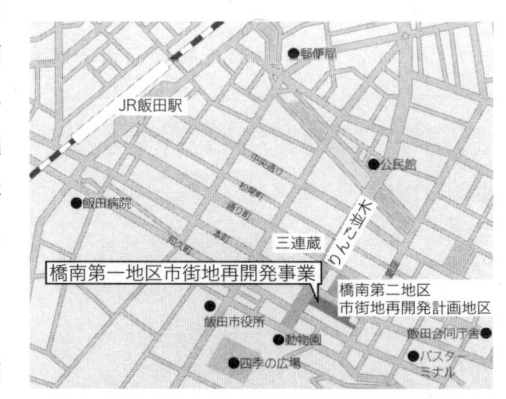

図3　橋南第一地区市街地再開発事業地図 (出典：飯田橋南第一地区市街地再開発組合「飯田市橋南第一地区市街地再開発事業」パンフレット)

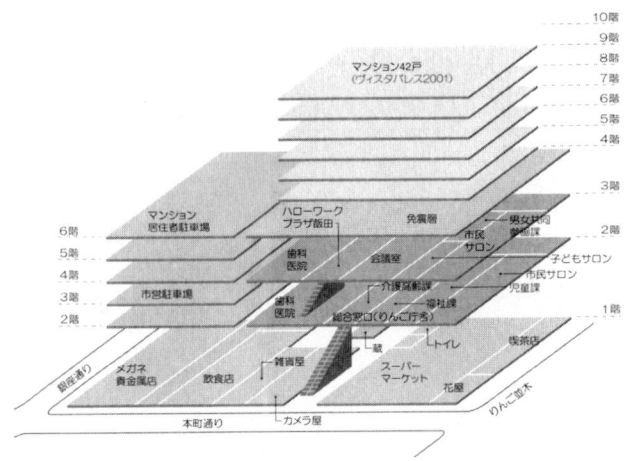

図4 トップヒルズ本町施設構成図 (出典：飯田橋南第一地区市街地再開発組合
「飯田市橋南第一地区市街地再開発事業」パンフレット)

は、延べ床面積約1万3,780㎡で、住宅、店舗、地域交流施設等の市の管理する公益施設と従前からあった市営駐車場が入居する（図4）。地権者に従前と同じ面積の床と交換する等床交換方式とし、権利変換後の住環境を保障している。敷地内の土蔵や路地を残し、従前の生活感を確保している。今後、街の活性化拠点となることが期待されている。

　郊外化の抑止と中心市街地の再活性化および住環境の向上を優先するため、外部のデベロッパーには頼らず、飯田独自の事業運営を目指した結果、まちづくり会社による再開発事業となった。㈱飯田まちづくりカンパニーは、この再開発のデベロッパー機能を狙い、再開発施設のマンション販売や施設のテナントミックスを行っている。商業の活性化を目的として、再開発ビルの商業床の購入を行い、テナント誘致、賃貸を行っている。また、再開発ビルは、4～10階が飯田初の分譲マンションとなっていて、住宅系中心の施設構成をとっている。中心市街地の定住人口を増やそうという目的から、これを㈱飯田まちづくりカンパニーが購入し一般分譲を行った。徹底したマーケティングの成果で、ほぼ完売となった。また、再開発ビルの管理・運営も行っている。

②りんご並木三連蔵の管理・運営

　飯田市は、「りんご並木」を中心としたまちづくりで有名である。1947年に起こった市街地の8割を焼失する大火災の後、市街地に25m幅の防火道路が作ら

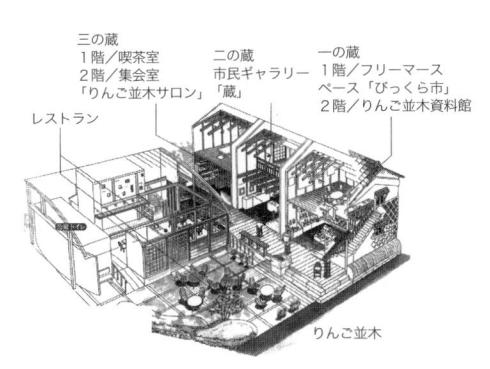

図5 三連蔵内部 (出典:『造景』35号)

図6 三連蔵外観 (出典:飯田市橋南第一地区市街地再開発組合「飯田市橋南第一地区市街地再開発事業」パンフレット)

れ、53年、その緑地帯に復興のシンボルとして植えられたのが始まりである。

㈱飯田まちづくりカンパニーでは、りんご並木沿いのモデル店舗づくりを目的として、大火を乗り越えりんご並木沿いに現存する歴史的建造物の「三連蔵」を管理・運営している(図5,6)。持ち主より江戸時代の蔵の寄贈を受け、市が土地を取得し、地域交流施設として1999年度に改修した。中心市街地活性化計画に基づき、㈱飯田まちづくりカンパニーは市から施設の管理運営を委託され、喫茶・レストランの運営とイベント事業を行っている。りんご並木のキーステーションとして活性化に取り組み、飯田の個性の強化・継承を図っている。

③ IIDA WAVE イベントへの支援

IIDA WAVE は、ロックなどの音楽のプロの卵を飯田で養成しようと立ち上げられた数百名規模の市民組織であり、地域音楽文化とアマチュア・ミュージシャンを育成する音楽事業を実施している。事務局は㈱飯田まちづくりカンパニー内にあり、協働でコンサートを行ったりしている。

④まちづくりに関する講演会

起業支援NPO「IDEA」と共同でまちづくりに関する講演会を行っている。年6～7回程度行われ、飯田中心市街地の方向性や一店一品運動などをテーマに行われている。また、市街地ミニ開発事業として、2003年3月には「MACHIKAN2002」という空き店舗跡地を利用した商業用ビルをオープンさせた。テナント1軒あたりの規模は3坪程度で家賃も安く設定してある。

## 3 ── 運営体制

### (1) 組織構成

常勤役員2名、職員3名、ビル管理アルバイト2名で通常業務を行っている。取締役による経営会議があり、経営方針を決めている。

### (2) 財源

事業に要する費用は、年間総額のうち89％を市による委託事業収入、11％を自主財源により賄っている。前者は、再開発事業によるビルの管理を市より委託されているもので、後者は、主に同ビルに入居するテナントからの家賃収入である。同ビルには分譲マンションがあり、その販売を終えるとそれによる収入はなくなる。したがって、見込まれる定常的な自己収益源は、同ビルテナント賃料と物販収入のみである。

運営に要する費用は、基本的に自己資本金により賄っている。

### (3) 他組織との関わり

市や商工会議所が株主に含まれ、また同社がTMOであるという立場から、それらの公的機関とは運営方針や事業について、随時意見交換や議論をする関係を持っている。また、前述の「IDEA」や「IIDA WAVE」と協力関係にある。

## 4 ── 課題と可能性

商業テナントの経営安定サポートに力を入れること[2]、第二地区再開発におけるマンション販売、テナント誘致によるまちづくり、福祉面へも配慮した高齢者都市型住宅の誘致[3] をこれからの課題と可能性としている。

[林　真木子]

（注）
1) ㈱飯田まちづくりカンパニーのパンフレットからの引用。
2) 2002年に横濱まちづくり倶楽部の中心市街地活性化を支援し活動する市民組織のあり方に関する研究会が行ったアンケート調査による。
3) 2004年7月に行ったヒアリング調査による。

（参考文献）
・㈱飯田まちづくりカンパニーのパンフレット
・『造景』35号、2002
・中小企業総合事業団「中心市街地活性化事業の取り組み事例」(中心市街地活性化シンポジウム) 2001

# 09 （NPO）長堀21世紀計画の会

[地域活性化事業の地元からの提案とその実施]

大阪府大阪市中央区（人口：6万2,590人、区域面積：8.88㎢、2004年現在）

組織形態————特定非営利活動法人（NPO）
設立—————1982年2月27日（NPO法人認定2001年11月20日）
資本金————0円
構成員————160者：民間企業等/150、個人/10
所在地————〒542-8551　大阪府大阪市中央区南船場4-4-10

## 1── 組織設立に至る経緯・沿革

　大阪都心部長堀周辺の活性化のため、1981年9月、発起人8人（心斎橋筋の百貨店のそごう、大丸、西武のパルコ、ソニータワー等および喫茶店「サザンクロス」等の地元長堀通りの個人商店主ら）で「長堀21世紀計画の会」を結成するための準備会をスタートさせた。当時、地区の課題であった川を埋めて東西の地下鉄敷設を行政に提案するためには地元の意見のまとまりや具体化の必要があった。

　1982年2月、任意団体として「長堀21世紀計画の会」を設立する。作家・小松左京氏を顧問として迎え、新聞各社からの会員も含めて、初期会員33名で発足した。会員は企業会員中心で、その1年後に会員企業数が100社を超えるまでになり、当時としては珍しい企業町内会が誕生した。

　会の活動は、長堀通りとその周辺地域にある企業・商店が主体となり、実効力のある提言・要望を粘り強く繰り返し、地域住民の意向をまちづくりに反映させる一方、長堀通りのイベントの開催と異業種交流、清掃など地域活動を行うというものである。

　発足時から長堀のビジョンづくりに取り組み、1983年4月、まちづくりビジョンとして、地下に地下鉄、自動車道、駐車場、地下街をつくり、地上を公園にし、野外音楽堂、噴水、ポケットスクエアを配するスケールの大きな都市

再開発案「NAGAHORI-MALL21」を都市計画コンサルタント・故藤田邦昭氏を中心に完成させ、大阪を世界の国際都市へ誘導する試みとして、市長をはじめ各方面への提言活動を開始した。

1983年10月、第1回ナガホリカーニバルを開催、「ナガホリ ステージ・イン・オオサカ」を宣言した。カーニバルは92年まで10回開催された（92年のカーニバルの事故および93年から長堀通りの地下鉄工事も本格化したため中止）。

1986年には新築予定の出光ビル内に出光美術館を併設することについて、大阪市長と連名で嘆願書を提出し、88年にその設置が発表された。

国際花と緑の博覧会に向けて開通（1990.3）した地下鉄の鶴見緑地線を終点の京橋から長堀通りに延伸することになり、行政は地元に都市活性化を併せたアイデアを求めた。それに応じて、90年、「NAGAHORI-MALL 21」をより実現性の高いものとして修正した「長堀・心斎橋都市再開発提言案」をまとめた（図1）。

1992年1月にこの案を発表し、市や関係各方面に実現を要請したが、車道を地下に通し、地上を遊歩道にする長堀大通公園計画というスケールの大きなものであったため、実現には至らなかった。その後の継続的な要請の結果、大阪市から行政案が提示され、その案に当会案を最大限活かすため、現地調査やアイデアの集積を試み、94年7月、3度目の新たな提案書を完成させ、市との交渉に入った。

このように関係行政との会合を通して、数百回以上にも及ぶ調整や質問、提言・要望活動を行い、長堀21世紀計画の会の提言の実現へ向け積極的に働きかけてきた結果、98年、長堀通りの再開発では、地下部分の構成はほぼ会の案通りに、地上の長堀通りは国のシンボル通りに指定された（図2、3）。その他の提案についても部分的ではあるが、実現させるに至っている。また、新たな提案を現在も構想しているところである。

この結果、大阪で最もグレードの高い街路が完成され、現在、シンボル通りである長堀通りには、世界でも有数のファッションブラ

**図1　長堀大通り公園計画**（パース作成：浅井謙、出典：長堀21世紀計画の会『THE 21 企業会の町おこし HOP・STEP・JUMP』パンフレット）

図2　長堀通り （出典：INAX『ESPLANDE』70号）

図3　長堀通りの地下（クリスタ長堀）（出典：INAX『ESPLANDE』70号）

図4　長堀通りのブランドショップ （出典：長堀21世紀計画の会「NAGAHORIまちづくり20年」パンフレット）

ンドがアジア最大規模の直営店を出店している（図4）。99年、第1回「心斎橋ショーウインドーコンテスト」を開催し、2002年の4回まで続いた。

2000年9月、活動の新局面として"おしゃれな大人の散歩まち"を21世紀のまちづくり理念として設定、同年10月、街づくり協議会「長堀・心斎橋ファッションコミュニティー」を結成、長堀・心斎橋「おしゃれな大人の散歩まち―街づくり憲章」の制定、01年11月のNPO法人認定等、より一層の地域発展を目指す活動を組織的に進めている。

2003年の都市再生本部の「全国都市再生モデル調査」に「御堂筋地域（長堀・心斎橋・南船場）街づくり実施計画」（長堀・心斎橋"集客特区"構想）を、大阪市の推薦を受けて応募、採用された。そして㈱都市問題経営研究所のアドバイスを受けながら地元のエリアミーティング、女性意見交換会、市民への公開シンポジウム、事例研究等を実施し、①船場建築線後退部分の利活用策、②芦池小学校跡地利用を検討する等のモデル調査をして、2004年3月に「御堂筋地域（長堀・心斎橋・南船場）街づくり実施計画」を完成させた。その後は計画内容の推進に向けて、関係機関と協力しながら、次の活動へシフトしている。

また、発足時から今までの提案書は五つにのぼり、組織体系も状況変化に合わせて少しずつ変わってきている。

## 2 ── 事業内容

　長堀地区では元々地域内で人的交流があり、その中から中心的役割を担った人々が同組織を設立し、まちづくり施策を積極的に行政に提示してその具現化を図る活動を展開している。特に、最近では様々なプロジェクトや施策を「集客・交流」をテーマに集中的に実施することで、大阪市が国際集客都市として活力を取り戻すことを目的として事業に取り組んでいる（図5）。また、そのプロジェクトを一過性のプロジェクトに終わらせず、地域主体の活動が永続的に続く仕組みを構築することを現在の会の目標としている。

(1) まちづくりビジョンの提言および実行ー国、県、市への各種提言・協力
　・NAGAHORI-MALL 21
　・地下鉄長堀鶴見緑地線心斎橋駅付近整備事業
　・長堀・心斎橋都市再開発提言案（長堀通り公園通り化案）
　・御堂筋地域（長堀・心斎橋・南船場）街づくり実施計画（長堀・心斎橋"集客特区"構想）

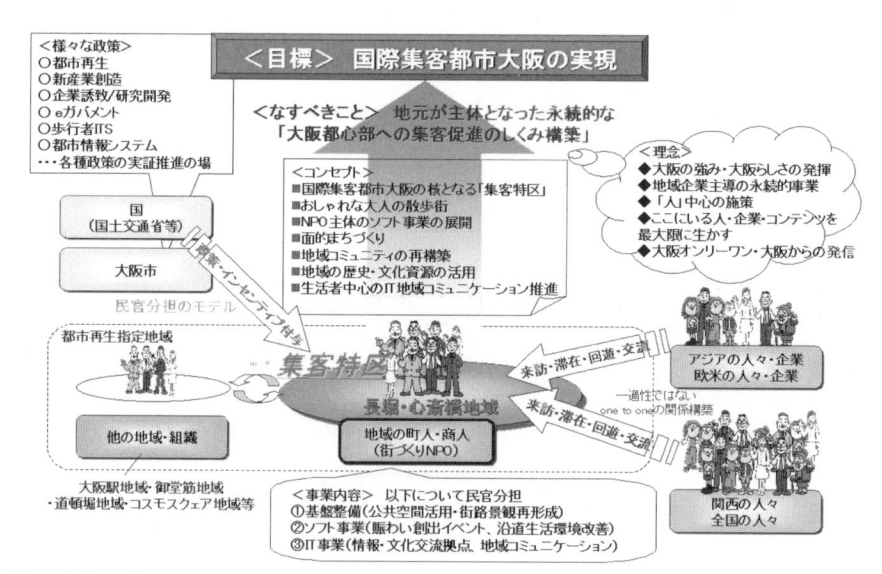

図5　長堀21世紀計画の会 による大阪都市再生プロジェクト提案 （出典：長堀・心斎橋地区の「集客特区」化の提案書）

■長堀通広告物景観形成地区

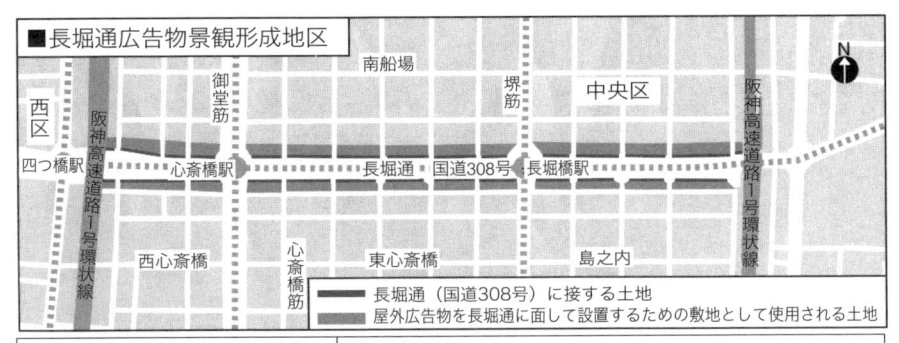

| 長堀通り地区の「広告物景観形成地区」指定目標 | 「路上違反簡易広告物撤去活動員制度」 |
|---|---|
| ・魅力あるショッピングストリートを演出し、美しく洗練されたイメージを高める広告景観づくり。<br>・業務系施設にふさわしいシンプルで控えめな広告景観づくり。<br>・街並みの見通しのよさを活かすように配慮した広告景観づくり。 | 　大阪市屋外広告物条例(2002年9月改定施行)に基づき市民ボランティアへ除却権限を委任。道路上の貼り紙、立看板等違法簡易広告物の解消に向け、市民による違法簡易広告物除却制度(創設/2002.2、実施/2002.10、2006年終了予定−サンセット方式)。<br>　路上にあふれるチラシや立て看板を一掃して、街をキレイに「かたづけ・たい」と、市民グループや法人が大阪市の認可を受け、道路上の違法簡易広告物の撤去に乗り出したのが「かたづけ・たい」(愛称)。現在、250団体(約1,800人)が市に登録され、長堀21世紀計画の会もその1団体である。 |

図6　長堀通り広告物景観形成地区基本計画(大阪市)(出典：大阪市「まちなみづくりと屋外広告物」パンフレット)

## (2) 地域の美化・緑花活動

- 毎月2回の清掃活動（定期清掃、道路ふれあい月間・道の日参加、清掃パレード等）
- 不法駐輪・駐車の禁止等の環境活動
- 長堀通りの違反簡易広告物撤去活動（広告物景観形成地区指定（2003.11）、大阪市路上違反簡易広告物撤去活動員制度実施（2002.10、図6）

## (3) 地域活性化イベント等の企画・開催

- ナガホリカーニバル（1983〜92年／10回、図7）
- 心斎橋ショーウインドーコンテスト（トップブランドと地域企業の共同フェスティバル：1999〜2002年／4回）
- THE NAGAHORI コミュニティカード（オリコカードと提携。利用

図7　第7回ナガホリカーニバル (出典：長堀21世紀計画の会「THE 21企業会の町おこし HOP・STEP・JUMP」パンフレット)

CHAPTER 6　都市中心部既成市街地におけるエリアマネジメントの事例

「長堀・心斎橋・南船場街づくり」
「まち」の規制緩和と強化（具体案）

都市再生緊急整備地域の特例と変更
・事業規模 5,000㎡ 以上を 2,000㎡ に変更（指定された御堂筋エリア内で活用できる規模の敷地は、民間ではほとんどなく、大阪駅コンテナヤードなどしか活用できない）。

都市再生緊急整備特例の追加
・事業規模 300㎡ 以上の敷地に対する容積率算出において前面道路 12m 以下の道路での係数を 0.6 から 0.8 に変更。
・また、斜線制限を壁面後退に変更（中小ビルの再投資の促進）。
・既存建物の「転用」「用途変更」（コンバージョン）の推進を図るべく建築基準法建物単体規定、消防法の特例（既存建物の再利用の促進）。
・付置義務駐車場の運用の緩和。
・ゾーニング駐車場を運用可能にする（各ビルに付置義務駐車場を設けるのではなくエリア内にてまとめることができる）。

新産業創造特区において追加
・道路、地下街でのイベント活動の柔軟化（街中での賑わい・文化・集客の創出）。
・賑わい・文化・集客機能の向上のための街路整備の推進（人優先型の街路、安全、安心）。

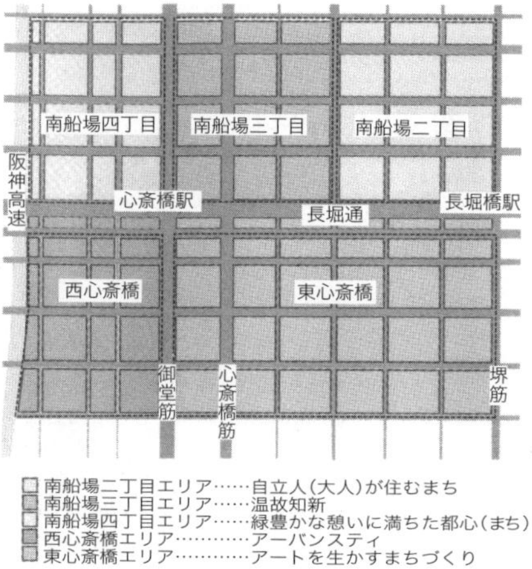

図8　長堀・心斎橋・南船場街づくり実施計画対象エリア（出典：INAX『ESPLANDE』70 号）

者は販売額の 2％ポイントバック、長堀 21 世紀計画の会は 0.05％のキャッシュバック）

(4)親睦・広報活動

・昼食会やパーティー等の交流のほか、セミナーによる学習、広報誌の発行
・図8の点線囲内の長堀・心斎橋地域は、「集客・滞在・回遊ゾーン」として東西南北に面的な広がりを持ち、国際集客都市・大阪の核として位置づけられている地域である。一方、御堂筋北側のビジネスゾーンに対するアメニティゾーンともなっており、生活者が集まる街となっている。

# 3 —— 運営体制

(1)組織構成

　理事長のもとに専務理事、監事、相談役、事務局長等があり、その下に副理事長3名が各本部長として担当している「街づくり本部」「イベント本部」「親睦本部」の三つの本部がある。特に、「親睦本部」には四つの部会と広報担当役や会員開拓担当役が別に設置されている。

## (2) 財源

組織運営、事業に要する費用（約800万円／2003年）のうち、約66％を会費（3000円／月／法人または個人）で、約25％を助成金（全国都市再生モデル調査助成金）で、残り約9％をナガホリコミュニティカードのロイヤリティにより賄っている。別の寄付金等はない。

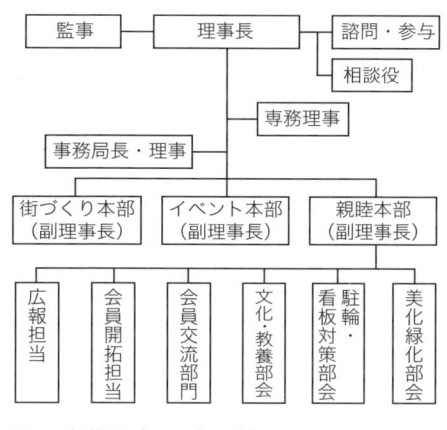

図9　組織図（2004年現在）

## (3) 他組織との関わり

市、国土交通省への「まちづくりビジョン」の提言のほか、市と年間50〜60回程度会合を持ち、街の清掃・不法駐輪・看板等の打ち合わせ、意見交換等を行っている。その他、公的機関以外の他組織との交流・連携を、力の結集として望ましいと考えるが、行っていない。

## 4 ── 課題と可能性

当会の活動をもう一歩進めるためには、以下のような三つの課題がある。
① 財源：まちづくりの計画案作成だけではなく、その実現につながる十分な財源の確保が必要。
② 行政との密接な関係：地域まちづくり提案を取り込んでもらうためは、地域を担当している大阪市との深い連帯意識を育てていくことが重要。
③ 地域住民の巻き込み：まちづくりというものは、何よりもその地域に住んでいる住民の多大な協力や関心があるからこそ、意味がある。もっと地域住民を巻き込んでいくための何らかの方策が必要。

［金　胄錫］

（参考文献）
・長堀・心斎橋地区の「集客特区」化の提案書、2002.9
・長堀21世紀計画の会「The 21 企業会の町おこし HOP・STEP・JUMP」パンフレット
・長堀21世紀計画の会「NAGAHORI まちづくり20年」パンフレット
・INAX『ESPLANDE』70号、2004.4
・長堀21世紀計画の会のホームページ、http://www.nagahori21.com

[旧居留地の蓄積を生かす都市(まち)づくり]

# 10 旧居留地連絡協議会

兵庫県神戸市中央区(人口：11万4,645人、区域面積：26.46㎢、2004年現在)

組織形態―――――任意組織
設立――――――1946年、国際地区共助会発足(1983年3月、旧居留地連絡協議会に名称変更)
資本金――――――0円
構成員――――――109者：民間企業等/78、地元商業者等/14、金融機関/10、協同組合等/3、都市計画コンサルタント/2、郵便局、市立博物館
所在地――――――〒650-0036　兵庫県神戸市中央区播磨町30 大丸カーポート内

## 1 ――組織設立に至る経緯・沿革

　1868年、日米修好通商条約に基づいて神戸港開港が実現し、それに伴い外国人居留地の設置が義務づけられる。神戸旧居留地の歴史もここから始まった。居留地の建設は、当時の西欧近代都市計画技術によって行われ、イギリス人土木技師J・W・ハートの設計のもと、格子状街路、公園、下水道、街灯などが設置された。街路形状や敷地割りは、現在も当時とほとんど変わっていない。94年、日英通商航海条約の締結に伴い日本へ返還されるが、以後も神戸の中枢業務地として発展した。

　第二次世界大戦末期、大空襲により、ビルの全壊は免れたが大きな被害を受けた。1945年の終戦からしばらくして米軍兵隊の神戸駐留が決まり、被災したビルが改造され、多くのビルが軍事施設として徴用された。52年4月の全面返還まで、旧居留地の人々は米軍に混じって働いていた。46年、戦中にビルオーナーによって設立されていた自衛団組織を組み替え、会員30社程度の「国際地区共助会」という親睦団体が生まれた。当時は福祉活動が中心で、これが本組織の母体となった。

　1970年に日本万国博が大阪で開かれたが、この頃より東京一極集中の傾向が強まり、多くの企業が本社機能を東京へと移し、旧居留地の弱体化と人の流出

図1 神戸旧居留地の位置（出典：旧居留地連絡協議会復興委員会「神戸旧居留地復興計画」パンフレット）

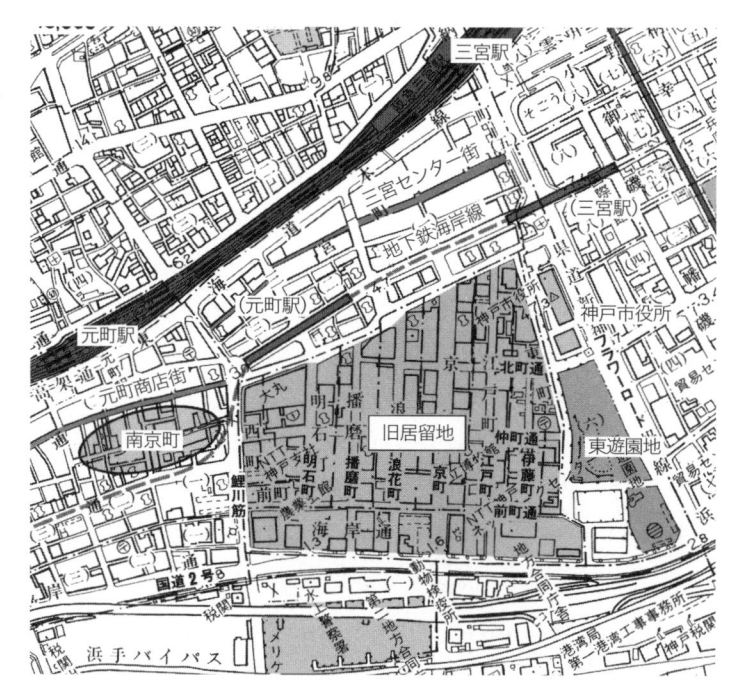

が始まる。しかし75年頃から、いわゆるレトロブームに乗って、地区内に多く残されていた近代建築物と歴史的雰囲気が見直されるようになった。

　そして、1983年6月、当地区22haが神戸市都市景観条例に基づく「都市景観形成地域」に指定された。この指定にあたっては、都市景観審議会に国際地区共助会から委員を送り込むなど、地元参加を市に申し入れるとともに、これを可能とするため、会員の増強や組織体制の強化を図った。また同83年3月、会の名称を「旧居留地連絡協議会」と変更し、本組織の設立に至った。

## 2 ── 事業内容

　会員相互の親睦ならびに賑わいと風格のあるまちづくりを目的とし、以下の事業を展開している。

(1) 親睦活動

　協議会は、異なった業種の会員で構成されているが、会員がお互いに理解を深め、協力・協調して会のスムーズな運営が図れるよう、「会員相互の親睦」を大きな目的の一つにおいている。

そのため、定期的にゴルフ会、納涼会、ハイキング、研修会、見学会、旅行、忘年会などの行事を開催し、会員の親睦と意思疎通を図っている。

(2) イベント活動

1985年、景観形成市民団体として認定を受け、翌年にはシンポジウム「旧居留地の昨日、今日、明日」と写真展を開催した。そして87年には「まちづくり功労賞」を建設大臣より受賞している。以後、定例的に様々なイベントを実施し、93年9月にアーバンリゾートフェア神戸'93の一環として「旧居留地ハイカラフェスティバル」を開催した。

現在、中心的なイベントとなっているのは、旧居留地プロムナードスクエアで毎年3～4回開催されるプロムナードコンサートである。このコンサートは89年4月に第1回を行い、以後、春から年末にかけて、クラシックやジャズなど旧居留地に相応しい音楽を演奏している。阪神・淡路大震災に見舞われた95年も、「神戸の街に元気と明るさを取り戻そう」と例年通り開催した。恒例となった12月の第九交響曲演奏会は、89年にそれまでのクリスマスキャロルを発展させたものである。

(3) 広報活動

旧居留地の活動PR紙「居留地会議」を発行している。1988年2月に創刊し、以来2003年5月号までに24号を数えている。当協議会の活動状況をはじめ、旧居留地内の様々な行事や出来事などを、広報委員会で半年ごとに整理、編集、印刷し、主として各会員に配布している。

特に、震災後の96年10月に発行した第12号では、復興保存版と銘打ち、旧居留地復興計画の概要を速報するとともに、神戸市復興計画や震災後新たに指定された地区計画など、行政のまちづくり施策に関する紹介や地区内の震災被害状況などを掲載した。また、2000年3月発行の第19号は、その前年度に実施された「神戸・居留地返還100年祭」の保存特別号となっている。

これまで神戸市を通じ全国の主要都市へ発送してきたが、現在はホームページにも掲載されている。

(4) 美緑花活動

旧居留地の環境整備の一環として、当地区を花と緑のある清潔で美しい街とするために以下のような活動を行っている。

①「クリーン作戦」

春秋2回、当地区内の就労者がボランティアとして清掃活動を実施。
②各ビルの周囲への飾花活動

飾花活動への参加を会員に呼びかけ、設置後の業者との飾花維持管理委託契約なども行っている。
③ガーデニング教室の開催
④アイドリングストップ運動の実施

(5) 防災活動

阪神・淡路大震災後の1996年10月、防災委員会を新たに設置し、自主防災活動に積極的に取り組んでいる。今後、協議会が策定した復興計画をもとに、より詳細な防災事業計画を設定し、啓発や訓練活動を実施する予定である。

(6) 都心づくり活動

①街並みのあり方を提案

まちの将来を自らが築いていくために、1989年、「まちづくり推進委員会」を設立し、90年、「新たな発展に向けて／旧居留地のまちづくり」を作成した。94年には、「地域計画プロジェクト委員会」を発足させ、「歴史の流れを未来に引き継ぐ／神戸旧居留地・景観形成計画」を策定し、街並みのあり方を提案している。

②復興計画

1995年の阪神・淡路大震災直後、前年に作成したまちづくり計画案に基づいて作成された「地区計画」を承認すると共に、「復興委員会」を設置して同年10月に「復興計画」を策定し、より一層魅力的で活気あふれる都心業務地の再生を目指すことを確認した。同時に、委員会を「復興推進委員会」に改組した上で、各企業が街並み形成に果たすべき役割を整理する「都心づくりガイドライン」の作成に取り組み、97年に完成した（図2）。

③「広告物ガイドライン」の作成

広告物の良否・基準に関する適合などの検討を行う。
④地区内建設活動に対する相談受付・審議助言

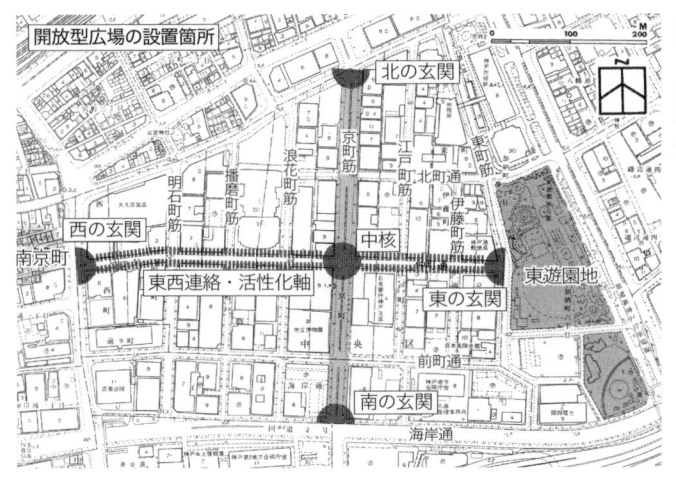

図2 都市づくりガイドライン―開放型広場の設置箇所（出典：旧居留地連絡協議会「神戸旧居留地　都心づくりガイドライン」パンフレット）

## 3 ── 運営体制

### (1) 組織構成

　図3のように活動内容ごとに委員会を設け、各々に責任者を立てている。組織運営、活動内容の方向性についての大綱は、主に常任委員会にて意思決定され、各委員会は担当内容ごとに詳細を決定し実行する位置づけとなる。

　顧問はそれらについて客観的立場から助言を与え、監査委員はその他会計監査を行う。

### (2) 財源

　本組織は会員制とし、エリア内の事業者であることを会員の条件とする。各事業者から年会費5万円を徴収している。また、非会員企業からの協力金も得る。本組織の全収入に対する自己資金の割合は約75％である。その内訳は、会費および協力金収入が約39％、前年度繰越金が約29％、エリアで行われる年末イベントのルミナリエによる収入などである。その他に、活動に対する市の助成金が約25％ある（2002年度）。

### (3) 他組織との関わり

　協議会が年間約30回行う各会合に、行政担当部局の担当者が出席し、意見交換等を行っている。

　また、景観・まちづくりに関わる周辺の協議会等7団体と共に、神戸市都市

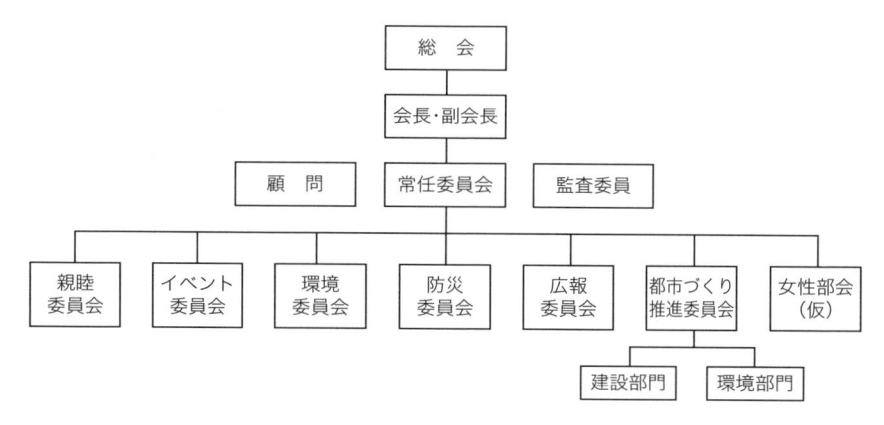

図3　組織図

景観条例に基づく「神戸市景観形成市民団体連絡協議会」の一員となり、連携して都市景観づくりの研究等を行っている。

## 4──課題と可能性

親睦団体としては十分に機能していると考えられる。ただし、地域防災などに積極的に取り組むには、ゾーン内での組織率が不足している（ビルオーナーの8割程度が入会しているが、ビルテナントの事務所については不足）。会員増強を図るのであれば、会員の2種制の検討が必要であると考えられる。

［天明周子］

（参考文献）
・旧居留地連絡協議会のホームページ、http://kobe-kyoryuchi.com/kobe_kyoryuchi/kyougikai/
・居留地会議
・旧居留地連絡協議会「神戸旧居留地　都心づくりガイドライン」
・旧居留地連絡協議会「神戸旧居留地　復興計画」
・旧居留地連絡協議会「神戸旧居留地　地域防災計画」

> # 11 (NPO)まつえ・まちづくり塾

[ネットワークによるまちづくり]

島根県松江市（人口：14万9,087人、市域面積：221.38㎢、2003年現在）

組織形態————特定非営利活動法人（NPO）
設立————1999年3月31日（2004年10月 NPO法人設立に伴い名称変更）
資本金————0円
構成員————85者：世話役15/、会員/70
所在地————〒690-0063　島根県松江市寺町198-61 寺町プラザ302

## 1 ── 組織設立に至る経緯・沿革

松江市では、1993年から95年にかけて都市計画マスタープランが策定され

表1　松江まちなみ・まちづくり塾の活動内容（松江市による運営）

| 年度 | 内容 |
|---|---|
| 1996年度 | ●目的<br>参加のまちづくりの第一歩として、都市を構成する様々な要素を学ぶ<br>●基調講演会<br>「まちづくり活動の果たす役割りと意義」（講師：林泰義）<br>●講演会とワークショップ<br>「都市と都心」（講師：林泰義）<br>●講座（グループ活動テーマ）<br>「都市の遊び場」「町なみと祭り」「都市と感性」「都市と建築」「水辺の風景」「都市の色」 |
| 1997年度 | ●目的<br>まちをいろいろな角度から見つつ、「参加のまちづくりの心」や「参加や参加の手法のバリエーション」を学ぶ<br>●オープニングフォーラム<br>「魅力ある都市の空間をつくる」（講師：槇文彦他）<br>●講座<br>「みんなでワイワイまちづくり入門」（講師：延藤安弘）<br>「水のある生活－気持ちのいい水辺空間・考」（講師：渡部一二）<br>「まちづくり6人6色「公園づくりを体感しよう」（講師：宮本日佐美）<br>「市民まちづくりのすすめ方」<br>●発表会 in 旧日銀 |
| 1998年度 | ●目的<br>参加のデザインの技術の習得、自主的なまちづくり活動の推進、都心再生への提案を目指す<br>●オープニングフォーラム<br>「参加のまちづくりは今」（講師：ヘンリーサノフ）<br>●講座<br>「デザインゲームを学ぼう」（講師：ヘンリーサノフ）<br>「絵になる風景・ほっとする風景」（講師：篠原修）<br>「私たちが発信するまちづくり」（講師：畠中智子）<br>「最新！まちづくり海外事情」（講師：杉山朗子）<br>●グループ活動<br>「まちづくりネットワーク」「俄商人」「美しい松江」「おもいつき通り」「まちづくりアフターサービス」<br>●発表会 in 旧一畑百貨店 |

た。マスタープラン策定において、多くの市民や専門家が参加したことが、その後の市民まちづくりが展開していく大きな糸口となった。

マスタープランの策定後96年には、早速、市民参加型のまちづくりを推進するための人材育成を目的とした「松江まちづくり塾」が立ち上げられた。97年には同じく市が運営し、景観づくりの啓発などを目的とした「松江まちなみ研究会」と一本化し、「松江まちなみ・まちづくり塾」となり、98年までの2年間、松江市によって運営された。各年とも、約80名の塾生が登録され、年に

表2　まつえ・まちづくり塾の活動内容（市民運営）

| | |
|---|---|
| 1999年度 | ●講演会「人中心のまちづくり」＆WS「高架橋デザイン検討」<br>●オープニングフォーラム「まちはゲージュツの舞台なのだ」<br>●白潟本町買い物ツアー「みんなのチエを白潟本町商店街へ」<br>●エコマネープロジェクト「M.LETS(MATSUE LOCAL EXCHANGE TRADING SYSTEM)」<br>●天神町御用開き台帳「商店街がおもしろい！おかげ天神の町へ出かけよう」<br>●まちかど研究室オープニングイベント」<br>●天神町街並みづくりWS「勝手に建築設計"雰囲気がある○○"～『住みたい町・天神』作戦～」<br>●中心市街地に掲げる小宮さんのお話「松江の商店街はほんとに再生する？」<br>●タウンモビリティin天神・白潟・駅通り「月に一度の天神市開催日歩行者天国で楽々ショッピング」 |
| 2000年度 | ●オープニングフォーラム「まちづくりの扉を開こう」<br>●殿町再発見「きっと初めて見る殿町がある～殿町を知るための『お茶の時間』～」<br>●白潟まちづくりWS「合銀旧本店、白潟本町を本気で考えよう」<br>●写真展「錯乱のNEWKOBE・松江展～もっとすてきな松江の街並美のために」<br>●松江の風景写真展＆WS「ちょっといいな・ちょっと違うな」 |
| 2001年度 | ●私の「心とまるフォトグラフ」<br>●第5回情報交換会in松江<br>●藤忠ビルプロジェクト～さよなら。昭和のモダン建築～<br>●ざ・堀川探偵団<br>●田和山遺跡と市立病院共存WS |
| 2002年度 | ●オープニングフォーラム<br>●～心とまるフォトグラフ松江の夏撮影会～「夏休み最後の日の松江の風景を写そう」<br>●まちかどシネマの夏<br>●第0回松江をもっと掘り下げ隊「登録文化財に触れてみよう！」～時は年末・お掃除大作戦～<br>●第1回松江をもっと掘り下げ隊「まちづくりと文化財」～加藤尚子氏と岡崎雄二郎氏をお迎えして～<br>●しまねCO(こ)民家情報バンク～はじめの一歩の座談会～<br>●市民メッセ2003への参加<br>●「堀川風景デザイン塾」への参加<br>●まちかどほっとスポット |
| 2003年度 | ●心とまるフォトグラフ<br>●松江をもっと掘り下げ隊<br>●島根CO民家情報バンク<br>●まちかどほっとスポット<br>●2003・島根建設技術展出展<br>●さいか・こどもまちづくり塾<br>●松江のそば屋巡りイベント<br>●鳥取市民メッセ2003参加<br>●出前ワークショップ：米子の下町・加茂川周辺のまちづくり<br>●参加のまちづくり検証ワークショップ<br>●公共建築シンポジウム「住民参加型施設整備を振り返って」パネラー<br>●松江そばマップ「知られざる出雲そば」編集 |

7回の講座が開かれた。講座では、建築、土木のデザイン、まちの色彩など専門家を招いた勉強会や、まち歩きによる魅力再発見などの活動が行われた（表1）。

そして、重要なことは、各々の講座において「ワークショップ」の手法が取り入れられたことである。参加者が公平な立場で自由に意見を交わし、より創造的な提案を引き出す手法を、塾生が学んでいったのである。このことが、後に様々なかたちで展開する市民参加型の公共施設計画ワークショップの大きな礎となったのである。

2年間の市による学習プログラムは、塾生個人としては、ワークショップの学習、問題発見能力の向上という成果を得るとともに、塾を通じて参加者同士がお互いを知り合い、以後の活動において、様々なネットワークが形成されるきっかけにもなった。

この時期は行政が先導するかたちで機会を提供し、市民がそれに参加していくという構図であり、松江における市民まちづくりの萌芽であったと言えよう。

1999年になると、松江市による「松江まちなみ・まちづくり塾」の運営は終了するが、塾に参加していたメンバーが任意に集まり、同様の活動を自らの手で進めていこうということで、市民団体「まつえ・まちづくり塾」（以下、まちづくり塾）が結成された（表2）。

## 2 ── 事業内容

市民運営となったまちづくり塾では、大きく分けて以下の三つの取り組みがなされている。

### (1) 公共施設計画に関する市民参加ワークショップへの参加、テーブルリーダーへの参画

松江駅前通りの拡幅事業に関連して、どのような通りのデザインにしたらよいか、具体的には、街路樹の種類や舗装のデザイン、素材などをどのようにしたらよいかを検討する市民ワークショップが開かれたが、このワークショップ運営では、まちづくり塾のメンバーが小グループに分かれたディスカッションにおいて、そのリーダーの役割を果たすことになった。

その後も、国の松江合同庁舎の計画、市立病院の移転に関連した計画など、いくつもの公共施設計画において行政が主催するワークショップが開かれるこ

とになったが、ワークショップの運営にあたって、まちづくり塾の役割は極めて大きなものがあったと言えよう。

### (2) 中心市街地の商店街を盛り上げ、元気にする取り組み

山陰の中心都市である松江も、他の地方都市同様、中心市街地の衰退が進んでいる状況にある。このようななか、まちづくり塾では、中心市街地のいくつかの商店街に対して、外野から盛り上げていこうという活動を進めてきた。

図1　松江駅通りの様子（出典：松江市「松江の都市デザイン」パンフレット）

例として、「1000円札をにぎりしめて、商店街で買い物をしてみよう！」といったイベントや、まちの中にひっそりとたたずむ昭和初期の和風旅館を会場にしたお茶会の開催などが挙げられる。最近では、白潟地区を舞台に、他のNPOとも連携しながら様々な角度からこの地域を盛り上げる「縁わく白潟」という取り組みも展開している。

図2　ワークショップの様子（出典：まつえ・まちづくり塾「まちづくり雑貨店1999」）

### (3) まちの様々なテーマを取り上げ、紹介する取り組み

まちづくりは、なにもモノをつくるばかりではなく、本当に様々なテーマがまちづくりになる。まちづくり塾は、変幻自在に、まちのあらゆるテーマに取り組んでいると言えよう。

これまでの取り組みの中で注目に値するものとして、以下の三つの取り組みを紹介する。

①知られざる出雲そば

松江市周辺の地域に江戸時代から続く食文化の一つに「出雲そば」がある。その中でも松江市にはそば店が非常に多く、このそば屋さんをまわり、そばを食

べ、発見することで松江市を知ろうとする試みが「知られざる出雲そば」である。まちづくり塾の中から「出雲そば通団」が結成され、団員は松江市内にあるそば屋をまわり、その店の自慢や報告を行うことで「食」の切り口から松江を発見、紹介しようとする試みであった（図3）。

図3 （左）「知られざる出雲そば」、（右）「どこでもバスブック」

②堀川探偵団

　松江市は堀尾氏の松江城築城により繁栄し、その松江城を取り囲む堀川では遊覧船が運航されている。また周辺には伝統美観地区に指定された塩見縄手、武家屋敷や明治の文豪・小泉八雲の旧居が広がる松江市の観光名所がある。この堀川を舞台にして展開されたのが「堀川探偵団」である。「堀川探偵団」は、自分が発見した風景、取り組み、昔話などのスクープを投稿する「スクープ部門」、堀川を魅力的にする「提案部門」、俳句・川柳の「堀川五七五部門」を募集し松江市を発見しようという目的のもと行われた。投稿期間の2ヶ月間で167のスクープ、45の提案、101の五七五が集まった。堀川の風景を切り口に松江を再発見しようとする試みであった。

③どこでもバスブック

　松江市では3社のバスが運行している。しかしながら、それぞれの会社がバラバラな時刻表を作成しバス利用者にはわかりづらいものとなっていた。そこで、「どこでもバスブック」を作成し、バス停の場所とそれぞれの時刻表が簡単にわかるようにした。現在は第3号まで半年おきに1万部発行されている。

　なお、この他にもまちづくり塾から派生する団体と連携し、地域流通通貨「だがぁ」や、まちなかで映画上映する「まちかどシネマ」、電動スクーターのお散歩支援である「タウンモビリティ」など、様々な活動が展開されてきている。

　これらはいずれも、それぞれの塾生が自分の関心で、自発的に参加することを前提とし、いわゆる「この指とまれ方式」としている。一人一人が「それ、面白そうだね。やってみるか」というところからスタートするのである。

## 3 ── 運営体制

### (1) 組織構成

代表が1名、副代表1名、事務局があり、塾生により構成されている。事務局は、メンバーの一員である個人のまちづくりコンサルタント事務所としており、専属のスタッフはいない。

塾生は、建築事務所の所員、まちづくりコンサルタント、大学教員、公務員、主婦、学生など多様である。

### (2) 財源

一時的にメンバーから会費を募っていた時期もあったが、電子メールの徹底によって、会費の主用途である連絡通信費が必要でなくなったため、現時点では会費徴収はない。

ただし、行政からの事業委託を受けることもあり、その場合には原則事業会計としている。また、島根建築士会の助成なども活用している。

今後は、NPO法人となったことから、会費の徴収を再度開始することとしている。

### (3) 他組織との関わり

「まつえ・まちづくり塾」から派生した組織として、「まちづくりサロン」や「まちかど研究室」がある。

「まちづくりサロン」は近くに寺町が位置するため「てらまちサロン」と名づけられた。ここでは、塾で学んだ20代の若手を中心として、中心市街地にスペースを借り、まちづくりに関するイベントの企画開催、交流の場の提供、情報誌の発行が行われ、新たなまちづくりコミュニティを生み出している。

「まちかど研究室」は、塾に参加した大学の教員で構成されており、歩くことに不自由を感じる人などに、街を自由に歩き回ってもらう足として電動スクーターを貸し出す事業であるタウンモビリティやチャレンジショップ、地域通貨「だがぁ」などの先駆的な市民まちづくり活動を展開している。

また、松江ではまちづくり塾以外に多くの市民活動が行われており、団体間だけではなく個人間で多くのネットワークが形成されている。それに大きな役割を果たしているのがメーリングリスト「エンジョイ」である。エンジョイは

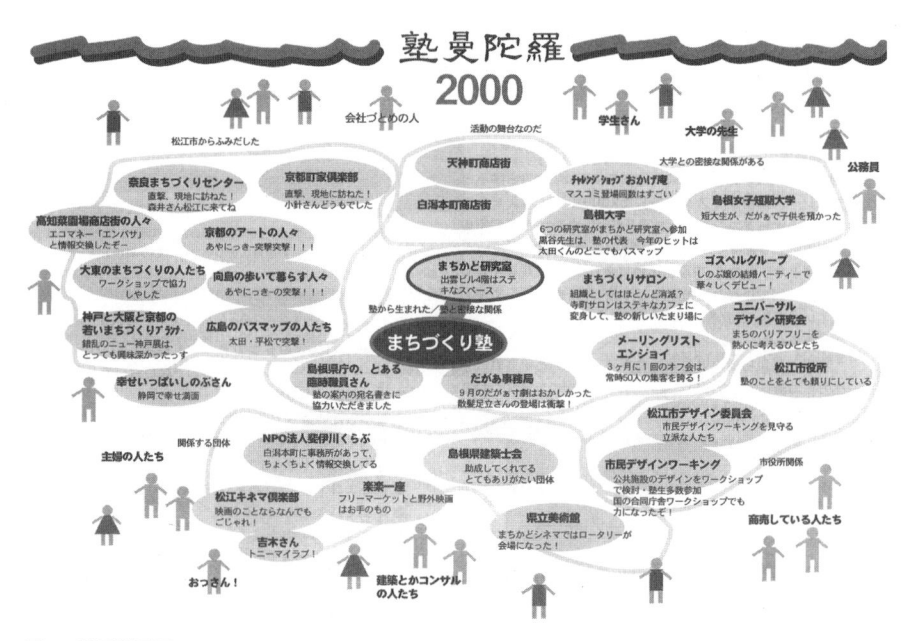

図4 塾曼陀羅図 (出典：まつえ・まちづくり塾「まちづくり雑貨店2000」)

まちづくり塾のメンバーだけでなく様々な行動を起こしている人が登録しているので、出会いやイベントなどが発生するなど、団体や個人、様々な主体が各々の目的により利用し、まちの活性化のための情報インフラとしての役割を果たしている。

## 4 ── 課題と可能性

これまで見てきたように、まつえ・まちづくり塾は、まちに対して、非常に多様で重層的な取り組みをしてきていると言える。

公共施設の計画を通じて行政に対してモノを言う立場となる一方で、自分たちがまちを楽しむために、自分たちで何かをしていこうという姿勢が見られる。

まつえ・まちづくり塾が活動の舞台としてきたのは、主に松江の旧市街地という限定されたエリアであり、このエリアの魅力を高め、生活を豊かにするための一石を投じ続けてきたと言えよう。

これまで、「まちづくり」と言えば、行政、あるいは商店街など既存の組織が行うことが通り相場であり、ハードが主体のものであった。しかし、まつえ・

まちづくり塾のような市民団体による「まちづくり」は、きわめてソフトであり、インタージャンルであり、かつ多くの人が楽しく関わりながら進められるものである。

行政の手によってきっかけがつくられた「松江まちづくり塾」から、市民運営である平仮名の「まつえ・まちづくり塾」となったのは、その象徴でもある。

まつえ・まちづくり塾は、2004年10月にNPO法人を取得した。法人化をさらなるステップとして、さらなる活動の広がりが期待される。

[村岡慎也]

(参考文献)
- 松江市「まちづくり百貨店（1998年度松江まちなみ・まちづくり塾の記録）」1999
- まつえ・まちづくり塾「まちづくり雑貨店1999（まつえ・まちづくり塾1999活動記録）」2000
- まつえ・まちづくり塾「まちづくり雑貨店2000（まつえ・まちづくり塾2000活動記録）」2001
- まつえ・まちづくり塾「まちづくり雑貨店2001（まつえ・まちづくり塾2001活動記録）」2002
- 計画技術研究所＋まつえ・まちづくり塾企画「市民参加による松江中心市街地の活性化」『造景』35号特集記事
- まつえ・まちづくり塾のホームページ、http://mjuku.hp.infoseek.co.jp/
- まつえ・まちづくり塾「住民参加のまちづくり WE THINK ABOUT INHABITANTS & CITY PLANNING」『山陰中央新報』連載、2004
- 松江市「松江の都市デザイン」2001.3

# まちづくりのNPOと商店街の協働「縁わく白潟」

田中隆一／NPO法人まつえ・まちづくり塾

　白潟地区は、JR松江駅と松江城の中間に位置し、交通が至便であるとともに、古くからの商店街、多くの寺社、近代建築が点在するなど、歴史的な要素を多く有する地区です。しかし、商業の郊外展開が進むなか、多くの中心市街地が衰退しているように、白潟地区もここ20年から30年の中で、普段は人通りの少ない活気の失せたまちに変貌しています。

　このようななかで、地区の中ほどに位置する天神町商店街では、数年ほど前から「天神市」と称する催しを毎月1回開催し、この日は通りが歩行者天国になるとともに、露天などで大いに賑わいを見せるようになっています。この催しは商店街の若手の方々が中心に手弁当で盛り上げてきたものです。

　さて、一方で、天神町に続く白潟本町商店街では、天神町とは対照的にまったく目立った動きがなく、天神市の日も、白潟本町まで来るとぱたっと、人気がなくなるぐらいで、商店街のある方などは「しらけたほんまち」などと自嘲するほどでした。

　そんな白潟本町ですが、ここ最近、NPOや市民活動の団体、若手ベンチャーなどが拠点を置くようになっています。若者の様々な活動を支援するNPO法人の「YCスタジオ」、バスのオリジナル時刻表を発行する市民団体の「まちかど研究室」、障害者の自立支援と人にやさしいまちづくりをテーマとしたNPO法人「プロジェクトゆうあい」、そしてNPO法人「まつえ・まちづくり塾」もまちの一画に拠点となる場を持っています。

　これらの法人、団体の取り組みは、いずれもユニークではあるものの、どちらかというとそれぞれ単独のものでした。ところが、2004年に入ってから、ひょんなきっかけで、商店街の理事長である森脇康博さんをはじめ、NPOの面々などと、この白潟本町を中心に白潟地区全体をいろいろなかたちで盛り上げていこう、という集いの場ができました。

　会合の場は、白潟本町商店街にある「トントン」というかわいい名前の店舗です。ここでは「子供の食育」をテーマにしたユニークな事業を展開しており、若い女性オーナーが、白潟地区を盛り上げよう、という趣旨に真っ先に賛同の意を示したのです。知恵を出す面々がいい具合に揃い、なごやかに話ができる場ができると、面白いように進むものです。2004年9月25日に、第1回目の催し

を開くことが決まり、それぞれの得意分野やネットワークを駆使して何ができるか、そしてお互いに協力しながら何ができるかを具体的に話し合っていきました。

そして、当日、電動スクーターを用いた試乗イベント、歴史まち歩きツアー、商店街お店めぐり、ラジオで音声案内ツアー、まちかどギャラリーなど様々な催しが実施され、「トントン」では、特製のランチバイキングを開催、また空き店舗の一つが、オーナーの好意によってシャッターが開けられ、若者のアートギャラリーに変身しました。そして、何よりも良かったのが「白潟あんどん」です。何年も眠っていた木製の行灯（あんどん）を約30個、神社の倉庫から引っ張り出し、「縁わく」のメンバー、それに島根大学の学生（ラクロス部員たち）が総出で設置に関わったのです。行灯の真っさらな和紙の上には、公民館の習字サークルのおばちゃんたちの作品が貼られ、「YCスタジオ」の若い子たちが、ちぎり紙でそれらを美しく装飾したのです。

また、地元最大手の山陰合同銀行の旧本店ビルは、銀行としての役目を終えた今では、中を改装し、ギャラリーとして開放されています。ところが、銀行の業務にならってということか平日の日中が開館時間となっています。この日は土曜なので、できれば開館してもらえないか、と銀行へ依頼したところ、快く応じてもらえました。

ところで、取り組みの名称決めは、大いに盛り上がったものです。「エンジョイ白潟」だ、「わくわく白潟」だ、というアイデアが出るなど、その頭文字をつないで、「エンわく」、それに漢字を当てて、縁起良く「縁わく白潟」となり、めでたく満場一致となったのです。

「縁わく白潟」はその後も、堰を切ったように、次々とアイデアが生み出され、実行に移されています。ご当地映画である「風来先生」の映画会開催や、何十年も眠っていた白潟地区のおみこしを引っ張り出そうという動き、バス停前に素敵なベンチを設置するプロジェクトも進んでいます。

これらの取り組みは、まったくの手弁当であり、今のところ行政や商工会議所など公的な機関は関わっていません。「縁わく白潟」のメインプレイヤーであるNPOと商店街の組み合わせは、松江のみならず、これからのまちづくりの展開像の一つを示しているのではないでしょうか。

# 12 高松丸亀町まちづくり㈱

[定期借地法による再開発事業]

香川県高松市（人口：33万5,406人、市域面積：194.34㎢、2004年現在）

組織形態————株式会社（第三セクター／市出資29.4％）
設立—————1999年1月12日
資本金————1,700万円（丸亀町商店街振興組合1,100万円、地元地権者が組織する二つの再開発準備組織50万ずつ、高松市500万円）
構成員————15者：商店街振興組合員/15
所在地————〒760-0029　香川県高松市丸亀町13-2

## 1 ——組織設立に至る経緯・沿革

　1949年、商店街活動の元組織となる「丸亀町通商店街協同組合」が設立された。同会は63年、「高松丸亀町商店街振興組合」となり、以後アーケードやカラー舗装等の活動を展開する。そのなかで、72年、モータリゼーション化が促進されることを見込み、商店街に駐車場を設けて経営する構想を立て、「丸亀町不動産株式会社」を設立し、74年に経営を開始することとなる。以後、1980年代を通して、アーケードやカラー舗装の建て替え、ポケットパーク、町営テレビガイド等の整備を続け、88年「商業近代化地域計画」が立案される。

　「丸亀町400年祭」をむかえた88年、パリのカプシーヌ通りと姉妹提携を調印。同時に、組合内の組織刷新を図り、青年部で活動してきた人々が組合の責任ある立場に

図1　高松丸亀商店街の位置

就任し、100年後の商店街像を模索し始めた。商店街としてのサービスのあり方を見直し、時間消費型の商店街を目指すとともに、歩いて来街できる商店街、福祉サービスの強化等、総合的視点から再構築してゆく発想が生まれ、商店街全体を再開発する構想が生まれた。

1989年、中小企業庁の調査を通じて学識経験者との交流が生まれ、研究会が組織される。青年部を中心に「丸亀町再開発委員会」が発足し、「丸亀町商店街再開発計画」を立案する（図2）。再開発計画は、南北470mの商店街をA～Gの7街区に分割し、店舗、住宅等を併設した再開発ビルを建設することとなっていた。このときミラノのガレリアのようにA～G街区を一つのショッピングセンターのようにつくることが提案され、商店街の総会でオーソライズされた。

一度に全地区について計画を立てることは困難であるため、1992年、A街区、D街区、G街区の3地区で具体的な計画の立案が行われた。商店街の研究組織が中心となって、93年には、「高松丸亀町商店街まちづくり信託研究会」が発足し、組合が自主的に公益性を担保しつつ、経営の成立するまちづくり組織のあり方を研究していった。同時にカード事業等商店街活動も継続された。

1991年から3年間、県・市は商業計画の位置づけ、再開発事業としての基本計画、推進計画の手続きを行う。94年には、A・D街区の準備組合が設立され、95年にはA街区が事業計画に入り、98年にはG街区の事業計画が作られた。この間、97年から中心市街地活性化の政策支援の動きが始まり、98年、中心市街地活性化法が立案されると、市は基本計画およびTMO構想を立案した。そして商工会議所が中心市街地活性化法によるTMO

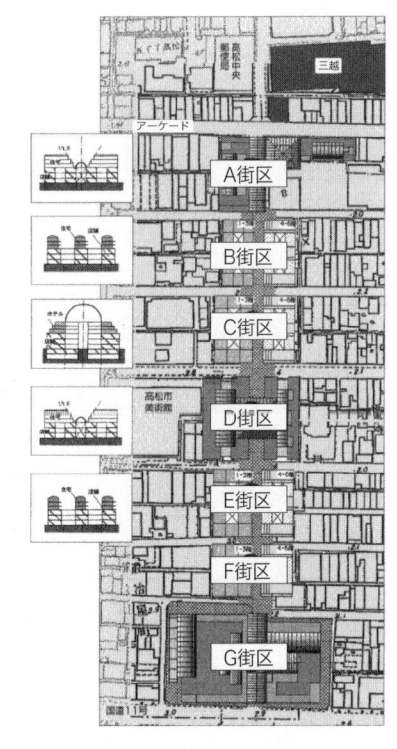

**図2　再開発全体計画図** （出典：高松市「ふれあう街高松丸亀町商店街市街地再開発事業コミュニティガーデン」）

表1 A街区事業概要（出典：「高松丸亀町商店街市街地再開発事業／商店街活性化計画概要」をもとに作成）

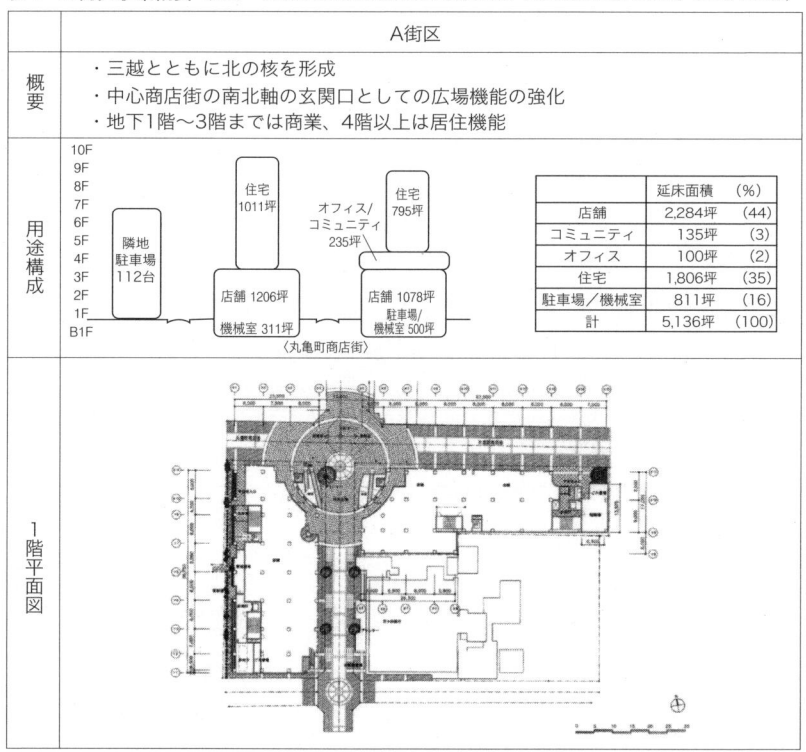

| | A街区 |
|---|---|
| 概要 | ・三越とともに北の核を形成<br>・中心商店街の南北軸の玄関口としての広場機能の強化<br>・地下1階〜3階までは商業、4階以上は居住機能 |
| 用途構成 | 10F 9F 8F 7F 住宅 1011坪／オフィス・コミュニティ 235坪／住宅 795坪／6F 5F 4F 隣地駐車場 112台／3F 2F 1F 店舗 1206坪 機械室 311坪／店舗 1078坪 駐車場／機械室 500坪／B1F〈丸亀町商店街〉<br><br>延床面積（％）<br>店舗　2,284坪（44）<br>コミュニティ　135坪（3）<br>オフィス　100坪（2）<br>住宅　1,806坪（35）<br>駐車場／機械室　811坪（16）<br>計　5,136坪（100） |
| 1階平面図 | （平面図） |

構想認定を経てTMOとなり、翌99年1月に「高松丸亀町まちづくり㈱」を設立した。同年2月に市の出資（500万円）を受け第三セクターとなった。

基本的資金援助は、これまで振興組合が行ってきたが、再開発事業計画も終わり、ここからもう1歩進むにはワンランク上の事業が必要とされるため、99年、森ビル㈱が事業協力を前提として参画した。

2001年3月には、他の街区に先行して北端のA街区、南端のG街区について都市計画審議会の承認を得て都市計画決定が行われ、同年にG街区事業認可（組合設立）、翌年にA街区事業認可（組合設立）が行われた。現在、G街区は組合設立後に森ビル都市企画と一般業務代行契約を締結しており、A街区は組合設立、基本設計完了後にゼネコンと特定業務代行契約を締結している（表1、2）。

同社は、最終的には地権者等および市による増資を行い、資本金5億円とする見込みである。しかしながら、主体的で柔軟に、公益的事業を展開すること

表2　G街区事業概要 (出典：「高松丸亀町商店街市街地再開発事業／商店街活性化計画概要」をもとに作成)

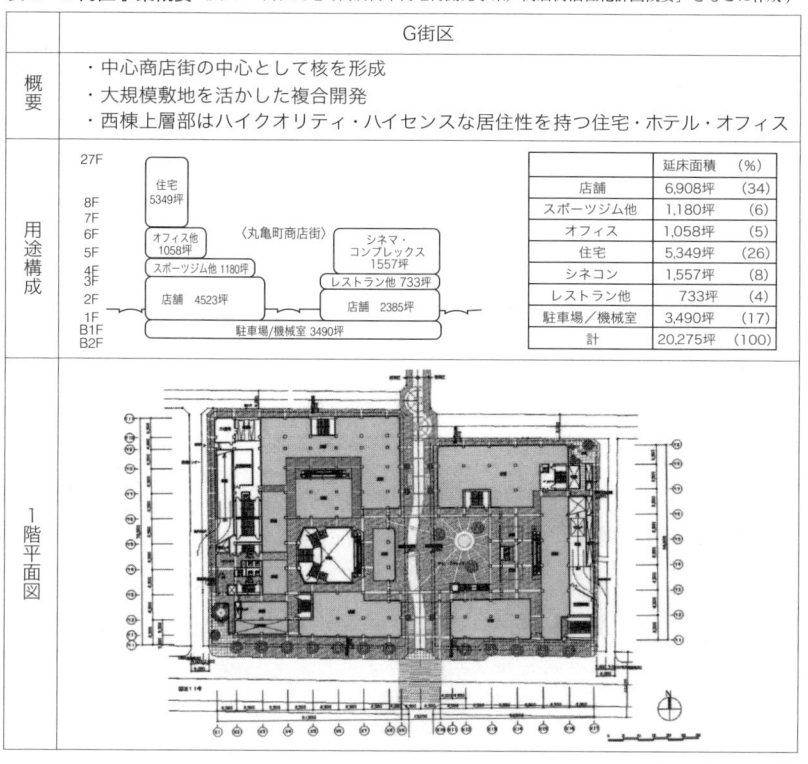

| | G街区 |
|---|---|
| 概要 | ・中心商店街の中心として核を形成<br>・大規模敷地を活かした複合開発<br>・西棟上層部はハイクオリティ・ハイセンスな居住性を持つ住宅・ホテル・オフィス |
| 用途構成 | |

| | 延床面積 | （%） |
|---|---|---|
| 店舗 | 6,908坪 | (34) |
| スポーツジム他 | 1,180坪 | (6) |
| オフィス | 1,058坪 | (5) |
| 住宅 | 5,349坪 | (26) |
| シネコン | 1,557坪 | (8) |
| レストラン他 | 733坪 | (4) |
| 駐車場／機械室 | 3,490坪 | (17) |
| 計 | 20,275坪 | (100) |

1階平面図

を踏まえ、市の出資率は4%とする。

## 2 ── 事業内容

　高松丸亀町商店街の当時の課題として、①商店街を構成する業種の衣料品への著しい偏り（店舗数の約50%）の是正、②店舗やアーケードなどの空間は一応の水準にはあるが、ショッピングセンターに比べ魅力的とは言えず、活動拠点となるコミュニティ施設に乏しい、そのため魅力的な都市空間、コミュニティ施設の創出、③居住人口の減少に歯止めをかけ、定住人口の確保、④不動産賃貸業化した商店主の増加（店主の約3割が不動産賃貸業化）への対応、⑤家賃の高価安定によるテナントの限定とやる気があるにもかかわらず資本が乏しい人への新規参入の困難さへの対応、などが挙げられた。

　これらに対応するスキームとして現状のように土地所有が細分化されている

場合は、個別の敷地の所有者や利用者が、バラバラに土地の利用を図っても、全体として合理的な利用を図ることは難しく、敷地を超えた合理的な土地の利用を共同で取り組む仕組みが必要とされた。そこで、高松丸亀町まちづくり㈱は、商店街の再開発事業において土地の所有と利用を分離し、後者を共同化・社会的管理に委ねるシステムとしての役割を果たすことになった。

まちづくり会社が担う事業は、①再開発事業初期段階において、コンサルティング・コーディネータ業を行うことで、関係利権者組織の事務局組織を果たし、組合施行事業の推進を行う、②参加組合員となることで保留床を取得することによって組合施行事業の収支の下支えを行う、③再開発事業終了以後にあっては完成した建物の維持・管理・経営を行う、の3点に集約される。

高松丸亀町まちづくり㈱の特徴的な点は、同社が保留床を購入、権利床も全て借り上げることにより全館を総合的に運用している点と、土地は所有せず定期借地権制度を利用することにより、土地を借用している点である（図3）。定期借地権制度を利用することでまちづくり会社は土地を取得しないため床コストに地価を反映させなくて済み、取得する床コストを低廉化することができる。これにより土地に関わるコストを事業のイニシャルコストへ反映するのを最小限に抑えられることになる。この2点により、①テナントミックスや適切な管

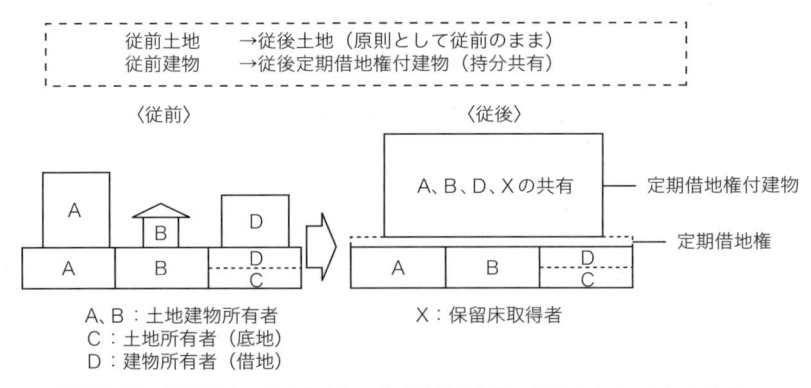

図3　権利変換の仕組み　(出典：「高松丸亀町商店街市街地再開発事業／商店街活性化計画概要」をもとに作成)

理により総合的なマネジメントを行うことができる、②地価の顕在化を極力防ぐことができ事業採算性が良くなる、③テナントの賃貸価格を抑え、不足業種や収益性の低いコミュニティビジネスの導入を図れる、④不動産事業を行っている地権者には相応の地代が払われる、⑤商店街・地権者の主体性が維持される、ことが可能となっている。

## 3 ── 運営体制

### (1) 組織構成

商店街振興組合理事長が代表取締役社長を務め、以下、取締役（10名）、監査役（2名）、専任スタッフ（1名）で構成される（設立時）。

### (2) 財源

まちづくり会社は再開発事業の際に保留床を購入し、完成後には再開発ビルを総合的に運営管理することとなる。一方で、再開発ビルの立地する土地の購入は行わず、再開発以前の地権者が事業後でも共同で地権者となっており、同社は定期借地権によって地権者より敷地を借用する形態をとる。したがって、同社の支出は保留床を購入する際の保留床の購入金および定期借地権による敷地の借地料ということとなる。主な収入はテナント料金となっている。再開発事業の後、地権者でもある従来の商業者は開発ビルに入居することになるのだが、定期借地権により借地代が自由に設定可能なため、地代を安価に設定することでテナント代を安価に設定し、このテナント料と借地料は相殺されるようになっている。したがって、実質的な収入としては、地権者以外の商業者がテナントとして再開発ビルに入居する時に支払われるテナント賃料と開発時に設置される住宅部分の居住者の家賃となっている。

### (3) 他組織との関わり

地権者や高松丸亀町商店街関係者が主に関係し、隣接する商店街との連携を図りながら推進する。

高松商工会議所が、TMOとして1999年に策定された「高松市中心市街地活性化基本計画」に即して商業タウン・マネージメント事業構想を作成した。その中にはTMO事業構想の対象事業として13事業を盛り込み、TMOが事業主体となるもの、別途事業者と提携するもの、業務委託するもの等のTMOの関わ

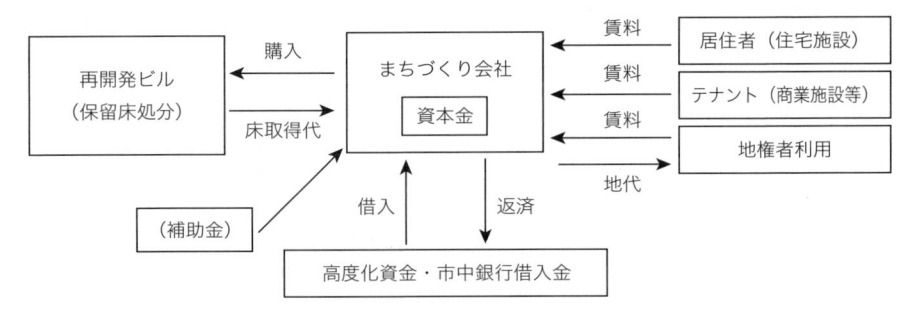

図4　収支フロー

り方を想定し、それに基づいた実施体制を構築している。高松丸亀町商店街A街区、G街区の第一種市街地再開発事業も本事業構想に盛り込まれている。

## 4──課題と可能性

　A街区は特定業務代行者が市街地再開発事業に着手したが、A街区と並んで早期の事業化が期待されていた大規模なG街区は行政側の財政上の理由から補助金を当面見送ることとなり中断を余儀なくされている。一方、それ以外の比較的小規模な数街区で積極的な動きが見られるなど、次の一手をどのように打つかが課題となっている。

　一方、計画内容については、人が来てくれることだけを考えるのではなく、商店主自身がまちに住むことのほか、それ以外の人々が住み、またオフィスで働く人々を増やすということが重要である。また人々が快適に生活するのに必要な文化施設や情報発信施設なども整備していくことが今後期待される。

[村岡慎也]

(参考文献)
- 高松市「ふれあう街高松丸亀町商店街市街地再開発事業コミュニティガーデン」1999
- 高松丸亀町商店街振興組合、高松丸亀町まちづくり㈱、高松丸亀町A街区市街地再開発組合、高松丸亀町G街区市街地再開発組合「高松丸亀町商店街市街地再開発事業／商店街活性化計画概要」2002.5
- 高松丸亀町商店街振興組合、高松丸亀町まちづくり㈱、高松丸亀町A街区市街地再開発準備組合、高松丸亀町G街区市街地再開発準備組合「高松丸亀町商店街市街地再開発事業／商店街活性化計画概要」2000.12
- 高松丸亀町商店街再開発計画事業策定委員会「高松丸亀町商店街再開発計画策定事業要約版」1991
- 西郷真理子「特集まちづくり会社と街なか再生・町づくり会社とは何か」『地域開発』1999.9

# 高松丸亀町商店街の活性化に携わって

西郷真理子／㈱まちづくりカンパニー・シープネットワーク

　高松丸亀町再開発の第1弾となるA街区市街地再開発事業は、2004年秋、権利変換の認可を受け、着工の予定である。商店街の活性化の件で最初に訪れたのが1989年11月、15年目にしてようやく着工の運びとなった。以前から、駐車場経営の成功をはじめ先進的な試みを積極的に行っている商店街として知られ、特にまちづくり会社による商店街や歴史的市街地の再生を模索していた私たちには、地方中核都市レベルのモデルであった。

　すでに調査の段階で、地元のリーダーとは意気投合した。商店街では、アーケード、カラー舗装などの「近代化」を行ったばかりなのに、冷静に次の時代の課題を見極め、危機を予測し、さらに先の一歩を行こうとしていた。この再開発は地元の人々の発意で始まった。具体的には、1988年の「400年祭」をきっかけに、「500年祭」ができるようにと、理事長の指示で青年会が中心となって発足させた再開発委員会が牽引力であった。私がお手伝いするようになったのは、まさにそのような機運が盛り上がり、夢を描く段階を経て、現実的に可能な案を組み立てようとしていた矢先であった。

　商店街の人々の予想は的中した。郊外に巨大なショッピングセンターが続々オープンすると、商店街の人通りは目に見えて減少し始め、空き店舗も出始めた。幸いだったのは、三越が、かつて高松港を埋め立てた港頭地区への出店をせず、現在の場所で増床し中心市街地の旗艦店としてやっていくと決意したことである。その結果、今回の再開発事業も三越と協力して、より大きな効果を期待することができた。いずれにせよ、体力のあるうちに手を打とうとした地元の人々の判断は正しかったことになる。

　再開発のために私たちが最初に提案したのは、約470mある通りのうち、南北および中央の3街区を重点的に再開発し、そこにミラノのガレリアのような魅力的で大きなドームをつくり、ともかくも市民がこぞって集まる快適で優雅な空間、「おしゃれをして、よそ行きで歩けるストリートや広場」を整備していくというものであった。この案はわかりやすく人々のやる気を引き出した。このイメージは現在も基本的に受け継がれている。

　あわせて、事業の仕組み、資金調達の方法を組み立てた。当時はまだ地価がとても高く、まず地価を顕在化させないスキームとすることを基本とした。これは

地価が下落した現在も土地価格を固定化しない再開発事業としてある意味最先端の事業スキームとなっている。他に、地権者の合意のしやすさ、ビル完成後の維持管理、高度化資金の活用など様々な条件を満たすように、全館保留床、土地から土地への権利変換、そして保留床を住民が設立したまちづくり会社が購入・運営するという基本構想に行き着いた。もっとも、まちづくり会社の構想は、町並み保存を事業化しようとしていた頃から考えていたことで、この発想があったから丸亀町の人々に実現可能な提案ができたと言った方が正確かもしれない。

その後、この基本的なスキームを現実に合わせる作業が続いた。例えば、土地代を顕在化させない方法として定期借地権制度を活用することとなった。制度融資の関係から実現しなかったが、信託制度の活用は研究もしたし、今後は本命だと思っている。「全館保留床、土地から土地への権利変換」が基本だが、最終的には、リスクを分散するためにも、建物の所有はいくつかに分かれた。そのため、完成後のビルが一体的に管理運営されるように、まちづくり会社の立場が貫かれるような契約のあり方も課題となった。

一方、再開発ビルは魅力的な店舗を揃える必要があるし、併設する住宅も市場ニーズに適確に対応していなければならない。単に売り上げの良い店を並べるのではなく、地域の文化に寄与する業種や業態を入れたかった。そのため、建築の計画とデザイン、事業スキーム等をできる限り地権者・町の人々とワークショップの中で検討し、人々が自分たちの事業であることを実感できるようにしてきた。

これらの業務に携わりながら、感じていたのは、専門家のあり方である。しばしば専門家は、自分の専門を相手に押しつけがちである。しかし、住民の気持ちを汲む努力をせず、できない理由を列挙するのは簡単である。もちろん、住民におもねるだけでもダメである。専門家は、公益、住民の権利や生活の保障、事業性の三つを成り立たせなければならない。それを達成するには、専門家の支援のもと、町の人々が自律的に事業に取り組む以外にない。その結果、再開発事業が終了後、町の人々が自律的に町を維持・開発していくスキームが構築されるのである。

丸亀町はこの命題を実現しようとしている。A街区の後に、B〜Gまでの街区が続く予定である。これらは、すべてを市街地再開発事業とするのではなく、例えば、1店舗の建て替え、共同化等で、美しい町並み・ショッピングモールを作り上げると同時に、本格的なマネジメント体制を構築する。それは、地域社会における循環システムを前提としており、サスティナブルな発想の開発である。

日本の伝統的な都市型共同社会である商店街が、コミュニティ自律型の21世紀最先端の再開発に取り組もうとしている。

# CHAPTER 7
## エリアマネジメントの必要性とその意味

## 1 ──エリアマネジメントに注目する理由とエリアマネジメントの必要性

　第6章までは、わが国の都市づくりとそれに伴うエリアマネジメントを実践している事例を、大都市、地方都市の両方について注目して紹介してきた。本章では、現時点で都市づくりに伴うエリアマネジメントに注目する理由がどこにあり、さらにそもそも注目するエリアマネジメントの意味はどこにあるのかについて検討する。

　今日、都市づくりの中でエリアマネジメントに着目する理由はいくつかの段階に分けて説明することができる。第一は、旧来の制度としての「都市」、行政組織としての「都市」に加えて「エリア」（単位地域）が重視されるようになっていることである。第二に、都市づくりの中心が開発（デベロップメント）であった時代から維持管理運営（マネジメント）にも配慮した都市づくりへ移行しなければならなくなっていることである。第三に、その結果、都市づくりの様々な局面でエリアマネジメントの必要性、重要性が認識され、実践されていることである。それを簡単に説明すれば次のようになる。

　①エリアを重視する理由：旧来の制度としての「都市」に代わって、グローバル化に対応する都市化によって行政区界を越えて形成された地域全体の「都市地域」と、その中でグローバル化による競争に中心的に、積極的に対応する「エリア」、また逆に、それに対抗的に機能するローカル化に対応するコミュニティなどを単位とする「エリア」が、都市づくり・まちづくりが実践される場として現われる時代に入っていることである。

　②マネジメントを重視する理由：成長都市の時代から成熟都市の時代への移行に伴い、官（行政）による民間開発に対する規制を中心とした都市づくりから、民間、市民を加えた維持管理運営をも中心に据えた新たな仕組みである都市づくりへ移行していることである。

　③エリアマネジメントの必要性：官（行政）は平均的、画一的な都市づくりを進めるのには適しているが、これからは競争の時代の都市づくりとして、あるいは市民に身近な都市づくりとして、積極的に地域特性を重視し、さらに高める都市づくりが必要になっている。そのため、従来の平均的な、画一的な都市づくりでは対応できない時代に入ったことである。

## 2 ──エリアを重視する必要性とその意味

　成長都市の時代から成熟都市の時代への移行に伴い、都市をつくってゆく仕組みも大きく変化しなければならないと考える。成長都市の時代は官（行政）が中心となって都市の成長を制御することが必要とされた時代であり、旧来の行政組織である「都市」が大きな役割を担った。しかし21世紀に入り成熟都市の時代に移行し、経済社会のグローバル化の動向とそれに対抗するローカル化の動向は従来の行政区域を単位とした都市づくりの仕組みのみでは対応できない課題を生んでいる。

　旧来の行政組織である制度としての「都市」に加えて、東京圏や近畿圏などの大都市圏に代表される都市化全体の「都市地域」と、その「都市地域」の中核として、あるいは逆にグローバル化に対抗的に機能するローカル化に対応するコミュニティなどを単位とする「エリア」（地区）が、都市をつくるものとして現れる時代に入ったと考える。

　それは「都市」から「エリア」への重点の移行に伴う「エリア」のあり方の多様性、具体的に述べれば旧来の「都市」に加えて「都市地域」と「エリア」の2層が存在し、都市づくりは多層化するということである。アレン・スコットによれば「新たな空間としての社会的、政治的機構の出現を促すような、制度的実験が進んでいる。この新たな機構の特徴は経済活動や統治上の問題が、グローバルに、あるいはローカルに絡み合う積層構造により成り立っている」[1]。

### (1) 「都市地域」と「エリア」

　グローバリゼーションによって、都市地域、特に大都市圏である都市地域はサービス化、ハイテク化の動向のなかで、重要性をさらに増加させている。わが国の発展を牽引してきて、さらに新たな動向であるグローバル化への対応を担う都市地域の役割は引き続き必要であり、今後もその力が発揮できるようにする必要がある。

　これまで都市地域が担ってきた役割を評価し、今後も世界レベルのクラスター（自立的に機能を完結できる集合体）を形成していくことが重要である。そのような「都市地域」を十全な形でこれからの経済社会動向に対応しうる

地域として整えてゆくためには、二つの視点が必要である。

一つは、グローバル化に対応する都市化全体の「都市地域」では、様々な公民間の利害関係を調和させる、限定的な権限を持った調整の場の仕組みを構築する必要である。そのような仕組みが追求する中心的なテーマは「持続可能性」である。

もう一つは、「都市地域」の核となる地域では「エリア」として新たな時代に即した、地域の魅力を高める都市づくりが必要になっている。しかし、持続可能性を地域形成の中心テーマとするからには、東京などの大都市地域における生活者あるいは就業者のために大都市地域を単位地域に分節化して持続可能性に対応することも視野に入れる必要がある。

前者の視点は、アレン・スコットの表現を借りれば「ポジティブな"ビジネス風土"の形成を促し、そこで、その地域特性が新規投資者に対する魅力を高め、企業は地域間競争に勝つため効果的な組織をつくる必要がある」ということになる[2]。

それはまた「エリア」における企業間の協調と競争との合理的組み合わせであり、企業間の短期的な競争作用によりもたらされる利益と相互学習を通じて安定した地域の発展を可能にするための企業間の長期的な協調を上手に調整する仕組みでもある。

後者の視点は、佐伯啓思氏の表現を借りれば、就業者をはじめとして地域に関わる「人々の交わりへの参加、またそのための舞台設定、共同の企てのために共有された時間、表出される価値についての評価、こうしたものが要請される。ある価値への共同の関与とは、広い意味での文化へのコミットメントである。そして市場はそれを提供してくれるとはまったく限らない」ということになる[3]。

(2)「エリア」における参加を協働

「都市地域」の中核となる地域に限らず、コミュニティを単位とする「エリア」に関する一般的な議論としては、官と住民の合理的な協力関係が必要であり、地域力を高めるため官民の力の統合を図る仕組みが必要である。

ここにおいても先の佐伯氏の主張が共通して言えるが、さらに地域の知恵（コミュニティ・ナレッジ）が生かされ、地域の生活の質が確保されること、固

有の地域産業の維持とその上に新しい産業を芽生えさせる活動が必要である。

そのような活動の中心に「新たな公共性」を担うNPOや株式会社などの様々な組織、主体の登場も必要である。したがって、ここでの中心的なテーマは「参加、協働」である。具体的な都市づくりの表現としては、地域力を発揮する場の設定であり、それを促すさらなる地方分権に基づく都市づくりのツールであり、その都市づくりに関わる様々な主体を支える人材や財源の確保である。

### (3)「都市地域」の特権化と「エリア」の地域力

グローバル化の進展は「都市地域」、中でも「大都市地域」の重要性を増大させている。こうした変革は、旧来の組織としての、また制度としての「都市」の意義を減じていることは先に述べた通りである。しかし、グローバル化の進展が大都市地域を特権的地域に導く、あるいは大都市地域の特定の場所を特権的地域に導く可能性が指摘されている。その結果、都市地域間の社会的不平等や緊張が増大する。

グローバル化の進展がもたらすそのような不安定性に対して、耐久力ある豊かな社会が必要であり、その基礎には美しい景観を取り戻し、都市と自然の関係を再構築する包括的な都市づくりが必要である。そのことによって地域力ある「エリア」が形成される可能性が高まり、豊かな人間関係と日常生活などが実現する。そのためには官と民のパートナーシップによる「エリア」の運営能力（ガバナンス）の向上が必要である。

## 3 ── マネジメントを重視する必要性とその意味

### (1) 大都市における都市づくりの変化

民間の経済活動も活発であり、右肩上がりの地価上昇を前提とした不動産投資も盛んに行われ、また行政側も税収の伸びが期待できた時代における都市づくりの時代から、民間の不動産市場における活動が資産を保有しないノンアセット分野を重視し、また資金回転の早さを重視する傾向が強まり、また行政側も税収の伸びが期待できない時代における都市づくりの時代のあり方を模索している。

それは従来の公共側の権限をもとにして民間に基盤整備などの負担を求めつつ、一方で公共側の財政負担も行うという公共性を中心とした都市づくりから、

より効率性を高めた市場性をも加味した都市づくりへの移行であり、公共側が都市づくりに対する民間の寄与を、従来の基盤整備などへの大きな負担を求める仕組みから、むしろ民間がこれまで整備してきた建物・施設などをより有効に活用するエリアマネジメントへの移行であるとも言える。

またそのことは、都市づくりへの参加主体を、これまでの市民や住民の参加に加えて、民間事業者、あるいは民間企業に勤務する地域ワーカーへと拡大することにつながる。都市づくりへの参加主体も様々な形態が見られ、その面からの都市づくりのあり方の変化も見過ごせない時代に入っている。

それは、従来の公共性は行政側のみが持っているという行政的公共性の考え方から、多様な存在としてある民間の側にも様々なレベルの公共性があるという新たな公共性の考え方への移行でもある。

一方、都市計画における国と都道府県および市町村の関係について、地方分権関連の一連の法改正により整理されたところである。それに伴い行政の説明責任の向上、手続きの透明化等の必要性が高まるとともに、市民や事業者による要請型あるいは提案型の都市づくりの仕組みをつくる必要性が高まり、2000年の都市計画法改正、あるいは都市再生特別措置法はそのような方向性を強く示したものであると考える。

このような市民や事業者による要請型あるいは提案型の都市づくりの仕組みづくりが必要であることは、当然のことながら市民や事業者側からの一定の計画なりルールがあることを前提としており、これまでとは異なる都市づくりを進めるための仕組みであると考える。

そのような仕組みの確立がこれからの大都市地域の都市づくりには求められていると考えるが、ここではそのような仕組みの基礎となる考え方を示す。

成長都市の時代から成熟都市の時代への移行に伴い、「エリア」における市民や事業者側からの一定の計画なりルールがあることがまず必要と考える。さらに官（行政）の補助による開発事業、あるいは官による民間開発に対する規制を中心とした都市づくりから、民間、市民を加えた開発の段階から維持管理運営を考える都市づくり、さらには維持管理運営を中心とする新たな仕組みである都市づくりへ移行する必要がある。

## (2)エリアマネジメントとビジョン、計画、ルール

　官による民間開発に対する規制を中心とした都市づくりから、民間、市民を加えた開発の段階から維持管理運営を考える都市づくりを展開するにあたって、従来の行政による都市づくりに対応する事前確定性が求められる計画とは異なる計画などが必要である。ここで計画などと表現したのは、都市づくりと結びつく計画と都市づくりと連動するマネジメントを行うためのプログラムの二つが必要であるからである。

　第一に、都市づくりと結びつく計画の場合は、大きな枠組みとしての計画は示すが、時代の変化に応じて柔軟に変化を可能にする計画である必要がある。そのような計画を「ビジョン」あるいは「グランドデザイン」と呼ぶ場合があるが、エリアマネジメントにおける地域の計画はそのような性格の計画であることが必要である。

　それは地域の中での様々な意向を持つ地権者などの民間企業がまちづくりに関わるビジョンを共有するが、それに多くの地権者などが賛同して計画が共有されるには計画に強く縛られないことが重要であることと、民間企業の活動が時代とともに、あるいは時代を先取りして常に変化する可能性があるためである。

　第4章で紹介した大都市都心部の大規模プロジェクトを核とする都市づくりのエリアマネジメントを実践している地域では、「ゆるやかなガイドライン」（大丸有地区）が存在したり、「街づくり基本協定」（横浜MM21地区）が結ばれていたり、統一管理者（六本木ヒルズ）が存在するのはその事例である。

　第二に、都市づくりと連動するマネジメントのプログラムについては、それを実現する組織・人材と財源を配したものである必要がある。本書の第6章の都市中心部既成市街地の事例紹介の中心が、組織とその運営であるのはそのためである。組織形態として株式会社、有限会社、NPO、中間法人など様々な形態をとる事例が出ている。

　しかしわが国では、エリアマネジメントに関連して組織を確立し、人材を確保して、それら組織が活動するための財源を確保することが、一部の例外を除いて現段階では難しい状況にある。例えば、アメリカでは長い歴史を持ち、またイギリスでは今年から始まった、BIDのような仕組みがわが国では導入され

ていないからである。

　日本版BIDを導入しようと試みた地域もあるが、現在のところ実現していない。BIDのような仕組みは、アメリカの歴史的な経緯の結果であるとして、わが国に導入するのは難しいという意見がある。しかし、イギリスでの導入を考えると、日本版BIDも追及すべきツールではないかと考える。

　大都市地域の大規模プロジェクトを核とする地区におけるエリアマネジメントでは、上記に対応する計画、ビジョン、ルールを持つ場合が多いが、地方都市の中心市街地活性化を対象とする地域では問題が多い。地方都市の中心市街地活性化を対象とする地域では、中心市街地活性化法により活性化基本計画を立てることが求められている。その計画の中心的な機能は、基本計画に中心市街地活性化を進める具体的な事業を位置づけることによって国からの補助対象になることである。そのため、地域に関わる地権者をはじめとする様々な主体が自主的に地域の活性化に関わるための基本計画というよりは、補助を受けるためのツールとしての基本計画が前面に出ている場合が多い。

　一方、都市づくりと連動するエリアマネジメントのプログラムづくりについては、小回りの効く地方都市中心市街地の活性化に携わっている組織などに優れた事例を見ることができる。しかし大都市の大規模プロジェクトに対応するエリアマネジメントでは、まだ試行錯誤の段階であるものが多いと考える。

(3) エリアマネジメントと都市づくり事業

　現在の都市づくり事業は魅力ある市街地をつくり出す仕組みとして十分ではなく、また事業の中には土地区画整理事業のように新規市街地形成に重点を置いた事業として運用されてきたため、既存ストック改善という視点が極めて薄い運用となっているものもある。都市づくり事業が魅力ある市街地をつくり出し、良質なストックとして市街地の耐久性を高め、エリアマネジメントを実現してゆくには、事業の面でもいくつかの改善が必要である。

　第一に、補助事業制度による都市づくりが、補助金や技術基準の枠組みで縛られた制度に従属するもの（「サブジェクト」）、いわば制度の写像（アプ・ビルト）であってはならないと考える。本来の事業制度は地域の地権者、市民などがもつビジョン、すなわち将来の都市のあり方から市街地像をつくり出す、言うならばやがて存在するであろう市街地の予像（フォア・ビルト）を実現する

ものでなければならない。そのことによって常に時代に対応し、魅力的な都市づくりが進められる仕組みとなっていなければならない。

別の言い方をすれば、あらかじめ定められたメニューの中から選択せざるを得ず、かつ、事業要件に合わせたプランづくりを余儀なくされる現行事業制度をプレタポルテ（Pret-a-porter）型とするならば、権利変換、所有と利用の分離などの基本手法を建築物の立地や利用プランに応じて任意に組み合わせられるオートクチュール（Haute-couture）型の事業の導入も必要である。近年創設された「まちづくり交付金」は、そのような事業のあり方を可能にする第一歩となることが期待できる仕組みである。

第二に、都市づくり事業がややもすれば国などの公共性を実現するものとしてあったために、市民や民間事業者のニーズに的確に対応できずストックとしての価値を低下させていたことも事実である。そのような傾向を是正するためには、様々なレベルの公共性を実現するための事業内容の複合化が必要である。公共性には、国のレベルで考える公共性（大公共）、自治体のレベルで考える公共性（中公共）、近隣レベルで考える公共性（小公共）が存在すると考えると、既成市街地のように多様な市街地が存在し、多様な事業が協調・複合するような場合には、様々な段階の公共性を整理して一つのパッケージ化した事業の仕組みに組み立てることが必要である。そのことを通じて社会的に耐久性のあるストックとしての市街地整備が進み、地区全体の維持管理運営（エリアマネジメント）を考えた都市づくりが行われるものと考える。

具体的には、土地所有者と公的機関をもっぱら前提とした事業手法から脱皮して、居住者、就業者、NPO、民間企業などの多様な主体の参加の機会を拡充することが重要である。

第三に、開発完了後のマネジメントも視野に入れ、開発主体からマネジメント主体への引き継ぎ手法も明確にし、制度化する必要がある。

これまでの事業制度が開発を目標としていたため、開発が終われば事業が終了したこととなり、例えば再開発に取り組んでいた事業組合が清算によって解散してしまうことが一般的であった。しかし、現在でもそのような清算によって組合が解散された後に、建物や空間の改善等が必要となる場合が多く、その改善費用の出資に大変な苦労をしたり、あるいは商業を中心とした再開発事例

では改善が行われないために建物全体が活気を失ってしまう事例も見られる。そのようなことが起こらないように、事業を進めた再開発組合を解散せずに、以後のマネジメントを行う団体に組み替えてゆくことも必要である。

### (4) 開発(デベロップメント)規制の都市づくりから、維持管理運営(マネジメント)の都市づくりへ

都市づくり事業についてのマネジメントの必要性を前項で述べたが、マネジメントは事業に限らず、「エリア、地域」を対象としたマネジメントに展開することが必要であり、本書はこの視点から具体的な事例を中心にエリアマネジメントの必要性を提唱している。

その背景には、官による民間開発に対する規制を中心とした都市づくりから、民間、市民を加えた開発の段階から管理運営を考える都市づくり、さらには維持管理運営を中心とする新たな仕組みである都市づくりへ移行する必要性が認識されてきたことがあることは、本書で再三強調してきた。

都市化社会の時代に市街地の拡大が急激に起こり、大都市が形成され、またそこに居住する人々が新たな生活スタイルを生み出した。それは新規市街地形成を中心とした都市づくりであり、都市の郊外部の自然的土地利用を開発して、新たな都市地域とするものであった。

しかし、そのような開発による都市づくりは、フローを重視し、基礎的・画一的な社会資本を重視するものであり、また行政を中心とした事前確定的なプランによる都市づくりであり、いわばトップダウンによる、非選択的、硬直的なものであった。

しかし、上記のような都市づくりも行政の一方的なものではなく、そのような都市づくりを期待する社会階層が存在したことも確かである。すなわち、近代を生み出した当時の新社会階層に支えられた都市づくりであった。郊外部住宅市街地の新規形成はそれまでの既成市街地の高密で機能が混在した市街地からの決別を期待した新中間階層が要求する低層低密な住宅市街地であり、男性と女性の役割分担が明確な、核家族を基礎とした生活スタイルをとる人々に支えられた都市づくりであった。

都市化社会から都市型社会への移行に伴い、新しい都市のあり方、生活スタイルのあり方が模索されているが、一方で市街地の縮小さえも視野に入れた都

市形成が必要な時代であり、それは既成市街地再構築を中心とした都市づくりある。

　そのような都市づくりでは、ストックが重視され、地域特性に応じた多様な社会資本の整備が重視されると考える。また行政のトップダンではなく、行政と市民、民間企業との協議にもとづくプランによる都市づくりが展開する。都市づくりは市場との連携が図られ、社会資本整備も選択的で柔軟性のあるものとなる必要があると考える。

　それが、エリアマネジメントから見た都市づくりのあり方であると考えられるし、今後の都市づくりの進むべき道筋であると考える。

[小林重敬]

(注)
1) アレン・J・スコット編／坂木秀和訳『グローバル・シティ・リージョンズ』ダイヤモンド社、2004
2) アレン・J・スコット、前掲書
3) 佐伯啓思「新しい市場の倫理をめざして」『アステイオン』58号、2002

(参考文献)
・横山禎徳『「豊かなる衰退」と日本の戦略』ダイヤモンド社、2003
・アレン・J・スコット編／坂木秀和訳『グローバル・シティ・リージョンズ』ダイヤモンド社、2004
・佐伯啓思「国民経済をグローバル・リスクから守るために新たなケインズ主義へ向かえ」『中央公論』2002年4月号
・菊田道夫監修『コミュニティ・イノベーション』NTT出版、2003
・矢作弘『都市はよみがえるか』岩波書店、1998
・神野直彦『地域再生の経済学』中公新書、2002

# 執筆者略歴

**小林重敬**（こばやし・しげのり） [1,7章]
武蔵工業大学教授、横浜国立大学大学院特任教授。1966年東京大学工学部都市工学科卒業。同大学院工学研究科博士課程都市工学専攻修了。横浜国立大学大学院教授を経て現職。工学博士。著書に『都市計画はどう変わるか』（単著）、『協議型まちづくり』『地方分権時代のまちづくり条例』『分権社会と都市計画』『条例による総合的まちづくり』『コンバージョン、SOHOによる地域再生』（以上、編著）など。

**内海麻利**（うちうみ・まり） [3,4章]
駒澤大学法学部准教授。1986年同志社大学文学部卒業。横浜国立大学大学院工学研究科博士課程修了。駒澤大学法学部政治学科専任講師を経て現職。工学博士。著書に『地方分権時代のまちづくり条例』『条例による総合的まちづくり』『都市・農村の新しい土地利用戦略』『政策過程論』『政策法務の新展開』（以上、共著）など。

**村木美貴**（むらき・みき） [2,5,6章]
千葉大学工学部准教授。1991年日本女子大学大学院家政学研究科修士課程住居学専攻修了。㈱三和総合研究所を経て、横浜国立大学大学院工学研究科博士課程計画建設学専攻修了。東京工業大学大学院助手、ポートランド州立大学客員研究員を経て現職。工学博士。著書に『英国都市計画とマスタープラン』『地方分権時代のまちづくり条例』（以上、共著）など。

**石川宏之**（いしかわ・ひろゆき） [4章]
八戸工業大学工学部講師。1993年明治大学理工学部建築学科卒業。横浜国立大学大学院工学研究科博士課程計画建設学専攻修了。日本学術振興会特別研究員（PD）、英国国立レスター大学客員研究員、川崎市総合企画局専門調査員を経て現職。工学博士。著書に『環境キーワード事典』（共著）など。

**李　三洙**（り・さむす） [4章]
韓国土地公社国土都市研究院責任研究員。1998年ソウル市立大学都市工学科卒業。同大学院都市工学科修士過程修了。2000〜02年ソウル市政開発研究院に勤務。2006年横浜国立大学大学院工学研究科博士課程修了。

**金　青錫**（きむ・じゅそく） [6章]
横浜国立大学客員研究員。1999年ソウル市立大学建築工学科卒業。同大学院建築計画修士課程修了。㈱総合建築士事務所DOM附設研究所研究員。工学博士。2006年横浜国立大学大学院工学研究科博士課程修了。

**神川裕貴**（かみかわ・ゆうき） [6章]
横浜国立大学大学院工学府博士課程前期2年（2005年4月時点）。2003年横浜国立大学工学部建築学コース卒業。

**天明周子**（てんみょう・ちかこ） [6章]
横浜国立大学大学院工学府博士課程前期2年（2005年4月時点）。2004年日本女子大学家政学部住居学科卒業。

**林　弘二**（はやし・こうじ） [6章]
横浜国立大学大学院工学府博士課程前期2年（2005年4月時点）。2004年横浜国立大学工学部建築学コース卒業。

**林　真木子**（はやし・まきこ） [6章]
横浜国立大学大学院工学府博士課程前期2年（2005年4月時点）。2004年横浜国立大学工学部建築学コース卒業。

**村岡慎也**（むらおか・しんや） [6章]
横浜国立大学大学院工学府博士課程前期2年（2005年4月時点）。2004年横浜国立大学工学部建築学コース卒業。

〈コラム執筆者〉
近澤弘明：横濱まちづくり倶楽部
森山奈美：㈱御祓川
田中隆一：NPO法人まつえ・まちづくり塾
西郷真理子：㈱まちづくりカンパニー・シープネットワーク

---

## エリアマネジメント
地区組織による計画と管理運営

2005年4月10日　初版第1刷発行
2014年9月20日　初版第3刷発行

編著者………小林重敬
発行者………京極迪宏
発行所………株式会社 学芸出版社
　　　　　　京都市下京区木津屋橋通西洞院東入
　　　　　　電話 075-343-0811　〒600-8216

装　丁………上野かおる
印　刷………イチダ写真製版
製　本………山崎紙工

Ⓒ Shigenori Kobayashi 2005　　　　　　　Printed in Japan
ISBN978-4-7615-2360-2

**JCLS**〈㈱日本著作出版権管理システム委託出版物〉
本書の無断複写は著作権法上での例外を除き禁じられています．複写される場合は，そのつど事前に，㈱日本著作出版権管理システム（電話03-3817-5670, FAX 03-3815-8199, e-mail: info@jcls.co.jp）の許諾を得て下さい．

# エリアマネジメント　これまでとこれから

小林重敬編著

待望の新刊・2015年1月発売（予定）

詳しくは学芸出版社ホームページ
► http://www.gakugei-pub.jp/

メールマガジンでもお知らせします。
► http://www.gakugei-pub.jp/gakugeiclub/gd_inet/

## 都市計画はどう変わるか　マーケットとコミュニティの葛藤を超えて

小林重敬著
A5・224頁・定価2500円+税

急激な人口減少、市街地縮減、情報化や国際化により都市のあり方が変化し、都市計画には新たな仕組みが要請されている。これに直接関わってきた筆者が、行政によるコントロールの力（規制）、近隣社会によるコミュニティの力（協働）、民間企業によるマーケットの力（市場）の3つによる都市再生と地域再生への方途を説く。

## コンバージョン、SOHOによる地域再生

小林重敬編著
A5・208頁・定価2200円+税

空室が増え続ける中小ビルが密集する既成市街地は、大規模開発による都市再生では救えない。打開のためには勃興著しいIT産業等が利用しやすい小オフィス（SOHO）にビルを転換（コンバージョン）し、同時に小オフィスが相互に連携する仕組みづくりが必要だ。注目の神田秋葉原、大阪船場の官民共同による地域再生の手法を紹介。

## 条例による総合的まちづくり

小林重敬編著
A5・272頁・定価3000円+税

都市づくり行政の地方分権化は大きく動き始めた。都市計画法、建築基準法の改正という流れの中で、条例によるまちづくりは欠かせず、自主条例・委任条例の連携・一体化等の活用によって縦割り行政を乗り越え、地域の独自性を生かす総合的な展開への期待も大きい。研究・実務の第一線の執筆陣が法理論と事例を検証する。好評2刷。

## 地方分権時代のまちづくり条例

小林重敬編著
A5・320頁・定価3500円+税

地方分権の時代、法令と条例、要綱がまちづくりに果たすべき役割とは何か。まちづくり条例を土地利用調整・環境保全・景観・地区づくりに分類し、その歴史的推移と豊富な実例を踏まえて考察。住民の多様な要求と複雑化した行政課題に応える条例を軸とした総合的なまちづくりのあり方を、研究・実務の第一線の執筆陣が示す。好評4刷。